스코어

SPURT 스퍼트

단 기 핵 심 공 략 서

SPURT CORE

마무리는 확실하게!
8+2강, 심화 유형 정복

SPURT 스퍼트

지은이

NE능률 수학교육연구소

NE능률 수학교육연구소는 혁신적이며 효율적인 수학 교재를 개발하고
수학 학습의 질을 한 단계 높이고자 노력하는 NE능률의 연구 조직입니다.

김정배 현대고등학교 교사
이직현 중동고등학교 교사
김형균 중산고등학교 교사
권백일 양정고등학교 교사
강인우 진선여자고등학교 교사
이경진 중동고등학교 교사
박상훈 중산고등학교 교사
박현수 현대고등학교 교사
김상우 신도고등학교 교사

검토진

강수아 (휘경여고)
김명수 (교당학원)
문두열 (조대부고)
박원용 (트리즈수학)
신수연 (김샘학원 동탄캠퍼스)
윤재필 (메가스터디 러셀)
이흥식 (흥샘수학)
정효석 (최상위학원)
편유선 (동대부고)
권승미 (한뜻학원)
나상오 (평촌다수인)
문준호 (파워영수학원)
서정민 (양지메가스터디기숙학원)
양지은 (진수학전문학원)
이봉주 (분당 성지 수학전문학원)
임용원 (산본고)
조승현 (동덕여고)
황선진 (서초메가스터디 기숙학원)
권치영 (지오학원)
나화정 (수리고)
박민경 (한얼학원)
송경섭 (성수고)
양지희 (전주한일고)
이승구 (트임학원)
임채웅 (송원고)
지현우 (이우성학원)
권혁동 (인천청탑학원)
남혁 (남혁학원)
박민식 (위더스 수학전문학원)
송혜숙 (남동정상일등수학)
엄상미 (송곳에듀)
이재영 (신도림 대성학원)
장동식 (가로수학학원)
최문채 (열린학원 운정점)
길승호 (대덕고)
류홍종 (흐름수학)
박용우 (신등용문학원)
신동식 (EM the best)
오광석 (창현고)
이한승 (탑7학원)
장우성 (사람과미래수학학원)
최정희 (세화고)

SPURT 스퍼트

고등 수학(상)

구성과 특징

Structure

내신 빈출 유형, 확실하게 마무리하기!

- [8+2]강으로 핵심 **필수 유형** 완성
- 시험에 자주 나오는 심화 **출제 유형** 집중 점검
- 예상 문제와 기출 문제로 **만점 도전**

1 STEP

필수 유형 다지기

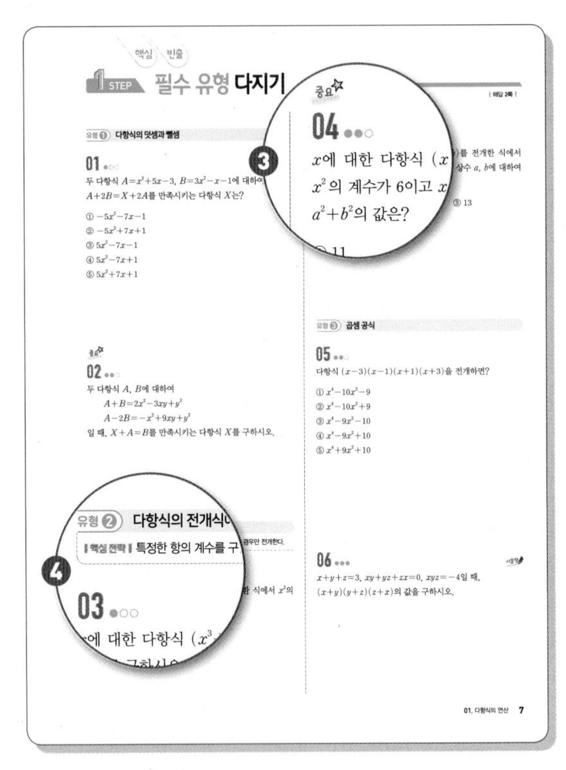

교과서 핵심 개념 & 기본 다지기

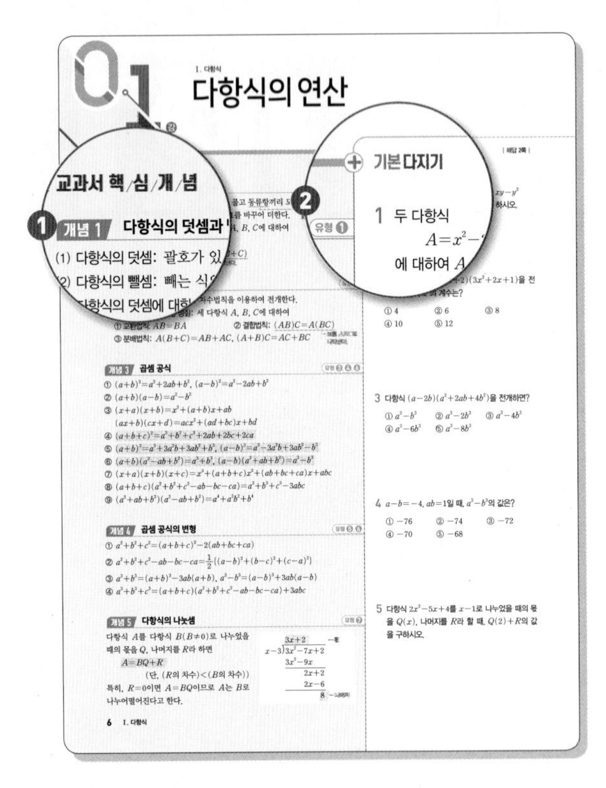

❶ 교과서 핵심 개념

교과서 핵심 개념을 강별로 압축하여 정리하였습니다. 꼭 알아야 할 핵심 개념을 한눈에 파악할 수 있습니다.

❷ 기본 다지기

개념을 확인하는 실전형 문제를 통하여 이해 정도를 확인할 수 있습니다.

❸ 유형별 문제를 다양한 난이도로 제시하였습니다. 빈출 유형을 확실히 익힐 수 있습니다.

❹ 개념이 문제 해결에 적용되는 과정을 학습할 수 있도록 전략을 제시하였습니다.

2 STEP 출제 유형 PICK

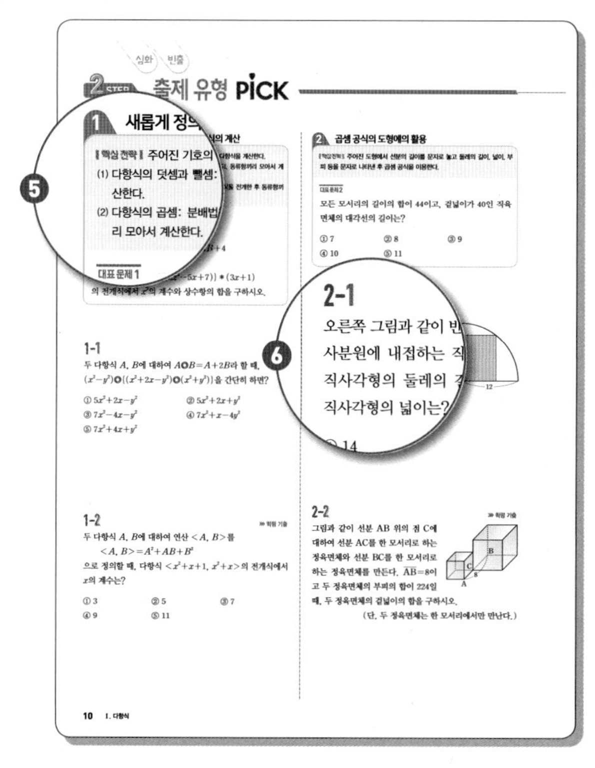

❺ 시험에 자주 나오는 심화 유형을 선별하여 유형별 핵심 전략을 수록하였습니다.

❻ 대표 문제와 유사 문제로 해당 유형에 대한 반복학습이 가능하며, 기출 문제로 실전감각을 기를 수 있습니다.

3 STEP 만점 도전하기

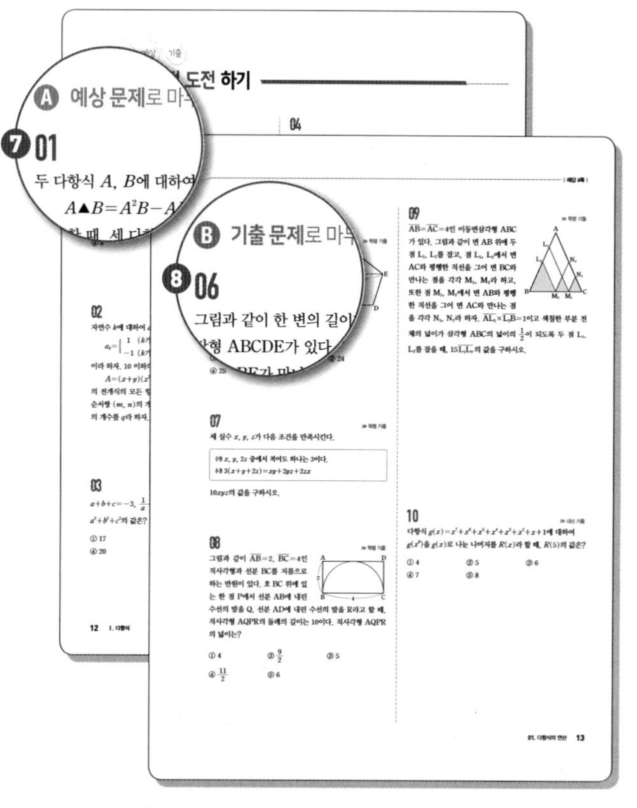

❼ 예상 문제로 마무리

난이도 높은 예상 문제를 수록하였습니다.
시험을 완벽히 대비하여 고득점에 한 걸음 더 가까워질 수 있습니다.

❽ 기출 문제로 마무리

내신, 학력평가, 모의평가, 수능 기출 문제 중 난이도가 높은 문제로 구성하여 고난도 문제에 대비할 수 있도록 하였습니다.

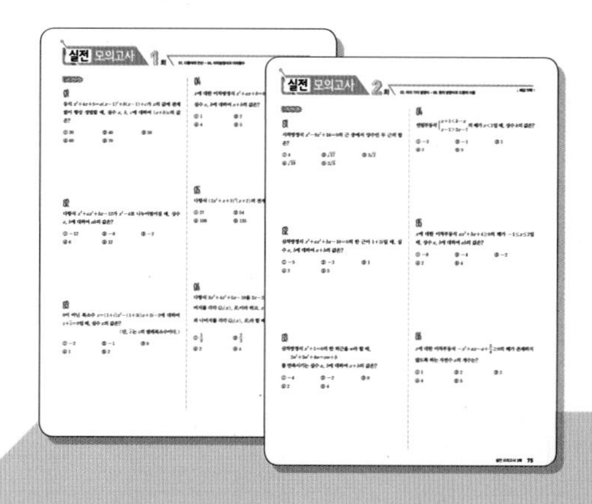

실전 모의고사

실제 시험에 가까운 문제들로 구성된 실전 모의고사를 수록하였습니다. 총 2회에 걸쳐 실전 연습을 할 수 있습니다.

차례

Contents

학습 계획표

Study Plan

※ 스스로 학습 성취도를 체크해 보고, 부족한 강은 복습을 하도록 합니다.

강명	1차 학습일	2차 학습일
01 다항식의 연산	월 일	월 일
	성취도 ○ △ ×	성취도 ○ △ ×
02 나머지정리와 인수분해	월 일	월 일
	성취도 ○ △ ×	성취도 ○ △ ×
03 복소수와 이차방정식	월 일	월 일
	성취도 ○ △ ×	성취도 ○ △ ×
04 이차방정식과 이차함수	월 일	월 일
	성취도 ○ △ ×	성취도 ○ △ ×
05 여러 가지 방정식	월 일	월 일
	성취도 ○ △ ×	성취도 ○ △ ×
06 여러 가지 부등식	월 일	월 일
	성취도 ○ △ ×	성취도 ○ △ ×
07 평면좌표와 직선의 방정식	월 일	월 일
	성취도 ○ △ ×	성취도 ○ △ ×
08 원의 방정식과 도형의 이동	월 일	월 일
	성취도 ○ △ ×	성취도 ○ △ ×
● 실전 모의고사 1회	월 일	월 일
	성취도 ○ △ ×	성취도 ○ △ ×
● 실전 모의고사 2회	월 일	월 일
	성취도 ○ △ ×	성취도 ○ △ ×

I. 다항식

다항식의 연산

교과서 핵/심/개/념

개념 1 다항식의 덧셈과 뺄셈
유형 ❶

(1) 다항식의 덧셈: 괄호가 있으면 괄호를 풀고 동류항끼리 모아서 정리한다. (동류항: 특정한 문자에 대한 차수가 같은 항)

(2) 다항식의 뺄셈: 빼는 식의 각 항의 부호를 바꾸어 더한다.

(3) 다항식의 덧셈에 대한 성질: 세 다항식 A, B, C에 대하여

① 교환법칙: $A+B=B+A$

② 결합법칙: $(A+B)+C=A+(B+C)$ └ 보통 $A+B+C$로 나타낸다.

개념 2 다항식의 곱셈
유형 ❷

(1) 다항식의 곱셈: 분배법칙과 지수법칙을 이용하여 전개한다.

(2) 다항식의 곱셈에 대한 성질: 세 다항식 A, B, C에 대하여

① 교환법칙: $AB=BA$　② 결합법칙: $(AB)C=A(BC)$ └ 보통 ABC로 나타낸다.

③ 분배법칙: $A(B+C)=AB+AC$, $(A+B)C=AC+BC$

개념 3 곱셈 공식
유형 ❸, ❹, ❻

① $(a+b)^2=a^2+2ab+b^2$, $(a-b)^2=a^2-2ab+b^2$

② $(a+b)(a-b)=a^2-b^2$

③ $(x+a)(x+b)=x^2+(a+b)x+ab$

$(ax+b)(cx+d)=acx^2+(ad+bc)x+bd$

④ $(a+b+c)^2=a^2+b^2+c^2+2ab+2bc+2ca$

⑤ $(a+b)^3=a^3+3a^2b+3ab^2+b^3$, $(a-b)^3=a^3-3a^2b+3ab^2-b^3$

⑥ $(a+b)(a^2-ab+b^2)=a^3+b^3$, $(a-b)(a^2+ab+b^2)=a^3-b^3$

⑦ $(x+a)(x+b)(x+c)=x^3+(a+b+c)x^2+(ab+bc+ca)x+abc$

⑧ $(a+b+c)(a^2+b^2+c^2-ab-bc-ca)=a^3+b^3+c^3-3abc$

⑨ $(a^2+ab+b^2)(a^2-ab+b^2)=a^4+a^2b^2+b^4$

개념 4 곱셈 공식의 변형
유형 ❺, ❻

① $a^2+b^2+c^2=(a+b+c)^2-2(ab+bc+ca)$

② $a^2+b^2+c^2-ab-bc-ca=\frac{1}{2}\{(a-b)^2+(b-c)^2+(c-a)^2\}$

③ $a^3+b^3=(a+b)^3-3ab(a+b)$, $a^3-b^3=(a-b)^3+3ab(a-b)$

④ $a^3+b^3+c^3=(a+b+c)(a^2+b^2+c^2-ab-bc-ca)+3abc$

개념 5 다항식의 나눗셈
유형 ❼

다항식 A를 다항식 $B(B\neq0)$로 나누었을 때의 몫을 Q, 나머지를 R라 하면

$A=BQ+R$

(단, (R의 차수)<(B의 차수))

특히, $R=0$이면 $A=BQ$이므로 A는 B로 나누어떨어진다고 한다.

$$\begin{array}{r} 3x+2 \quad \leftarrow \text{몫} \\ x-3\overline{\smash{)}3x^2-7x+2} \\ 3x^2-9x \\ \hline 2x+2 \\ 2x-6 \\ \hline 8 \quad \leftarrow \text{나머지} \end{array}$$

기본 다지기
| 해답 2쪽 |

1 두 다항식

$A=x^2-2xy+y^2$, $B=2x^2+xy-y^2$

에 대하여 $A-(2A-B)$를 간단히 하시오.

2 다항식 $(x^3+2x^2+x+2)(3x^2+2x+1)$을 전개한 식에서 x^2의 계수는?

① 4　② 6　③ 8　④ 10　⑤ 12

3 다항식 $(a-2b)(a^2+2ab+4b^2)$을 전개하면?

① a^3-b^3　② a^3-2b^3　③ a^3-4b^3　④ a^3-6b^3　⑤ a^3-8b^3

4 $a-b=-4$, $ab=1$일 때, a^3-b^3의 값은?

① -76　② -74　③ -72　④ -70　⑤ -68

5 다항식 $2x^3-5x+4$를 $x-1$로 나누었을 때의 몫을 $Q(x)$, 나머지를 R라 할 때, $Q(2)+R$의 값을 구하시오.

핵심 빈출

1 STEP 필수 유형 다지기

| 해답 2쪽 |

유형 ① 다항식의 덧셈과 뺄셈

01 ●○○

두 다항식 $A=x^2+5x-3$, $B=3x^2-x-1$에 대하여 $A+2B=X+2A$를 만족시키는 다항식 X는?

① $-5x^2-7x-1$
② $-5x^2+7x+1$
③ $5x^2-7x-1$
④ $5x^2-7x+1$
⑤ $5x^2+7x+1$

중요

02 ●●○

두 다항식 A, B에 대하여

$A+B=2x^2-3xy+y^2$

$A-2B=-x^2+9xy+y^2$

일 때, $X+A=B$를 만족시키는 다항식 X를 구하시오.

유형 ② 다항식의 전개식에서 계수 구하기

| 핵심 전략 | 특정한 항의 계수를 구할 때는 필요한 항이 나오는 경우만 전개한다.

03 ●○○

x에 대한 다항식 $(x^3+4x^2+2x+2)^2$을 전개한 식에서 x^2의 계수를 구하시오.

중요

04 ●●○

x에 대한 다항식 $(x+1)(x+a)(x+b)$를 전개한 식에서 x^2의 계수가 6이고 x의 계수가 11일 때, 상수 a, b에 대하여 a^2+b^2의 값은?

① 11 ② 12 ③ 13 ④ 14 ⑤ 15

유형 ③ 곱셈 공식

05 ●●○

다항식 $(x-3)(x-1)(x+1)(x+3)$을 전개하면?

① x^4-10x^2-9
② x^4-10x^2+9
③ x^4-9x^2-10
④ x^4-9x^2+10
⑤ x^4+9x^2+10

06 ●●● 서술형

$x+y+z=3$, $xy+yz+zx=0$, $xyz=-4$일 때, $(x+y)(y+z)(z+x)$의 값을 구하시오.

07 ●●●

$(2x-y)^2(4x^2+2xy+y^2)^2$을 전개한 식이 $ax^6+bx^3y^3+cy^6$일 때, 상수 a, b, c에 대하여 $a-b-c$의 값은?

① 77 ② 79 ③ 81
④ 83 ⑤ 85

유형 ④ 공통부분이 있는 다항식의 곱셈

| 핵심 전략 | 공통부분이 있는 다항식의 곱셈은 공통부분을 치환한 후 전개한다.

08 ●●○

$(x^2+xy+y^2)(x^2-xy-y^2)$을 전개하면?

① $x^4-x^2y^2-2xy^3-y^4$
② $x^4-x^2y^2-2xy^3+y^4$
③ $x^4-x^2y^2+2xy^3-y^4$
④ $x^4+x^2y^2-2xy^3-y^4$
⑤ $x^4+x^2y^2+2xy^3-y^4$

09 ●●○

$(x-3)(x-2)(x+1)(x+2)$를 전개한 식이 $x^4+ax^3+bx^2+cx+12$일 때, 상수 a, b, c에 대하여 $ab-c$의 값은?

① 2 ② 4 ③ 6
④ 8 ⑤ 10

10 ●●● 서술형

$(x^3+x^2+x+1)(x^3+x^2-x-1)$을 전개하시오.

유형 ⑤ 곱셈 공식의 변형

중요

11 ●●○

$x^2-3x-1=0$일 때, $x^3-\frac{1}{x^3}$의 값을 구하시오.

12 ●●○

$a+b+c=4$, $a^2+b^2+c^2=14$일 때, $(a+b)(b+c)+(b+c)(c+a)+(c+a)(a+b)$의 값은?

① 11 ② 13 ③ 15
④ 17 ⑤ 19

13 ●●○

두 실수 a, b에 대하여 $a+b=7$, $a^2+ab+b^2=37$일 때, a^3+b^3의 값은?

① 91 ② 92 ③ 93
④ 94 ⑤ 95

14 ●●○

서술형

세 실수 a, b, c가 $a+b+c=0$, $a^2+b^2+c^2=4$를 만족시킬 때, $a^2b^2+b^2c^2+c^2a^2$의 값을 구하시오.

중요

15 ●●●

두 실수 x, y에 대하여 $x+y=5$, $x^3+y^3=35$일 때, x^4+y^4의 값을 구하시오.

유형 6 곱셈 공식을 이용한 수의 계산

| 핵심 전략 | 공통인 수를 문자로 생각하고 곱셈 공식을 이용할 수 있도록 식을 변형하거나 두 수의 합 또는 차로 나타낸다.

16 ●●○

$\left(\frac{13}{15}\right)^3+\left(\frac{2}{15}\right)^3-1$을 계산하면?

① $-\frac{26}{75}$ ② $-\frac{1}{3}$ ③ $-\frac{8}{25}$
④ $-\frac{23}{75}$ ⑤ $-\frac{22}{75}$

17 ●●○

$98\times(100^2+204)=10^n-8$일 때, 자연수 n의 값은?

① 5 ② 6 ③ 7
④ 8 ⑤ 9

유형 7 다항식의 나눗셈

18 ●○○

다항식 A를 $x-2$로 나누었을 때의 몫이 x^2+3x+3이고 나머지가 4일 때, 다항식 A를 $x-1$로 나누었을 때의 몫은?

① x^2-x-1 ② x^2+x-1 ③ x^2+x+1
④ x^2+2x-1 ⑤ x^2+2x+1

19 ●●○

두 다항식 $A=x^2-x+1$, $B=x^2+x+1$에 대하여 다항식 A^2B^2을 x^2+1로 나누었을 때의 나머지를 구하시오.

심화 빈출

2 STEP 출제 유형 PICK

1 새롭게 정의된 기호를 사용한 식의 계산

| 핵심 전략 | 주어진 기호의 규칙에 따라 식을 세운 후 다항식을 계산한다.
(1) 다항식의 덧셈과 뺄셈: 괄호가 있으면 괄호를 풀고, 동류항끼리 모아서 계산한다.
(2) 다항식의 곱셈: 분배법칙과 지수법칙을 이용하여 식을 전개한 후 동류항끼리 모아서 계산한다.

대표 문제 1

두 다항식 A, B에 대하여

$A\diamond B=3A-B$, $A*B=AB+4$

라 할 때, 다항식

$\{(x^2-2x+3)\diamond(2x^2-5x+7)\}*(3x+1)$

의 전개식에서 x^2의 계수와 상수항의 합을 구하시오.

1-1

두 다항식 A, B에 대하여 $A◎B=A+2B$라 할 때, $(x^2-y^2)◎\{(x^2+2x-y^2)◎(x^2+y^2)\}$을 간단히 하면?

① $5x^2+2x-y^2$ ② $5x^2+2x+y^2$
③ $7x^2-4x-y^2$ ④ $7x^2+x-4y^2$
⑤ $7x^2+4x+y^2$

1-2

≫ 학평 기출

두 다항식 A, B에 대하여 연산 $<A, B>$를

$<A, B>=A^2+AB+B^2$

으로 정의할 때, 다항식 $<x^2+x+1, x^2+x>$의 전개식에서 x의 계수는?

① 3 ② 5 ③ 7
④ 9 ⑤ 11

2 곱셈 공식의 도형에의 활용

| 핵심 전략 | 주어진 도형에서 선분의 길이를 문자로 놓고 둘레의 길이, 넓이, 부피 등을 문자로 나타낸 후 곱셈 공식을 이용한다.

대표 문제 2

모든 모서리의 길이의 합이 44이고, 겉넓이가 40인 직육면체의 대각선의 길이는?

① 7 ② 8 ③ 9
④ 10 ⑤ 11

2-1

오른쪽 그림과 같이 반지름의 길이가 12인 사분원에 내접하는 직사각형이 있다. 이 직사각형의 둘레의 길이가 28일 때, 이 직사각형의 넓이는?

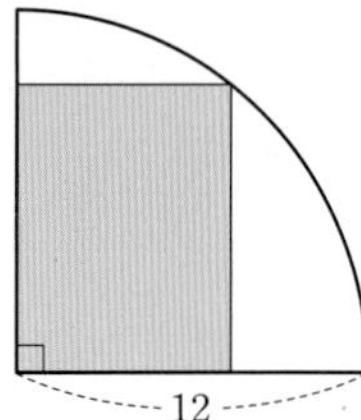
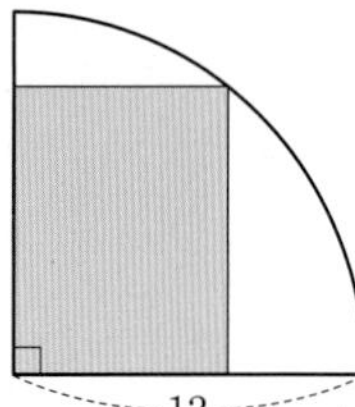

① 14 ② 18
③ 22 ④ 26
⑤ 30

2-2

≫ 학평 기출

그림과 같이 선분 AB 위의 점 C에 대하여 선분 AC를 한 모서리로 하는 정육면체와 선분 BC를 한 모서리로 하는 정육면체를 만든다. $\overline{AB}=8$이고 두 정육면체의 부피의 합이 224일 때, 두 정육면체의 겉넓이의 합을 구하시오.

(단, 두 정육면체는 한 모서리에서만 만난다.)

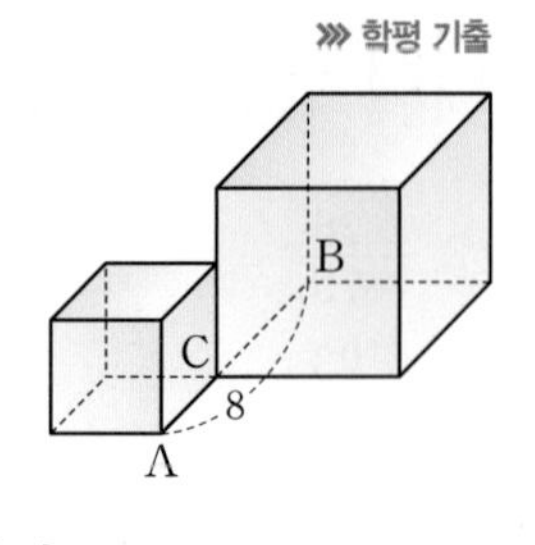

3 곱셈 공식의 변형

| 핵심 전략 | (1) 문자가 3개인 경우 다음을 이용하여 식의 값을 구할 수 있다.

① $a^2+b^2+c^2=(a+b+c)^2-2(ab+bc+ca)$

② $a^3+b^3+c^3=(a+b+c)(a^2+b^2+c^2-ab-bc-ca)+3abc$

(2) $x^2+\frac{1}{x^2}$, $x^3+\frac{1}{x^3}$, $x^3-\frac{1}{x^3}$의 값을 구할 때는 $x+\frac{1}{x}$ 또는 $x-\frac{1}{x}$의 값을 이용할 수 있도록 식을 변형한다.

대표 문제 3

$a+b+c=3$, $ab+bc+ca=-3$, $a^3+b^3+c^3=42$일 때, $(a+b)(b+c)(c+a)$의 값은?

① -1　② -2　③ -3　④ -4　⑤ -5

3-1

양수 x에 대하여 $x^4-14x^2+1=0$일 때,

$x^3-3x^2+5x-7+\frac{5}{x}-\frac{3}{x^2}+\frac{1}{x^3}$의 값은?

① 21　② 22　③ 23　④ 24　⑤ 25

3-2

»» 학평 기출

$x+y=2$, $x^2+y^2=6$을 만족하는 두 실수 x, y에 대하여 x^7+y^7의 값은?

① 34　② 82　③ 198　④ 478　⑤ 1054

4 다항식의 나눗셈의 표현

| 핵심 전략 | 다항식 A를 다항식 B $(B\neq0)$로 나누었을 때의 몫을 Q, 나머지를 R라 하면

$A=BQ+R$ (단, (R의 차수)<(B의 차수))

대표 문제 4

x에 대한 다항식 A를 x^3-1로 나눈 나머지를 $r(A)$라 할 때, **보기**에서 옳은 것만을 있는 대로 고른 것은?

보기

ㄱ. $r(x^7+x+1)=2x+1$

ㄴ. $r(x^8-3x^3+5)=r(x^5-3x^3+5)$

ㄷ. 자연수 k에 대하여 $n=6k+4$이면 $r(x^n-x+1)=1$이다.

① ㄱ　② ㄴ　③ ㄱ, ㄴ　④ ㄱ, ㄷ　⑤ ㄱ, ㄴ, ㄷ

4-1

다항식 $P(x)$를 $(3x+2)^2$으로 나누었을 때의 나머지가 $ax+4$, $(3x+2)^3$으로 나누었을 때의 나머지가 $9x^2+b$일 때, 상수 a, b에 대하여 $a+3b$의 값을 구하시오.

4-2

»» 학평 기출

상수가 아닌 두 다항식 $f(x)$, $g(x)$에 대하여 $f(x)$를 $g(x)$로 나눈 몫을 $Q(x)$, 나머지를 $R(x)$라 할 때, **보기**에서 항상 옳은 것만을 있는 대로 고른 것은?

(단, $f(x)$의 차수는 $g(x)$의 차수보다 작지 않다.)

보기

ㄱ. $f(x)-R(x)$는 $g(x)$로 나누어떨어진다.

ㄴ. $f(x)+g(x)$를 $g(x)$로 나눈 나머지는 $R(x)$이다.

ㄷ. $f(x)$를 $Q(x)$로 나눈 나머지는 $R(x)$이다.

① ㄴ　② ㄱ, ㄴ　③ ㄴ, ㄷ　④ ㄱ, ㄷ　⑤ ㄱ, ㄴ, ㄷ

예상 기출

3 STEP 만점 도전 하기

A 예상 문제로 마무리

01

두 다항식 A, B에 대하여

$$A\blacktriangle B=A^2B-AB^2$$

이라 할 때, 세 다항식 $A=x^2-x+1$, $B=x^2+x+1$, $C=x-1$에 대하여 다항식 $(A+B)C\blacktriangle(A-B)C$의 전개식에서 x^6의 계수와 x^5의 계수의 합은?

① 2 ② 4 ③ 6
④ 8 ⑤ 10

02

자연수 k에 대하여 a_k를

$$a_k=\begin{cases} 1 & (k\text{가 3의 배수일 때}) \\ -1 & (k\text{가 3의 배수가 아닐 때}) \end{cases}$$

이라 하자. 10 이하의 두 자연수 m, n에 대하여 다항식

$$A=(x+y)(x^2+a_mxy+y^2)(x^2-a_nxy+y^2)$$

의 전개식의 모든 항의 계수의 합이 2일 때, 가능한 m, n의 순서쌍 (m, n)의 개수를 p, 그때의 다항식 A의 전개식의 항의 개수를 q라 하자. $p+q$의 값을 구하시오.

03

$a+b+c=-3$, $\dfrac{1}{a}+\dfrac{1}{b}+\dfrac{1}{c}=-2$, $\dfrac{1}{a^2}+\dfrac{1}{b^2}+\dfrac{1}{c^2}=7$일 때, $a^2+b^2+c^2$의 값은? (단, $abc\neq0$)

① 17 ② 18 ③ 19
④ 20 ⑤ 21

04

오른쪽 그림과 같이 둘레의 길이가 24이고, $\overline{AB}=\overline{AC}$인 이등변삼각형 ABC가 있다. 선분 BC를 지름으로 하는 반원이 두 변 AB, AC와 만나는 점을 각각 D, E라 하고 선분 BC의 중점을 M이라 할 때, 세 점 D, E, M이 다음 조건을 만족시킨다.

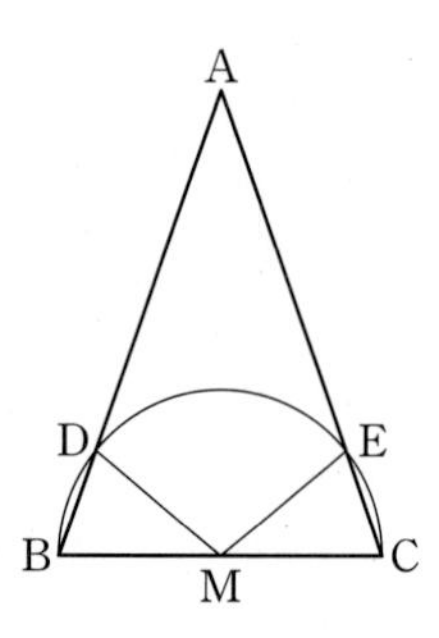

(가) $\sin(\angle BDM)=\dfrac{2\sqrt{2}}{3}$

(나) 사각형 ADME의 넓이는 $14\sqrt{2}$이다.

$\overline{AD}=x$, $\overline{BM}=y$라 할 때, $9x^2+25y^2$의 값을 구하시오.

05 레벨 UP

두 다항식 $A=(x+1)(x^2-x-1)$, $B=(x+1)^2$에 대하여 다항식 A^3+B^3을 $(x+1)^4$으로 나누었을 때의 몫을 $Q(x)$, 나머지를 $R(x)$라 할 때, $Q(1)+R(1)$의 값은?

① 11 ② 13 ③ 15
④ 17 ⑤ 19

B 기출 문제로 마무리

06

»» 학평 기출

그림과 같이 한 변의 길이가 1인 정오각형 ABCDE가 있다. 두 대각선 AC와 BE가 만나는 점을 P라 하면 $\overline{BE}:\overline{PE}=\overline{PE}:\overline{BP}$가 성립한다. 대각선 BE의 길이를 x라 할 때,

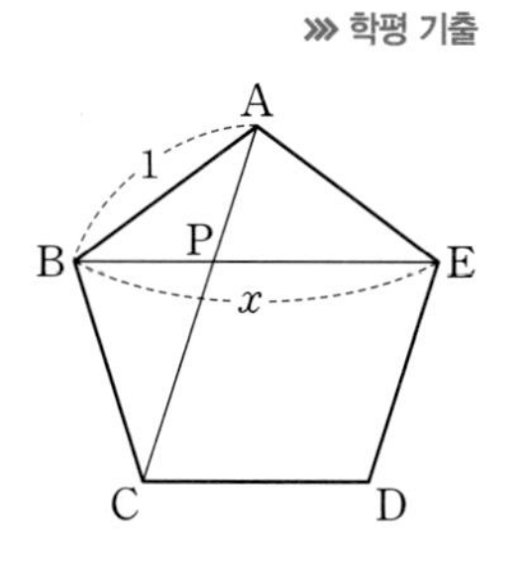

$1-x+x^2-x^3+x^4-x^5+x^6-x^7+x^8$
$=p+q\sqrt{5}$

이다. $p+q$의 값은? (단, p, q는 유리수이다.)

① 22 ② 23 ③ 24
④ 25 ⑤ 26

07

»» 학평 기출

세 실수 x, y, z가 다음 조건을 만족시킨다.

(가) x, y, $2z$ 중에서 적어도 하나는 3이다.
(나) $3(x+y+2z)=xy+2yz+2zx$

$10xyz$의 값을 구하시오.

08

»» 학평 기출

그림과 같이 $\overline{AB}=2$, $\overline{BC}=4$인 직사각형과 선분 BC를 지름으로 하는 반원이 있다. 호 BC 위에 있는 한 점 P에서 선분 AB에 내린 수선의 발을 Q, 선분 AD에 내린 수선의 발을 R라고 할 때, 직사각형 AQPR의 둘레의 길이는 10이다. 직사각형 AQPR의 넓이는?

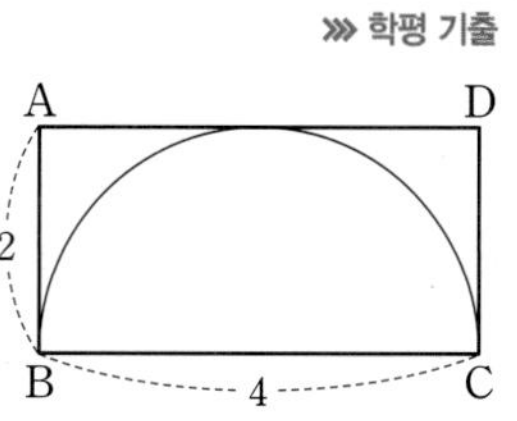

① 4 ② $\frac{9}{2}$ ③ 5
④ $\frac{11}{2}$ ⑤ 6

09

»» 학평 기출

$\overline{AB}=\overline{AC}=4$인 이등변삼각형 ABC가 있다. 그림과 같이 변 AB 위에 두 점 L_1, L_2를 잡고, 점 L_1, L_2에서 변 AC와 평행한 직선을 그어 변 BC와 만나는 점을 각각 M_1, M_2라 하고, 또한 점 M_1, M_2에서 변 AB와 평행한 직선을 그어 변 AC와 만나는 점을 각각 N_1, N_2라 하자. $\overline{AL_1}\times\overline{L_2B}=1$이고 색칠한 부분 전체의 넓이가 삼각형 ABC의 넓이의 $\frac{1}{2}$이 되도록 두 점 L_1, L_2를 잡을 때, $15\overline{L_1L_2}$의 값을 구하시오.

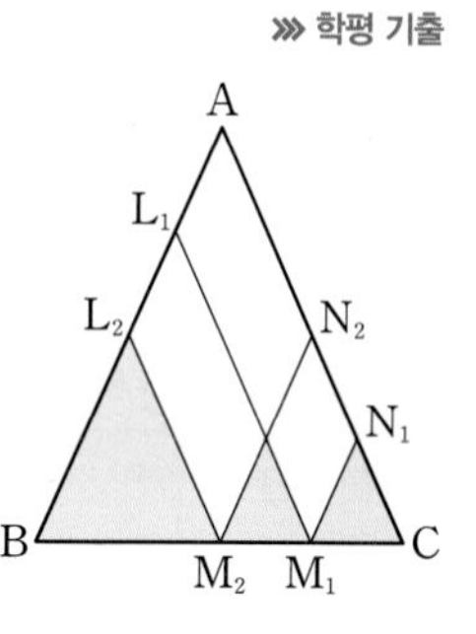

10

»» 내신 기출

다항식 $g(x)=x^7+x^6+x^5+x^4+x^3+x^2+x+1$에 대하여 $g(x^8)$을 $g(x)$로 나눈 나머지를 $R(x)$라 할 때, $R(5)$의 값은?

① 4 ② 5 ③ 6
④ 7 ⑤ 8

Ⅰ. 다항식

나머지정리와 인수분해

교과서 핵/심/개/념

개념 1 항등식의 뜻과 성질 (유형 ①, ②)

(1) 항등식

주어진 등식의 문자에 어떤 값을 대입하여도 항상 성립하는 등식을 그 문자에 대한 항등식이라 한다.

(2) 항등식의 성질

① $ax^2+bx+c=0$이 x에 대한 항등식이면 $a=0$, $b=0$, $c=0$

② $ax^2+bx+c=a'x^2+b'x+c'$이 x에 대한 항등식이면

$a=a'$, $b=b'$, $c=c'$

개념 2 미정계수법 (유형 ①, ②)

항등식의 뜻과 성질을 이용하여 주어진 등식에서 미지의 계수를 정하는 방법을 미정계수법이라 한다.

(1) 계수비교법: 좌변과 우변의 동류항의 계수를 비교하여 계수를 정하는 방법

(2) 수치대입법: 문자에 임의의 수를 대입하여 계수를 정하는 방법

개념 3 나머지정리와 인수정리 (유형 ③, ④)

(1) 나머지정리

① x에 대한 다항식 $P(x)$를 일차식 $x-\alpha$로 나누었을 때의 나머지를 R라 하면 $R=P(\alpha)$이다.

② x에 대한 다항식 $P(x)$를 일차식 $ax+b$로 나누었을 때의 나머지를 R라 하면 $R=P\left(-\frac{b}{a}\right)$이다.

(2) 인수정리

① 다항식 $P(x)$에 대하여 $P(\alpha)=0$이면 다항식 $P(x)$는 일차식 $x-\alpha$로 나누어떨어진다.

② 다항식 $P(x)$가 일차식 $x-\alpha$로 나누어떨어지면 $P(\alpha)=0$이다.

개념 4 인수분해 (유형 ⑤, ⑥)

(1) 인수분해 공식

① $a^2+b^2+c^2+2ab+2bc+2ca=(a+b+c)^2$

② $a^3+3a^2b+3ab^2+b^3=(a+b)^3$, $a^3-3a^2b+3ab^2-b^3=(a-b)^3$

③ $a^3+b^3=(a+b)(a^2-ab+b^2)$, $a^3-b^3=(a-b)(a^2+ab+b^2)$

④ $a^3+b^3+c^3-3abc=(a+b+c)(a^2+b^2+c^2-ab-bc-ca)$

⑤ $a^4+a^2b^2+b^4=(a^2+ab+b^2)(a^2-ab+b^2)$

(2) 복잡한 식의 인수분해

① 두 개 이상의 문자를 포함하는 식은 차수가 가장 낮은 문자에 대하여 내림차순으로 정리한 다음 인수분해한다.

② 삼차 이상의 다항식은 인수정리와 조립제법을 이용하여 인수분해한다.

기본 다지기

| 해답 9쪽 |

1 다음 등식 중 x에 대한 항등식인 것은?

① $x+2=4$
② $x^2-1=(x+1)(x+2)$
③ $x=|x|$
④ $(x+1)^3-x^3=3x^2+3x+1$
⑤ $x^4=x^2(x^2+x)$

2 등식 $2x^2-3x+a=2x^2+bx+b-1$이 x에 대한 항등식일 때, 상수 a, b에 대하여 ab의 값을 구하시오.

3 다항식 $x^2+ax+10$을 $x-2$로 나누었을 때의 나머지와 $x-4$로 나누었을 때의 나머지가 서로 같을 때, 상수 a의 값을 구하시오.

4 다항식 $P(x)=x^3+2x+a$는 $x-3$으로 나누어떨어진다. $P(x)$를 $x-1$로 나누었을 때의 나머지를 구하시오. (단, a는 상수이다.)

5 다항식 $2x^3-3x^2+ax+3$을 인수분해하면 $(2x+b)(x+1)(x-1)$일 때, 상수 a, b에 대하여 $a+b$의 값을 구하시오.

핵심 빈출

1 STEP 필수 유형 다지기

| 해답 9쪽 |

유형 ① 항등식과 미정계수법

중요☆

01 ●○○

다항식 $P(x)$에 대하여 등식

$$x^5+ax^2+b=(x+1)(x-2)P(x)$$

가 x에 대한 항등식일 때, 상수 a, b에 대하여 $b-a$의 값은?

① 21 ② 23 ③ 25
④ 27 ⑤ 29

02 ●●○

모든 실수 k에 대하여 등식

$$(k+1)a^2-(k-1)a+bk=0$$

이 성립할 때, 실수 a, b에 대하여 $a+b$의 최솟값은?

① -4 ② -3 ③ -2
④ -1 ⑤ 0

03 ●●○

다항식 $P(x)$에 대하여 등식

$$x(x+1)P(x)+2=x^4+(ab+bc+ca)x+a+b+c$$

가 x에 대한 항등식일 때, 상수 a, b, c에 대하여 $a^2+b^2+c^2$의 값을 구하시오.

04 ●●●

다항식 $P(x)$를 x^2-x-3으로 나누었을 때의 나머지가 $x-4$이고, x^3-x^2-3x로 나누었을 때의 나머지가 $2x^2+ax+b$일 때, 상수 a, b에 대하여 ab의 값을 구하시오.

유형 ② 항등식에서 계수의 합 구하기

| 핵심 전략 | 주어진 등식의 양변에 적당한 수를 대입하여 계수에 대한 식의 값을 구한다.

05 ●●○

등식

$$x^{10}-1=a_{10}(x-1)^{10}+a_9(x-1)^9+a_8(x-1)^8+\cdots+a_1(x-1)+a_0$$

이 x의 값에 관계없이 항상 성립할 때, $a_1+a_2+a_3+\cdots+a_{10}$의 값은? (단, a_0, a_1, a_2, $\cdots$, a_{10}은 상수이다.)

① 255 ② 511 ③ 512
④ 1023 ⑤ 1024

06 ●●● 서술형

등식

$$(x^2+x-1)^5=a_{10}x^{10}+a_9x^9+a_8x^8+\cdots+a_1x+a_0$$

이 x에 대한 항등식일 때, $a_1+a_3+a_5+a_7+a_9$의 값을 구하시오. (단, a_0, a_1, a_2, $\cdots$, a_{10}은 상수이다.)

유형 ③ 나머지정리와 인수정리

07 ●○○

다항식 $P(x)$를 $x-4$로 나누었을 때의 나머지가 5이고, 다항식 $Q(x)$를 $x-4$로 나누었을 때의 나머지가 7일 때, 다항식 $3P(x)-Q(x)$를 $x-4$로 나누었을 때의 나머지는?

① 2 ② 4 ③ 6
④ 8 ⑤ 10

08 ●●○

다항식 $P(x)$를 $x-1$로 나누었을 때의 나머지가 3이고, $x-3$으로 나누었을 때의 나머지가 -1이다. 다항식 $P(x)$를 $2x^2-8x+6$으로 나누었을 때의 나머지를 $R(x)$라 할 때, $R(2)$의 값을 구하시오.

09 ●●○

x에 대한 다항식 $(x^3+k)(6x-k)+4kx$가 $x-1$로 나누어떨어지도록 하는 모든 실수 k의 값의 합을 구하시오.

중요

10 ●●○

다항식 $2x^3-5x^2+ax+b$가 x^2-x-2로 나누어떨어질 때, 이 다항식을 $x-3$으로 나누었을 때의 나머지는?

(단, a, b는 상수이다.)

① 12 ② 14 ③ 16 ④ 18 ⑤ 20

11 ●●●

5^{10}을 7로 나누었을 때의 나머지는?

① 1 ② 2 ③ 3 ④ 4 ⑤ 5

12 ●●●

서술형

다음 조건을 모두 만족시키는 삼차식 $P(x)$를 $(x+1)^3$으로 나누었을 때의 나머지를 $R(x)$라 하자. $R(1)=R(2)$일 때, $R(3)$의 값을 구하시오.

> (가) $P(-1)=3$
> (나) $P(x)$를 $(x+1)^2$으로 나누었을 때의 몫과 나머지가 서로 같다.

유형 4 조립제법

13 ●●○

등식

$$x^3+x^2+2x+2=(x+1)^3+a(x+1)^2+b(x+1)+c$$

가 x의 값에 관계없이 항상 성립할 때, 상수 a, b, c에 대하여 $a+2b+3c$의 값은?

① 1 ② 2 ③ 3 ④ 4 ⑤ 5

14 ●●●

다항식 $P(x)=2x^3-4x^2+5x+2$는

$$P(x)=a(x-1)^3+b(x-1)^2+c(x-1)+d$$

꼴로 나타낼 수 있다. 이 식을 이용하여 $P(1.1)$의 값을 구하시오. (단, a, b, c, d는 상수이다.)

유형 ⑤ 인수분해

15 ●●○

다항식 $x^{12}-y^{12}$의 인수인 것만을 보기에서 있는 대로 고른 것은?

보기
ㄱ. $x+y$　　ㄴ. x^2-xy+y^2　　ㄷ. $x^3-x^3y^3+y^3$

① ㄱ　② ㄷ　③ ㄱ, ㄴ
④ ㄴ, ㄷ　⑤ ㄱ, ㄴ, ㄷ

16 ●●○

$x^3-8y^3+3x^2+3x+1$을 인수분해한 것은?

① $(x-2y-1)(x^2+2x-2xy+4y^2+2y+1)$
② $(x-2y-1)(x^2+2x+2xy+4y^2+2y+1)$
③ $(x-2y+1)(x^2+2x+2xy+4y^2-2y+1)$
④ $(x-2y+1)(x^2+2x-2xy+4y^2+2y+1)$
⑤ $(x-2y+1)(x^2+2x+2xy+4y^2+2y+1)$

유형 ⑥ 복잡한 식의 인수분해

핵심 전략 공통부분이 있으면 공통부분을 치환하고, 공통부분이 없으면 공통부분이 생기도록 식을 변형한다.

17 ●●○

다항식 $(x^2-2x)^2-2x^2+4x-3$을 인수분해하면 $(x+a)(x+b)(x+c)^2$일 때, 상수 a, b, c에 대하여 $a+b-c$의 값은?

① -5　② -4　③ -3
④ -2　⑤ -1

18 ●●○ 서술형

$\dfrac{2019\times(2020^2-2021)}{2020^3-2\times2020-1}=\dfrac{q}{p}$일 때, $p+q$의 값을 구하시오.
(단, p와 q는 서로소인 자연수이다.)

19 ●●○

두 자연수 a, b에 대하여

$$a^2b+2ab+b-a^2-2a-1=45$$

일 때, ab의 값을 구하시오.

중요

20 ●●●

오른쪽 그림과 같이 높이가 $x+3$이고 부피가 $x^3+ax^2+11x+a$인 직육면체의 밑면의 가로, 세로의 길이가 각각 일차항의 계수가 1인 x에 대한 일차식일 때, 직육면체의 겉넓이는 px^2+qx+r이다. 상수 p, q, r에 대하여 $p+q+r$의 값은? (단, $x>0$이고, a는 상수이다.)

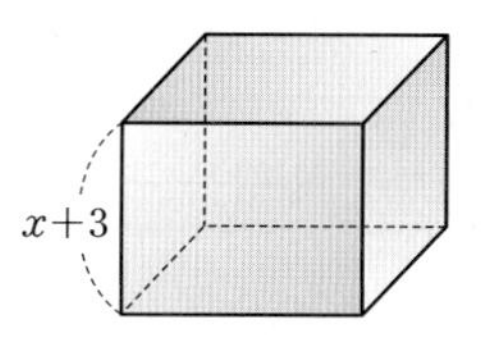

① 50　② 52　③ 54
④ 56　⑤ 58

21 ●●● 서술형

삼각형의 세 변의 길이가 각각 a, b, c이고

$$bc(b+c)+ca(c-a)=ab(a+b)$$

를 만족시킬 때, 이 삼각형은 어떤 삼각형인지 말하시오.

심화 빈출

2 STEP 출제 유형 PICK

1 나머지정리를 이용한 다항식의 추론

핵심 전략 (1) 다항식 $P(x)$를 일차식 $x-\alpha$로 나누었을 때의 나머지 → $P(\alpha)$
(2) 다항식을 이차식으로 나누었을 때의 나머지 → $ax+b$ (a, b는 상수)
(3) 다항식을 삼차식으로 나누었을 때의 나머지 → ax^2+bx+c (a, b, c는 상수)

대표 문제 1

다항식 $P(x)$를 $x+2$로 나누었을 때의 나머지는 9이고, x^2-2x+4로 나누었을 때의 나머지는 $2x+1$이다. $P(x)$를 x^3+8로 나누었을 때의 나머지를 $R(x)$라 할 때, $R(5)$의 값을 구하시오.

1-1

삼차식 $P(x)$가 다음 조건을 만족시킨다.

(가) $(x+1)P(x+1)=(x-1)P(x)$
(나) $P(x)$를 x^2+x-3으로 나누었을 때의 나머지는 $11x-10$이다.

$P(6)$의 값을 구하시오.

1-2

≫ 학평 기출

다항식 $f(x)$가 다음 세 조건을 만족시킬 때, $f(0)$의 값은?

(가) $f(x)$를 x^3+1로 나눈 몫은 $x+2$이다.
(나) $f(x)$를 x^2-x+1로 나눈 나머지는 $x-6$이다.
(다) $f(x)$를 $x-1$로 나눈 나머지는 -2이다.

① -10 ② -9 ③ -8
④ -7 ⑤ -6

2 인수정리를 이용한 다항식의 추론

핵심 전략 (1) 다항식 $P(x)$가 $x-\alpha$로 나누어떨어지면
→ $x-\alpha$는 $P(x)$의 인수이다.
→ $P(\alpha)=0$
(2) 다항식 $P(x)$가 $(x-\alpha)(x-\beta)$로 나누어떨어지면
→ $x-\alpha$, $x-\beta$는 $P(x)$의 인수이다.
→ $P(\alpha)=0$, $P(\beta)=0$

대표 문제 2

x^3의 계수가 1인 삼차식 $P(x)$에 대하여 $P(1)=2P(2)=3P(3)=4P(4)$이고, $P(x)$는 $x-5$로 나누어떨어질 때, $P(7)$의 값을 구하시오.

2-1

삼차식 $P(x)$에 대하여 $P(x)+10$은 x^2-4로 나누어떨어지고, $P(x)-5$는 x^2-2x-3으로 나누어떨어진다. $P(x)$를 $x-5$로 나누었을 때의 나머지는?

① 125 ② 128 ③ 131
④ 134 ⑤ 137

2-2

≫ 학평 기출

최고차항의 계수가 1인 삼차다항식 $f(x)$가 다음 조건을 만족시킨다.

(가) $f(0)=0$
(나) $f(x)$를 $(x-2)^2$으로 나눈 나머지가 $2(x-2)$이다.

$f(x)$를 $x-1$로 나눈 몫을 $Q(x)$라 할 때, $Q(5)$의 값은?

① 3 ② 6 ③ 9
④ 12 ⑤ 15

3 인수분해를 이용한 수의 계산

핵심 전략 수를 문자로 치환한 후 이 문자에 대한 식을 인수분해 공식을 이용하여 인수분해한다.

대표 문제 3

어떤 자연수로 10^6-3^6을 나눌 때, 나누어떨어지도록 하는 모든 두 자리 자연수의 합은?

① 180 ② 183 ③ 186
④ 189 ⑤ 192

3-1

2 이상의 세 자연수 p, q, r에 대하여

$$33\times(33+2)\times(33-4)-8\times33+32=p\times q\times r$$

일 때, $p+q+r$의 값을 구하시오.

3-2

≫ 학평 기출

등식

$$(182\sqrt{182}+13\sqrt{13})\times(182\sqrt{182}-13\sqrt{13})=13^4\times m$$

을 만족하는 자연수 m의 값은?

① 211 ② 217 ③ 223
④ 229 ⑤ 235

4 복잡한 식의 인수분해

핵심 전략 (1) 공통부분이 있는 식의 인수분해
① 공통부분이 있으면 공통부분을 한 문자로 치환하여 인수분해한다.
② $(x+a)(x+b)(x+c)(x+d)+k$ 꼴은 공통부분이 생기도록 짝을 지어 전개한 후 공통부분을 한 문자로 치환하여 인수분해한다.
(2) 여러 개의 문자를 포함한 식의 인수분해
① 차수가 가장 낮은 문자에 대하여 내림차순으로 정리한 후 인수분해한다.
② 차수가 모두 같으면 어느 한 문자에 대하여 내림차순으로 정리한 후 인수분해한다.

대표 문제 4

삼각형의 세 변의 길이 a, b, c에 대하여 등식

$$a^3-ab^2+ac^2+a^2b-b^3+bc^2+a^2c-cb^2+c^3=0$$

이 성립할 때, 이 삼각형의 넓이는?

① $\frac{1}{2}ab$ ② $\frac{1}{2}bc$ ③ $\frac{1}{2}ac$
④ ab ⑤ ac

4-1

$a(b-c)^2+b(c-a)^2+c(a-b)^2+8abc$를 인수분해하면?

① $(a+b)(b+c)(c+a)$ ② $(a+b)(b-c)(c+a)$
③ $(a+b)(b+c)(c-a)$ ④ $(a-b)(b-c)(c+a)$
⑤ $(a-b)(b-c)(c-a)$

4-2

≫ 학평 기출

$(x^2-x)(x^2+3x+2)-3$을 인수분해하면 $(x^2+ax+b)(x^2+cx+d)$이다. 이때 $a+b+c+d$의 값은?

(단, a, b, c, d는 상수이다.)

① -2 ② -1 ③ 0
④ 1 ⑤ 2

예상 기출

3 STEP 만점 도전 하기

A 예상 문제로 마무리

01

최고차항의 계수가 1인 이차식 $f(x)$가 모든 실수 x에 대하여

$$f(x^2)=f(x)f(-x)$$

를 만족시킬 때, $f(1)$의 최댓값은?

① 0 ② 1 ③ 2
④ 3 ⑤ 4

02 레벨 UP

최고차항의 계수가 1인 두 삼차식 $f(x)$, $g(x)$가 다음 조건을 만족시킨다.

> (가) 두 다항식 $f(x)+g(x)$, $f(x)-g(x)$가 각각 $x-1$로 나누어떨어진다.
> (나) $f(x^2)$은 x^2+1로 나누어떨어지고, $g(x^2)$은 x^3+1로 나누어떨어진다.

$f(0)g(0)=1$일 때, $f(x)g(x)$를 $x-2$로 나눈 나머지를 구하시오.

03

최고차항의 계수가 1인 삼차식 $P(x)$에 대하여

$$8(x-1)P(x)=(x-8)P(2x)$$

가 성립한다. $P(2x)-P(x)$를 $x-3$으로 나눈 나머지는?

① -21 ② -18 ③ -15
④ -12 ⑤ -9

04

두 다항식 A, B에 대하여

$$A◎B=A^2-AB+B^2$$

이라 하자. 세 다항식 $A=x^2-3x+2$, $B=x^2+2$, $C=3x$에 대하여 $\dfrac{A◎B-A◎C}{B}$의 값이 정수가 되도록 하는 정수 x의 개수를 구하시오.

05

삼각형 ABC의 세 변의 길이 a, b, c가 다음 조건을 만족시킨다.

> (가) $a+b=2c$
> (나) $a(b^2+c^2-a^2)+b(c^2+a^2-b^2)=2c(a^2+b^2-c^2)$

삼각형 ABC에 내접하는 원의 넓이가 $\frac{4}{3}\pi$일 때, 삼각형 ABC의 넓이는?

① $4\sqrt{2}$ ② $4\sqrt{3}$ ③ 8
④ $8\sqrt{2}$ ⑤ $8\sqrt{3}$

B 기출 문제로 마무리

06
≫ 학평 기출

x에 대한 다항식 ax^3+b를 $ax+b$로 나눈 몫을 $Q_1(x)$, 나머지를 R_1이라 하고, x에 대한 다항식 ax^4+b를 $ax+b$로 나눈 몫을 $Q_2(x)$, 나머지를 R_2라 하자. $R_1=R_2$가 되도록 하는 두 실수 a, b에 대하여 $Q_1(2)+Q_2(1)$의 값을 구하시오.

(단, $ab\neq0$)

07
≫ 학평 기출

x에 대한 이차다항식 $f(x)$가 다음 조건을 만족한다.

> (가) x^3+3x^2+4x+2를 $f(x)$로 나눈 나머지는 $g(x)$이다.
> (나) x^3+3x^2+4x+2를 $g(x)$로 나눈 나머지는 $f(x)-x^2-2x$이다.

이때 $g(1)$의 값은?

① 3 ② 4 ③ 5
④ 6 ⑤ 7

08
≫ 학평 기출

다음 조건을 만족시키는 모든 이차다항식 $P(x)$의 합을 $Q(x)$라 하자.

> (가) $P(1)P(2)=0$
> (나) 사차다항식 $P(x)\{P(x)-3\}$은 $x(x-3)$으로 나누어떨어진다.

$Q(x)$를 $x-4$로 나눈 나머지를 구하시오.

09
≫ 학평 기출

그림과 같이 크기가 다른 직사각형 모양의 색종이 A, B, C가 각각 5장, 11장, 8장 있다.

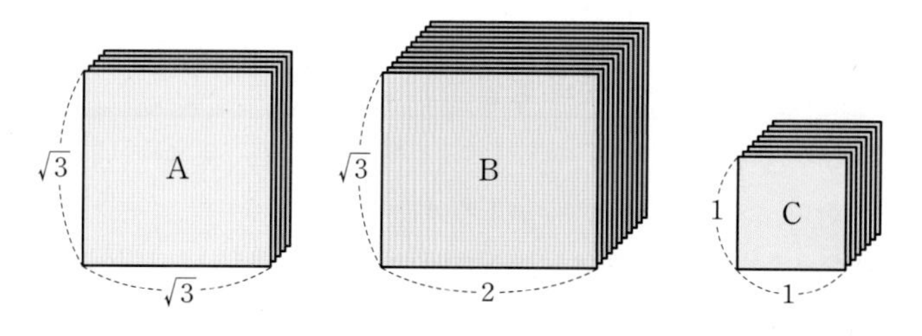

이들을 모두 사용하여 겹치지 않게 빈틈없이 이어 붙여서 하나의 직사각형을 만들었다. 이 직사각형의 둘레의 길이가 $a+b\sqrt{3}$일 때, $a+b$의 값을 구하시오.

(단, a, b는 자연수이다.)

10
≫ 학평 기출

모든 실수 x에 대하여 두 이차다항식 $P(x)$, $Q(x)$가 다음 조건을 만족시킨다.

> (가) $P(x)+Q(x)=4$
> (나) $\{P(x)\}^3+\{Q(x)\}^3=12x^4+24x^3+12x^2+16$

$P(x)$의 최고차항의 계수가 음수일 때, $P(2)+Q(3)$의 값은?

① 6 ② 7 ③ 8
④ 9 ⑤ 10

복소수와 이차방정식

교과서 핵/심/개/념

개념 1 복소수의 뜻과 성질 (유형 ①, ③)

(1) 허수단위: 제곱하여 -1이 되는 새로운 수를 i로 나타내고, 허수단위라 한다. 기호 i → $i^2=-1\ (i=\sqrt{-1})$

(2) 복소수: 임의의 실수 a, b에 대하여 $a+bi$ 꼴로 나타내어지는 수를 복소수라 하고, a를 실수부분, b를 허수부분이라 한다.

(3) 복소수가 서로 같을 조건: 두 복소수 $a+bi$, $c+di$ (a, b, c, d는 실수)에 대하여 $a+bi=c+di$이면 $a=c$, $b=d$

(4) 켤레복소수: 복소수 $a+bi$ (a, b는 실수)에 대하여 허수부분의 부호를 바꾼 복소수 $a-bi$를 $a+bi$의 켤레복소수라 한다.
기호 $\overline{a+bi}=a-bi$

개념 2 복소수의 사칙연산 (유형 ②, ③)

a, b, c, d가 실수일 때

(1) 덧셈: $(a+bi)+(c+di)=(a+c)+(b+d)i$

(2) 뺄셈: $(a+bi)-(c+di)=(a-c)+(b-d)i$

(3) 곱셈: $(a+bi)(c+di)=(ac-bd)+(ad+bc)i$

(4) 나눗셈: $\dfrac{a+bi}{c+di}=\dfrac{ac+bd}{c^2+d^2}+\dfrac{bc-ad}{c^2+d^2}i$ (단, $c+di\neq0$)

참고 $i^{4n+1}=i$, $i^{4n+2}=-1$, $i^{4n+3}=-i$, $i^{4n+4}=1$ (단, n은 음이 아닌 정수)

개념 3 음수의 제곱근 (유형 ④)

(1) 음수의 제곱근: $a>0$일 때

① $\sqrt{-a}=\sqrt{a}i$

② $-a$의 제곱근은 $\pm\sqrt{a}i$

(2) 음수의 제곱근의 성질

① $a<0$, $b<0$이면 $\sqrt{a}\sqrt{b}=-\sqrt{ab}$

② $a>0$, $b<0$이면 $\dfrac{\sqrt{a}}{\sqrt{b}}=-\sqrt{\dfrac{a}{b}}$

$ab\neq0$일 때
① $\sqrt{a}\sqrt{b}=-\sqrt{ab}$이면 $a<0$, $b<0$
② $\dfrac{\sqrt{a}}{\sqrt{b}}=-\sqrt{\dfrac{a}{b}}$이면 $a>0$, $b<0$

개념 4 이차방정식의 근의 판별 (유형 ⑤)

계수가 실수인 이차방정식 $ax^2+bx+c=0$의 판별식 $D=b^2-4ac$라 하면

① $D>0$ → 서로 다른 두 실근

② $D=0$ → 중근(서로 같은 두 실근)

③ $D<0$ → 서로 다른 두 허근

$D\geq0$이면 실근을 갖는다.

x의 계수가 짝수인 이차방정식 $ax^2+2b'x+c=0$에서 $\dfrac{D}{4}=b'^2-ac$

개념 5 이차방정식의 근과 계수의 관계 (유형 ⑥, ⑦)

이차방정식 $ax^2+bx+c=0$의 두 근을 α, β라 하면

$$\alpha+\beta=-\frac{b}{a},\ \alpha\beta=\frac{c}{a}$$

기본 다지기

| 해답 18쪽 |

1 두 실수 a, b가 등식
$$a+2b+1+(2a+b-4)i=0$$
을 만족시킬 때, $a-b$의 값은?

① 1　② 2　③ 3
④ 4　⑤ 5

2 $i^{2n}=1$을 만족시키는 두 자리의 자연수 n의 최댓값을 M, 최솟값을 m이라 할 때, $M+m$의 값을 구하시오.

3 다음 중 옳지 않은 것은?

① $\sqrt{2}\sqrt{-3}=\sqrt{6}i$　② $\sqrt{-2}\sqrt{-8}=-4$
③ $\dfrac{\sqrt{27}}{\sqrt{-3}}=3i$　④ $\dfrac{\sqrt{-8}}{\sqrt{-2}}=2$
⑤ $\dfrac{\sqrt{-12}}{\sqrt{3}}=2i$

4 x에 대한 이차식 ax^2-4x+a가 완전제곱식으로 인수분해되도록 하는 모든 실수 a의 값의 곱은?

① -8　② -4　③ -2
④ 2　⑤ 4

5 이차방정식 $x^2+nx+2=0$의 두 근을 α, β라 할 때, $\alpha^2+\beta^2=5$이다. 자연수 n의 값을 구하시오.

핵심 빈출

1 STEP 필수 유형 다지기

해답 18쪽

유형 1 복소수의 뜻과 성질

01 ●○○

다음 중 옳은 것은?

① i는 $2i$보다 작은 수이다.
② $2-i$는 2보다 작은 수이다.
③ $1+2i$의 허수부분은 $2i$이다.
④ 모든 실수는 복소수이다.
⑤ 모든 복소수는 i를 포함한다.

중요

02 ●●○

두 실수 x, y에 대하여 등식

$$2(x-2yi)-3(xi-y)=x+4y-3+5(3x+y)i$$

가 성립할 때, $x+y$의 값은?

① 1 ② 2 ③ 5
④ 10 ⑤ 20

03 ●●●

이차방정식 $x^2+2x+4=0$의 근에서 허수부분이 양수인 근을 z라 하면 $\overline{z}=(a+b)+(a-b)i$이다. 실수 a, b에 대하여 a^2+b^2의 값은? (단, $\overline{z}$는 z의 켤레복소수이다.)

① 1 ② $\sqrt{2}$ ③ $\sqrt{3}$
④ 2 ⑤ $\sqrt{5}$

유형 2 복소수가 주어질 때의 식의 값 구하기

04 ●○○

두 복소수 $\alpha=1-2i$, $\beta=1+2i$에 대하여 $\dfrac{\beta}{\alpha}+\dfrac{\alpha}{\beta}$의 값은?

① $-\dfrac{6}{5}$ ② $-\dfrac{3}{5}$ ③ 0
④ $\dfrac{3}{5}$ ⑤ $\dfrac{6}{5}$

05 ●●○

두 복소수 $\alpha=\dfrac{1+i}{3i}$, $\beta=\dfrac{1-i}{3i}$에 대하여 $(9\alpha^2+4)(9\beta^2+4)$의 값을 구하시오.

중요

06 ●●○

$\left(\dfrac{2}{1+i}\right)^{100}+\left(\dfrac{2}{1-i}\right)^{100}$을 간단히 하면?

① -2^{51} ② -2^{50} ③ 0
④ 2^{50} ⑤ 2^{51}

07 ●●● 서술형

$z=\dfrac{1-i}{1+i}$에 대하여

$$z+2z^2+3z^3+\cdots+2022z^{2022}=a+bi$$

일 때, 실수 a, b에 대하여 $|a+b|$의 값을 구하시오.

유형 ③ 복소수가 실수 또는 허수가 되기 위한 조건

| 핵심 전략 | 복소수 z에 대하여
(1) z^2이 실수 → z는 실수 또는 순허수
(2) z^2이 음의 실수 → z는 순허수

중요

08 ●●○

복소수 $z=(3-i)a-3(2i-4)$에 대하여 z^2이 음의 실수 k가 될 때, $a+k$의 값은? (단, a는 상수이다.)

① -8 ② -6 ③ -4
④ -2 ⑤ 0

09 ●●●

임의의 복소수 z에 대하여 $(1-2i)z+\omega\overline{z}$가 실수일 때, 복소수 ω를 구하시오. (단, $\overline{z}$는 z의 켤레복소수이다.)

10 ●●●

복소수 z에 대하여 항상 실수인 것만을 보기에서 있는 대로 고른 것은? (단, $\overline{z}$는 z의 켤레복소수이다.)

보기
ㄱ. $z+\overline{z}$ ㄴ. $z^2+\overline{z}^2$ ㄷ. $z^3+\overline{z}^3$

① ㄱ ② ㄷ ③ ㄱ, ㄴ
④ ㄴ, ㄷ ⑤ ㄱ, ㄴ, ㄷ

유형 ④ 음수의 제곱근

중요

11 ●●○

두 실수 a, b에 대하여

$$\frac{\sqrt{-4}\sqrt{-25}}{\sqrt{-1}}+\frac{\sqrt{36}}{\sqrt{-4}}+\sqrt{-3^2}+(\sqrt{-16})^2=a+bi$$

일 때, $a+b$의 값은?

① -6 ② -3 ③ 0
④ 3 ⑤ 6

12 ●●●

세 실수 a, b, c에 대하여

$$ac<0,\ bc>0,\ a>b>c$$

일 때, 보기에서 옳은 것만을 있는 대로 고른 것은?

보기
ㄱ. $\sqrt{a}\sqrt{c}=\sqrt{ac}$
ㄴ. $\dfrac{\sqrt{a}}{\sqrt{b}}=-\sqrt{\dfrac{a}{b}}$
ㄷ. $\dfrac{\sqrt{c}}{\sqrt{a}\sqrt{b}}=\sqrt{\dfrac{c}{ab}}$

① ㄱ ② ㄴ ③ ㄱ, ㄷ
④ ㄴ, ㄷ ⑤ ㄱ, ㄴ, ㄷ

유형 ⑤ 이차방정식의 근의 판별

13 ●○○

x에 대한 이차방정식 $x^2-2kx+k^2-2k+4=0$이 실근을 가질 때, 실수 k의 최솟값은?

① -2 ② -1 ③ 1
④ 2 ⑤ 3

중요

14 ●●○

x에 대한 이차방정식 $x^2-(k+3)x+k+3=0$이 중근 α를 가질 때, $k+\alpha$의 최댓값과 최솟값의 곱은?

(단, k는 실수이다.)

① -9　② -3　③ 0
④ 3　⑤ 9

15 ●●●

삼각형 ABC의 세 변의 길이 a, b, c에 대하여 x에 대한 이차방정식 $x^2+2(a^2+b^2)x+a^2c^2+b^2c^2=0$이 중근을 가질 때, 삼각형 ABC는 어떤 삼각형인가?

① 정삼각형
② 둔각삼각형
③ 빗변의 길이가 a인 직각삼각형
④ 빗변의 길이가 b인 직각삼각형
⑤ 빗변의 길이가 c인 직각삼각형

유형 6 이차방정식의 근과 계수의 관계

중요

16 ●●○

이차방정식 $x^2-4x+8=0$의 두 근을 α, β라 할 때, $\dfrac{\beta^2+\beta}{\alpha}+\dfrac{\alpha^2+\alpha}{\beta}$의 값은?

① -5　② -4　③ -3
④ -2　⑤ -1

17 ●●○

이차방정식 $3x^2-6x-8k=0$의 두 근의 차가 $2k$일 때, 실수 k의 값을 구하시오.

18 ●●● 서술형

x에 대한 이차방정식 $x^2-(k+3)x+108=0$의 한 근이 다른 한 근의 3배일 때, 모든 실수 k의 값의 합을 구하시오.

유형 7 이차방정식의 켤레근

19 ●●○

두 유리수 a, b에 대하여 x에 대한 이차방정식 $ax^2+bx+a+b+1=0$의 한 근이 $2+\sqrt{2}$일 때, a, b를 근으로 하고 최고차항의 계수가 25인 x에 대한 이차방정식은 $25x^2+mx+n=0$이다. 이때 상수 m, n에 대하여 $m+n$의 값은?

① 3　② 5　③ 7
④ 9　⑤ 11

20 ●●● 서술형

두 실수 a, b에 대하여 x에 대한 이차방정식 $x^2-(4a+2)x+b+3=0$의 한 근이 $a+bi$일 때, $a+b$의 최댓값을 M, 최솟값을 m이라 하자. $M-m$의 값을 구하시오.

(단, $b\neq0$)

심화 빈출

2 STEP 출제 유형 PICK

1 복소수의 거듭제곱

| 핵심 전략 | 복소수 z에 대하여 z^2, z^3, z^4, ⋯을 구하여 z^n의 규칙을 찾는다.

대표 문제 1

두 복소수 $z_1=\frac{1-\sqrt{3}i}{2}$, $z_2=\frac{\sqrt{2}}{1-i}$에 대하여 $z_1{}^n=z_2{}^n$을 만족시키는 두 자리의 자연수 n의 개수는?

① 4　② 5　③ 6　④ 7　⑤ 8

1-1

$z=\frac{\sqrt{3}-i}{2}$일 때, $z^n=i$를 만족시키는 가장 작은 세 자리의 자연수 n의 값은?

① 102　② 105　③ 108　④ 111　⑤ 114

1-2

≫ 학평 기출

두 복소수 α, β를 $\alpha=\frac{\sqrt{3}+i}{2}$, $\beta=\frac{1+\sqrt{3}i}{2}$라 할 때,

$\alpha^m\beta^n=i$

를 만족시키는 10 이하의 자연수 m, n에 대하여 $m+2n$의 최댓값을 구하시오. (단, $i=\sqrt{-1}$)

2 복소수와 켤레복소수의 성질

| 핵심 전략 | 복소수 z의 켤레복소수를 $\overline{z}$라 할 때

(1) $z+\overline{z}=$(실수)　(2) $z\overline{z}=$(실수)

(3) $z=\overline{z}$ → z는 실수　(4) $z=-\overline{z}$ → z는 순허수 또는 0

대표 문제 2

복소수 $z=a+bi$ (a, b는 0이 아닌 실수)에 대하여 z^2+4z가 실수일 때, **보기**에서 옳은 것만을 있는 대로 고른 것은? (단, $\overline{z}$는 z의 켤레복소수이다.)

• 보기 •

ㄱ. $\overline{z^2+4z}$는 실수이다.

ㄴ. $z+\overline{z}=4$

ㄷ. $z\overline{z}>4$

① ㄱ　② ㄷ　③ ㄱ, ㄴ　④ ㄱ, ㄷ　⑤ ㄱ, ㄴ, ㄷ

2-1

실수가 아닌 복소수 z가 다음 조건을 만족시킬 때, $2i(z-\overline{z})$의 값을 구하시오. (단, $\overline{z}$는 z의 켤레복소수이다.)

(가) $\left(\frac{\overline{z}}{z}\right)^2>0$　(나) $z-z^2-z^3=9-30i$

2-2

≫ 학평 기출

복소수 $z=a+bi$ (a, b는 0이 아닌 실수)에 대하여 $iz=\overline{z}$일 때, **보기**에서 옳은 것만을 있는 대로 고른 것은?

(단, $i=\sqrt{-1}$이고, $\overline{z}$는 z의 켤레복소수이다.)

• 보기 •

ㄱ. $z+\overline{z}=-2b$　ㄴ. $i\overline{z}=-z$　ㄷ. $\frac{\overline{z}}{z}+\frac{z}{\overline{z}}=0$

① ㄱ　② ㄷ　③ ㄱ, ㄴ　④ ㄴ, ㄷ　⑤ ㄱ, ㄴ, ㄷ

3 근의 조건이 주어진 이차방정식의 추론

핵심 전략 이차방정식의 두 근의 조건이 주어지면 두 근을 다음과 같이 놓고 근과 계수의 관계를 이용한다.
(1) 두 근의 차가 k ➜ α, $\alpha+k$ 또는 $\alpha-k$, α
(2) 두 근의 비가 $m:n$ ➜ $m\alpha$, $n\alpha$ $(\alpha\neq0)$

대표 문제 3

이차방정식 $3x^2-9x-2k=0$의 두 실근 α, β에 대하여 $|\alpha|+|\beta|=7$일 때, 상수 k의 값은?

① 9 ② 12 ③ 15
④ 18 ⑤ 21

3-1

이차방정식 $x^2+(2k-5)x-54=0$의 두 근의 절댓값의 비가 $2:3$이 되도록 하는 모든 실수 k의 값의 합을 구하시오.

3-2

≫ 학평 기출

x에 대한 이차방정식 $x^2-px+p+3=0$이 허근 α를 가질 때, α^3이 실수가 되도록 하는 모든 실수 p의 값의 곱은?

① -2 ② -3 ③ -4
④ -5 ⑤ -6

4 이차방정식의 활용 – 비율, 도형

핵심 전략 이차방정식의 활용 문제는 다음과 같은 순서로 푼다.
① 구하는 것을 미지수 x로 놓는다.
② 주어진 조건을 이용하여 이차방정식을 세운다.
③ 방정식을 풀어서 x의 값을 구하고 그 값이 문제의 조건에 맞는지 확인한다.

대표 문제 4

오른쪽 그림과 같이 한 변의 길이가 12인 정사각형 ABCD의 내부에 한 점 P를 잡고, 점 P를 지나고 정사각형의 각 변에 평행한 두 직선이 정사각형의 네 변과 만나는 점을 각각 E, F, G, H라 하자.

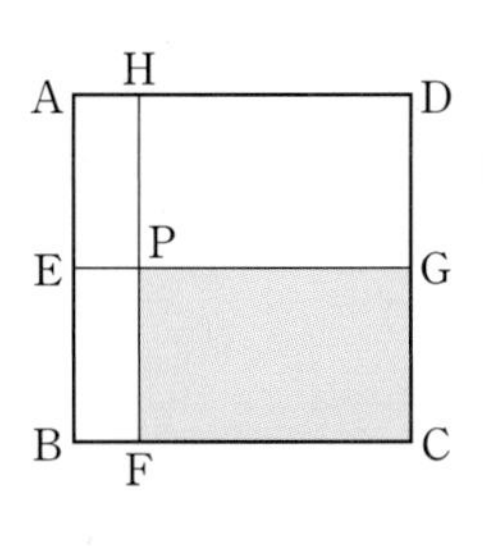

직사각형 PFCG의 둘레의 길이가 32이고 넓이가 60일 때, 두 선분 AE와 AH의 길이를 두 근으로 하는 이차방정식은 $x^2-2ax+3b=0$이다. 상수 a, b에 대하여 ab의 값을 구하시오.

4-1

어느 영화관에서 입장료를 x % 인상하였더니 관객 수가 $3x$ % 감소하여 총수입이 52 % 감소하였다고 한다. 이때 x의 값을 구하시오.

4-2

≫ 학평 기출

이차방정식 $x^2-4x+2=0$의 두 실근을 α, β $(\alpha<\beta)$라 하자. 그림과 같이 $\overline{AB}=\alpha$, $\overline{BC}=\beta$인 직각삼각형 ABC에 내접하는 정사각형의 넓이와 둘레의 길이를 두 근으로 하는 x에 대한 이차방정식이 $4x^2+mx+n=0$일 때, 두 상수 m, n에 대하여 $m+n$의 값은?

(단, 정사각형의 두 변은 선분 AB와 선분 BC 위에 있다.)

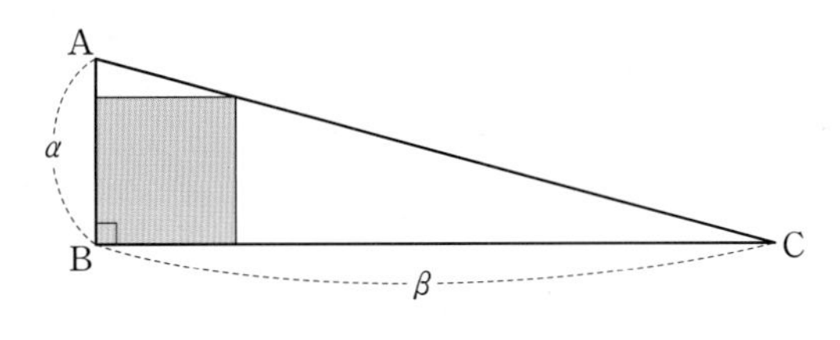

① -11 ② -10 ③ -9
④ -8 ⑤ -7

예상 기출

3 STEP 만점 도전 하기

A 예상 문제로 마무리

01

등식 $\left(\frac{1}{1+i}\right)^{2n}+\left(\frac{1}{1-i}\right)^{2n}=\left(\frac{1}{2}\right)^{n-1}$ 이 성립하도록 하는 100 이하의 자연수 n의 개수는?

① 21 ② 23 ③ 25
④ 27 ⑤ 29

02 레벨 UP

실수가 아닌 복소수 z에 대하여 $\frac{z^2+1}{z}$, $\frac{z^2}{z-1}$이 모두 실수이다. 자연수 n에 대하여

$$f(n)=z^n+(z-1)^n+(z^2+1)^n$$

일 때, $f(2)\times f(4)$의 값은?

① 1 ② 2 ③ 3
④ 4 ⑤ 5

03

실수 p에 대하여 x에 대한 이차방정식 $x^2-px+2p=0$이 허근 α를 가진다. α^3이 실수일 때, $p(\alpha^5-2\alpha^4+\alpha^2-2\alpha)$의 값을 구하시오.

04

x에 대한 이차방정식 $x^2+kx+1=0$의 두 근을 α, β라 하자. 최고차항의 계수가 1인 이차식 $f(x)$에 대하여 다음 조건을 만족시키는 모든 실수 k의 값의 합은?

> (가) $f(\alpha)=\frac{1}{\beta}$, $f(\beta)=\frac{1}{\alpha}$
> (나) 방정식 $f(x)=0$은 중근을 갖는다.

① -2 ② -1 ③ 0
④ 1 ⑤ 2

05

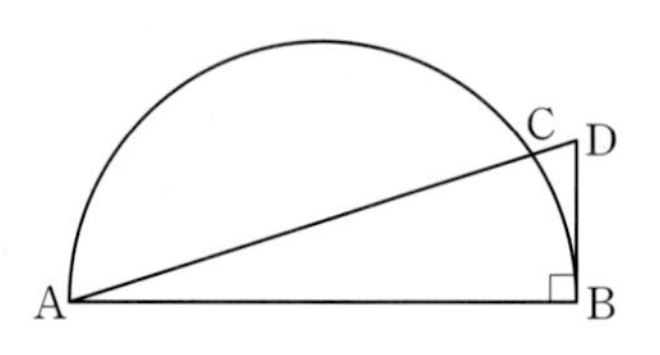

오른쪽 그림과 같이 선분 AB를 지름으로 하는 반원이 있다. 반원의 호 위의 점 C에 대하여 점 B를 지나고 선분 AB에 수직인 직선이 선분 AC의 연장선과 만나는 점을 D라 하자. 두 선분 AB, BD의 길이가 이차방정식 $2x^2-10x+9=0$의 두 근일 때, 두 선분 AC, CD의 길이를 두 근으로 갖는 이차방정식은 $x^2+ax+b=0$이다. 상수 a, b에 대하여 $16(a+4b)$의 값을 구하시오. (단, $\overline{AB}>\overline{BD}$)

B 기출 문제로 마무리

06

>>> 학평 기출

$\left(\frac{\sqrt{2}}{1+i}\right)^n+\left(\frac{\sqrt{3}+i}{2}\right)^n=2$를 만족시키는 자연수 n의 최솟값을 구하시오. (단, $i=\sqrt{-1}$)

07

>>> 학평 기출

50 이하의 두 자연수 m, n에 대하여 $\left\{i^n+\left(\frac{1}{i}\right)^{2n}\right\}^m$의 값이 음의 실수가 되도록 하는 순서쌍 (m, n)의 개수를 구하시오. (단, $i=\sqrt{-1}$)

08

>>> 학평 기출

복소수 z에 대하여 $z+\bar{z}=-1$, $z\bar{z}=1$일 때,

$\frac{\bar{z}}{z^5}+\frac{(\bar{z})^2}{z^4}+\frac{(\bar{z})^3}{z^3}+\frac{(\bar{z})^4}{z^2}+\frac{(\bar{z})^5}{z}$의 값은?

(단, $\bar{z}$는 z의 켤레복소수이다.)

① 2 ② 3 ③ 4 ④ 5 ⑤ 6

09

>>> 학평 기출

x에 대한 이차방정식 $f(x)=0$의 두 근의 합이 16일 때, x에 대한 이차방정식 $f(2020-8x)=0$의 두 근의 합을 구하시오.

10

>>> 학평 기출

이차방정식 $x^2+x+1=0$의 두 근 α, β에 대하여 이차함수 $f(x)=x^2+px+q$가 $f(\alpha^2)=-4\alpha$와 $f(\beta^2)=-4\beta$를 만족시킬 때, 두 상수 p, q에 대하여 $p+q$의 값을 구하시오.

11

>>> 학평 기출

$\frac{\sqrt{2}}{2}<k<\sqrt{2}$인 실수 k에 대하여 그림과 같이 한 변의 길이가 각각 2, $2k$인 두 정사각형 ABCD, EFGH가 있다. 두 정사각형의 대각선이 모두 한 점 O에서 만나고, 대각선 FH가 변 AB를 이등분한다. 변 AD와 EH의 교점을 I, 변 AD와 EF의 교점을 J, 변 AB와 EF의 교점을 K라 하자. 삼각형 AKJ의 넓이가 삼각형 EJI의 넓이의 $\frac{3}{2}$배가 되도록 하는 k의 값이 $p\sqrt{2}+q\sqrt{6}$일 때, $100(p+q)$의 값을 구하시오. (단, p, q는 유리수이다.)

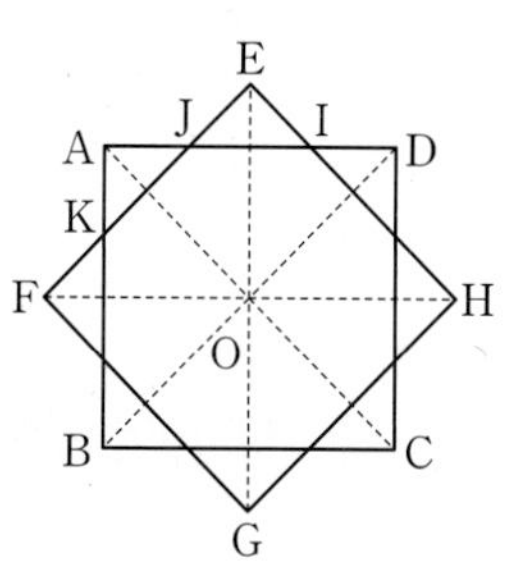

이차방정식과 이차함수

교과서 핵/심/개/념

개념 1 이차방정식과 이차함수의 관계

유형 ❶

이차방정식 $ax^2+bx+c=0$의 판별식 D의 부호에 따라 이차함수 $y=ax^2+bx+c$의 그래프와 x축의 교점의 개수는 다음과 같다.

	$D>0$	$D=0$	$D<0$
$ax^2+bx+c=0$의 해	서로 다른 두 실근 ($x=\alpha$ 또는 $x=\beta$)	중근 ($x=\alpha$)	서로 다른 두 허근
$y=ax^2+bx+c$의 그래프($a>0$)	α β x	α x	x
$y=ax^2+bx+c$의 그래프와 x축의 교점의 개수	2	1	0

개념 2 이차함수의 그래프와 직선의 위치 관계

유형 ❷, ❸

이차함수 $y=ax^2+bx+c$의 그래프와 직선 $y=mx+n$의 위치 관계는 이차방정식 $ax^2+bx+c=mx+n$, 즉 $ax^2+(b-m)x+(c-n)=0$의 판별식 D의 부호에 따라 다음과 같다.

	$D>0$	$D=0$	$D<0$
$y=ax^2+bx+c$의 그래프와 직선 $y=mx+n$의 위치 관계 ($a>0$, $m>0$)	서로 다른 두 점에서 만난다.	한 점에서 만난다. (접한다.)	만나지 않는다.

개념 3 이차함수의 최대, 최소

유형 ❹, ❻

이차함수 $y=a(x-p)^2+q$에서

(1) $a>0$ → $x=p$에서 최솟값 q를 갖고, 최댓값은 없다.

(2) $a<0$ → $x=p$에서 최댓값 q를 갖고, 최솟값은 없다.

개념 4 제한된 범위에서 이차함수의 최대, 최소

유형 ❺, ❻

$\alpha\le x\le\beta$일 때, 이차함수 $f(x)=a(x-p)^2+q$에서

$\alpha\le p\le\beta$일 때	$p<\alpha$ 또는 $p>\beta$일 때
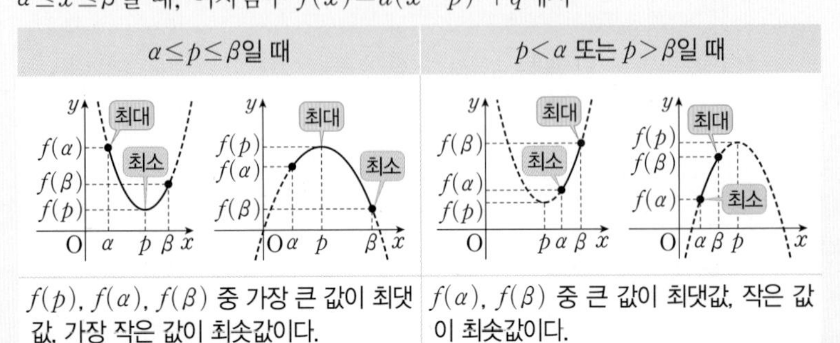	
$f(p)$, $f(\alpha)$, $f(\beta)$ 중 가장 큰 값이 최댓값, 가장 작은 값이 최솟값이다.	$f(\alpha)$, $f(\beta)$ 중 큰 값이 최댓값, 작은 값이 최솟값이다.

기본 다지기

해답 26쪽

1 이차함수 $y=2x^2+ax+b$의 그래프와 x축이 만나는 두 점의 x좌표가 각각 1, 2일 때, 상수 a, b에 대하여 $b-a$의 값을 구하시오.

2 이차함수 $y=2x^2+kx+k+2$의 그래프가 x축과 접하도록 하는 모든 실수 k의 값의 합을 구하시오.

3 이차함수 $y=3x^2-1$의 그래프와 직선 $y=2x+k$가 서로 다른 두 점에서 만나도록 하는 정수 k의 최솟값은?

① -2 ② -1 ③ 0
④ 1 ⑤ 2

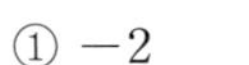

4 이차함수 $y=x^2-6x+k$의 최솟값이 $2k-11$일 때, 이차함수 $y=-\frac{1}{2}x^2+kx+2k$의 최댓값을 구하시오. (단, k는 상수이다.)

5 $-3\le x\le 3$에서 이차함수 $y=x^2-2x+k$의 최솟값이 5일 때, 이 함수의 최댓값은? (단, k는 상수이다.)

① 18 ② 19 ③ 20
④ 21 ⑤ 22

핵심 빈출

1 STEP 필수 유형 다지기

| 해답 26쪽 |

유형 ① 이차방정식과 이차함수의 관계

01 ●○○

이차함수 $y=-x^2+6x+a$의 그래프와 x축이 만나는 두 점의 x좌표가 -3, b일 때, 상수 a, b에 대하여 $a+b$의 값은?

① 12 ② 24 ③ 36
④ 48 ⑤ 60

02 ●●○ 서술형

이차함수 $y=x^2-kx-3$의 그래프가 x축과 만나는 두 점 사이의 거리가 $\sqrt{21}$일 때, 양수 k의 값을 구하시오.

03 ●●●

이차함수 $y=ax^2+bx+c$의 그래프의 꼭짓점이 제4사분면 위에 있을 때, 보기에서 옳은 것만을 있는 대로 고른 것은? (단, a, b, c는 실수이다.)

보기
ㄱ. $ab<0$
ㄴ. $c<0$이면 $a>0$이다.
ㄷ. $c>0$이면 이차방정식 $ax^2+bx+c=0$은 서로 다른 두 실근을 갖는다.

① ㄱ ② ㄷ ③ ㄱ, ㄷ
④ ㄴ, ㄷ ⑤ ㄱ, ㄴ, ㄷ

유형 ② 이차함수의 그래프와 직선의 위치 관계

중요

04 ●●○

두 이차함수 $y=x^2-4x+5$, $y=-x^2+6x-12$의 그래프 중 어느 것도 직선 $y=x+k$와 만나지 않도록 하는 모든 정수 k의 값의 합은?

① -15 ② -14 ③ -13
④ -12 ⑤ -11

05 ●●○

이차함수 $y=x^2-4x+3$의 그래프와 직선 $y=x-2$가 서로 다른 두 점 $A(a, b)$, $B(c, d)$에서 만날 때, $ab+cd$의 값은?

① 5 ② 10 ③ 15
④ 20 ⑤ 25

06 ●●○

이차함수 $y=ax^2+bx$의 그래프와 직선 $y=-bx+c$는 서로 다른 두 점에서 만나고, 이 중 한 점의 x좌표가 $1+\sqrt{2}$일 때, 유리수 a, b, c에 대하여 $\frac{bc}{a^2}$의 값은?

① -2 ② -1 ③ 0
④ 1 ⑤ 2

유형 ③ 이차함수의 그래프에 접하는 직선의 방정식

| 핵심 전략 | (1) 기울기가 m이고 이차함수 $y=f(x)$의 그래프에 접하는 직선
→ $y=mx+n$으로 놓고 이차방정식 $f(x)=mx+n$의 판별식이 0임을 이용한다.
(2) 점 (p, q)를 지나고 이차함수 $y=f(x)$의 그래프에 접하는 직선
→ $y=m(x-p)+q$로 놓고 이차방정식 $f(x)=m(x-p)+q$의 판별식이 0임을 이용한다.

07 ●○○

이차함수 $y=x^2-3x+10$의 그래프에 접하고 직선 $y=x-3$에 평행한 직선의 방정식이 $y=ax+b$일 때, 상수 a, b에 대하여 ab의 값은?

① -6 ② -3 ③ 1
④ 3 ⑤ 6

08 ●●○

점 $(0, -2)$를 지나고, 이차함수 $y=2x^2-4x+1$의 그래프에 접하는 두 직선의 기울기의 합은?

① -10 ② -8 ③ -6
④ -4 ⑤ -2

09 ●●● 서술형

직선 l이 x에 대한 이차함수 $y=(x+k)^2+k$의 그래프에 실수 k의 값에 관계없이 항상 접할 때, 직선 l과 x축 및 y축으로 둘러싸인 부분의 넓이를 구하시오.

유형 ④ 이차함수의 최대, 최소

10 ●●○

이차함수 $f(x)=-x^2+ax+b$의 그래프가 오른쪽 그림과 같을 때, 함수 $y=f(x)$의 최댓값은?
(단, a, b는 상수이다.)

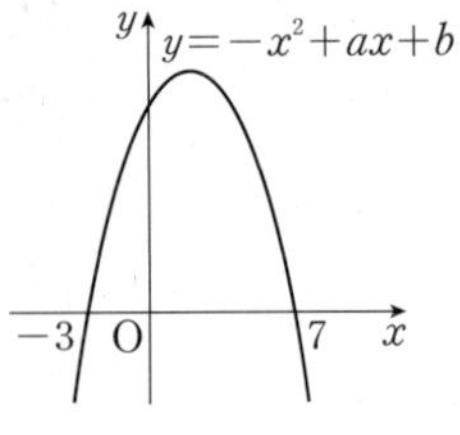

① 21 ② 22
③ 23 ④ 24
⑤ 25

11 ●●○

두 이차함수 $y=x^2$, $y=x^2-4x+8$의 그래프에 동시에 접하는 직선의 방정식이 $y=ax+b$일 때, 이차함수 $y=x^2+ax+b$의 최솟값은? (단, a, b는 상수이다.)

① -2 ② -1 ③ 0
④ 1 ⑤ 2

중요☆

12 ●●●

최고차항의 계수가 2인 이차함수 $y=f(x)$의 그래프와 기울기가 1인 직선 $y=g(x)$가 만나는 두 점의 x좌표는 1, 10이다.
$h(x)=g(x)-f(x)$라 할 때, 함수 $h(x)$는 $x=p$에서 최댓값 q를 갖는다. 이때 $p+q$의 값은?

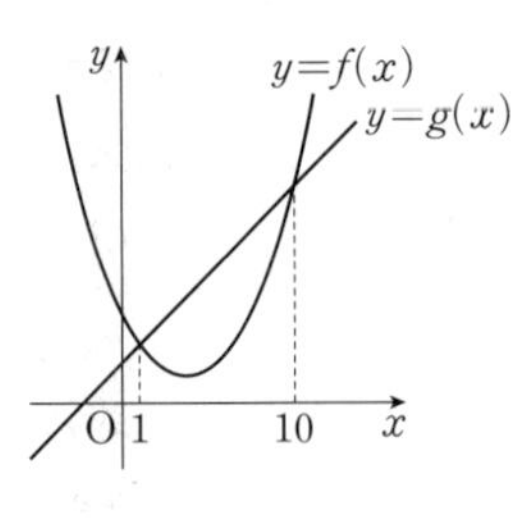

① 40 ② 42 ③ 44
④ 46 ⑤ 48

유형 ⑤ 제한된 범위에서 이차함수의 최대, 최소

13

$-3\le x\le 0$에서 함수 $f(x)=2x^2+4x+k$의 최댓값이 2일 때, $f(x)$의 최솟값은? (단, k는 실수이다.)

① -5　② -6　③ -7
④ -8　⑤ -9

14

두 실수 x, y에 대하여 $x^2-y=1$일 때, x^2+3y+y^2-1의 최솟값은?

① -4　② -3　③ -2
④ -1　⑤ 0

15

$-2\le x\le 4$에서 함수 $y=-x^2+2|x|+5$의 최댓값과 최솟값의 합은?

① -6　② -3　③ 0
④ 3　⑤ 6

중요

16

$0\le x\le 5$에서 함수 $f(x)=(x^2-4x+3)^2-2(x^2-4x)+k$의 최댓값이 60일 때, 최솟값은 m이다. $k+m$의 값은?
(단, k는 상수이다.)

① 11　② 13　③ 15
④ 17　⑤ 19

유형 ⑥ 이차함수의 최대, 최소의 활용

17

어느 제과점에서 단팥빵 1개의 가격이 500원일 때, 하루에 400개씩 팔린다고 한다. 이 단팥빵 1개의 가격을 $5x$원 올리면 판매량은 $2x$개 줄어든다고 할 때, 단팥빵의 하루 판매 금액이 최대가 되도록 하는 단팥빵 1개의 가격은?

① 550원　② 600원　③ 650원
④ 700원　⑤ 750원

18

오른쪽 그림과 같이 x축 위의 두 점 A, B와 이차함수 $y=-x^2+4x$의 그래프 위의 두 점 C, D를 네 꼭짓점으로 하는 직사각형 ABCD의 둘레의 길이의 최댓값을 구하시오.

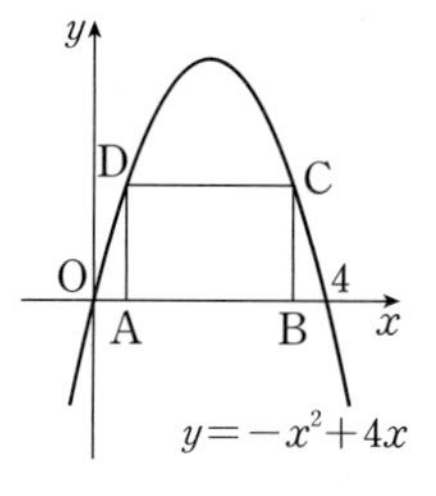

19

서술형

다음 그림과 같은 직사각형 모양의 종이에서 직각을 낀 두 변의 길이가 각각 3, 4인 직각삼각형 모양을 네 귀퉁이에서 잘랐더니 남은 부분의 둘레의 길이가 40이었다. 남은 부분의 넓이의 최댓값을 구하시오. (단, 직사각형 모양의 종이의 가로, 세로의 길이는 모두 7보다 크다.)

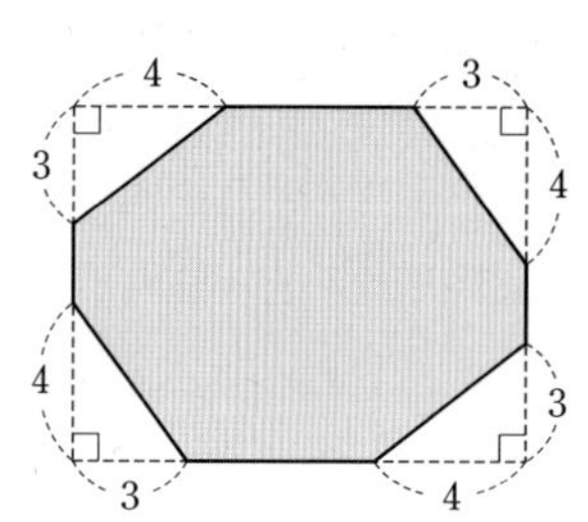

심화 빈출

2 STEP 출제 유형 PICK

1 $f(ax+b)=0$ 꼴의 방정식의 실근

| 핵심 전략 | 이차방정식 $f(x)=0$의 두 근이 α, β이면 $f(\alpha)=0$, $f(\beta)=0$이므로 방정식 $f(ax+b)=0$의 두 근은

→ $ax+b=\alpha$, $ax+b=\beta$에서 $x=\frac{\alpha-b}{a}$ 또는 $x=\frac{\beta-b}{a}$

대표문제 1

이차함수 $y=f(x)$의 그래프가 x축과 서로 다른 두 점 $(\alpha,\ 0)$, $(\beta,\ 0)$에서 만나고 $\alpha+\beta=\frac{13}{2}$, $\alpha\beta=-6$일 때, 방정식 $f(3x-4)=0$의 모든 실근의 곱은?

① 2 ② 4 ③ 6
④ 8 ⑤ 10

1-1

이차함수 $y=f(x)$의 그래프가 오른쪽 그림과 같을 때, 방정식 $f(2x+5)=0$의 두 근의 합은?

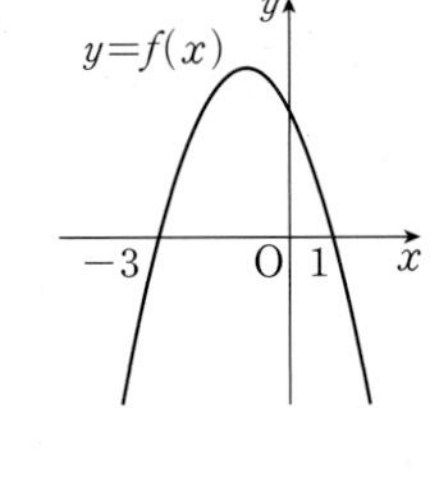

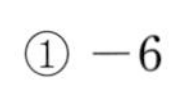
① -6 ② -2

③ 2 ④ 6
⑤ 10

1-2

≫ 내신 기출

이차함수 $y=f(x)$의 그래프가 직선 $x=-4$에 대하여 대칭이고, x축과 서로 다른 두 점에서 만날 때, 방정식 $f(2-6x)=0$의 두 근의 합을 구하시오.

2 이차방정식의 실근의 위치

| 핵심 전략 | 이차방정식 $ax^2+bx+c=0\ (a>0)$의 판별식을 D라 하고, $f(x)=ax^2+bx+c$라 할 때

(1) 두 근이 모두 p보다 크다. → $D\geq0$, $f(p)>0$, $-\frac{b}{2a}>p$

(2) 두 근이 모두 p보다 작다. → $D\geq0$, $f(p)>0$, $-\frac{b}{2a}<p$

(3) 두 근 사이에 p가 있다. → $f(p)<0$

대표문제 2

이차방정식 $x^2-8x+3a+1=0$의 두 근이 모두 2보다 크도록 하는 모든 정수 a의 값의 합은?

① 1 ② 3 ③ 5
④ 7 ⑤ 9

2-1

이차방정식 $x^2-(3k-2)x+2k-9=0$의 한 근은 -2보다 작고 다른 한 근은 1보다 크도록 하는 정수 k의 개수는?

① 5 ② 6 ③ 7
④ 8 ⑤ 9

2-2

≫ 학평 기출

이차방정식 $x^2-2mx-3m-8=0$의 두 근 중 적어도 하나는 양의 실수가 되도록 하는 정수 m의 최솟값을 k라 할 때, k^2의 값은?

① 1 ② 4 ③ 9
④ 16 ⑤ 25

3 이차함수의 최대, 최소(1) – 식의 추론

핵심 전략 다음과 같은 조건이 주어지면 이차함수 $f(x)$를 추론할 수 있다.
(1) $f(a)=0$ → $f(x)$는 $x-a$를 인수로 갖는다.
(2) 임의의 x에 대하여 $f(x)\ge f(a)$ → $f(x)$는 $x=a$에서 최솟값을 갖는다.
(3) 임의의 x에 대하여 $f(x)\le f(a)$ → $f(x)$는 $x=a$에서 최댓값을 갖는다.
(4) $f(p-x)=f(p+x)$ → $y=f(x)$의 그래프의 축의 방정식은 $x=p$이다.
(5) $a\ne b$일 때, $f(a)=f(b)$ → $y=f(x)$의 그래프의 축의 방정식은 $x=\frac{a+b}{2}$

대표문제 3

이차함수 $f(x)$가 다음 조건을 모두 만족시킨다.

(가) $f(2)=0$
(나) 모든 실수 x에 대하여 $f(4)\le f(x)$이다.

$0\le x\le 7$에서 함수 $y=f(x)$의 최댓값과 최솟값의 합이 16일 때, $f(7)$의 값은?

① 2 ② 4 ③ 6
④ 8 ⑤ 10

3-1

이차함수 $f(x)$에 대하여 방정식 $f(x)=0$의 두 근은 -3과 5이다. $-6\le x\le -4$에서 이차함수 $f(x)$의 최댓값이 66일 때, $f(7)$의 값은?

① 16 ② 24 ③ 32
④ 40 ⑤ 48

3-2

≫ 학평 기출

$-2\le x\le 5$에서 정의된 이차함수 $f(x)$가

$$f(0)=f(4),\ f(-1)+|f(4)|=0$$

을 만족시킨다. 함수 $f(x)$의 최솟값이 -19일 때, $f(3)$의 값을 구하시오.

4 이차함수의 최대, 최소(2) – 도형에의 활용

핵심 전략 이차함수의 최대, 최소의 활용 문제는 다음과 같은 순서로 푼다.
① 주어진 상황에 맞게 변수 x를 정하고, x에 대한 이차식을 세운다.
② 조건을 만족시키는 x의 값의 범위를 확인한다.
③ ②에서 구한 범위에서 이차함수의 최댓값 또는 최솟값을 구한다.

대표문제 4

오른쪽 그림과 같이 $\angle B=90^\circ$, $\overline{AB}=2$, $\overline{BC}=4$인 직각삼각형 ABC에서 점 P가 변 AC 위를 움직일 때, $\overline{PA}^2+\overline{PB}^2$의 최솟값은?

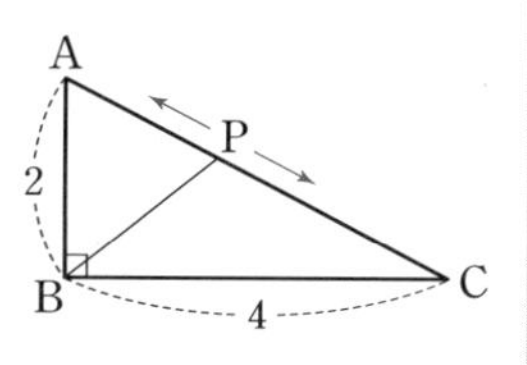

① $\frac{12}{5}$ ② 3 ③ $\frac{18}{5}$
④ $\frac{21}{5}$ ⑤ $\frac{24}{5}$

4-1

오른쪽 그림과 같은 직각삼각형 ABC의 빗변 AB 위의 한 점 D에서 $\overline{BC}$, $\overline{AC}$에 내린 수선의 발을 각각 E, F라 할 때, 직사각형 DECF의 넓이의 최댓값을 구하시오.

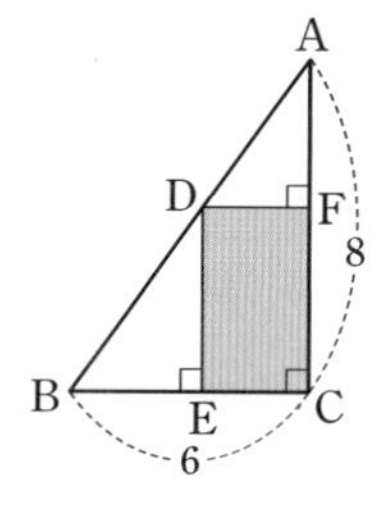

4-2

≫ 학평 기출

그림과 같이 135°로 꺾인 벽면이 있는 땅에 길이가 150 m인 철망으로 울타리를 설치하여 직사각형 모양의 농장 X와 사다리꼴 모양의 농장 Y를 만들려고 한다. 농장 X의 넓이가 농장 Y의 넓이의 2배일 때, 농장 Y의 넓이의 최댓값을 $S\,(\mathrm{m}^2)$라 하자. S의 값을 구하시오. (단, 벽면에는 울타리를 설치하지 않고, 철망의 폭은 무시한다.)

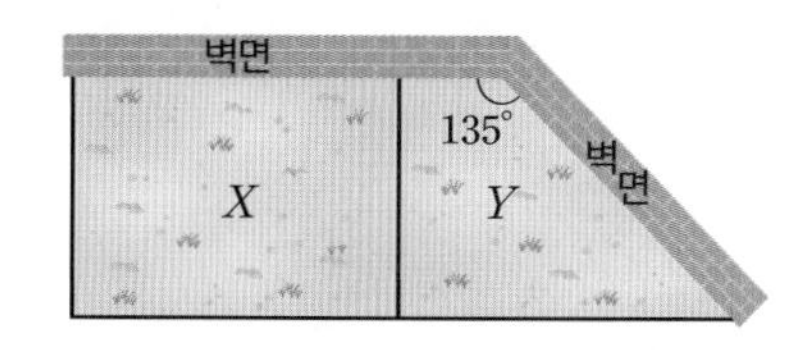

예상 기출

3 STEP 만점 도전 하기

A 예상 문제로 마무리

01

이차함수 $y=f(x)$의 그래프가 x축과 만나는 두 점을 각각 A, B라 하고, 직선 $y=3$과 만나는 두 점을 각각 C, D라 할 때, $\overline{AB}=2$, $\overline{CD}=4$이다. 함수 $y=f(x)$의 그래프가 직선 $y=-2x+4$와 점 E에서 접할 때, 삼각형 CDE의 넓이는?

① 6 ② 7 ③ 8 ④ 9 ⑤ 10

02 레벨 UP

두 이차함수

$f(x)=x^2$,

$g(x)=x^2+ax+b$

(a, b는 상수, $a<0$)

에 대하여 두 함수 $y=f(x)$, $y=g(x)$의 그래프가 직선 $y=2x+k$와 만나는 서로 다른 점의 개수를 $h(k)$라 하자. 함수 $y=h(k)$의 그래프가 그림과 같을 때, $g(4)$의 값은?

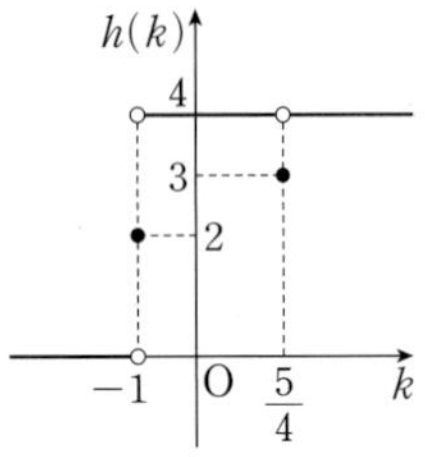

$h(k)$, 4, 3, 2, -1, O, $\frac{5}{4}$, k

① 6 ② 7 ③ 8 ④ 9 ⑤ 10

03

이차함수 $f(x)=x^2-2x+k$에 대하여 함수 $y=f(x)$의 그래프 위의 두 점 $A(x_1, y_1)$, $B(x_2, y_2)$ $(x_1<x_2)$가 다음 조건을 만족시킬 때, 가능한 모든 정수 k의 개수는?

(가) 두 점 A, B는 점 $(3, 0)$에 대하여 대칭이다.
(나) $0<x_1<2$

① 1 ② 3 ③ 5 ④ 7 ⑤ 9

04

함수 $f(x)=\begin{cases} x^2-4 & (|x|>2) \\ 4-x^2 & (|x|\le 2) \end{cases}$ 일 때, 실수 t에 대하여 $t\le x\le t+1$에서 함수 $f(x)$의 최댓값을 $g(t)$라 하자. $-3\le t\le 3$에서 함수 $g(t)$의 최댓값을 M, 최솟값을 m이라 할 때, $M\times m=6\sqrt{k}$이다. 양수 k의 값을 구하시오.

B 기출 문제로 마무리

05

≫ 학평 기출

이차함수 $y=f(x)$의 그래프가 x축과 만나는 서로 다른 두 점 A, B에 대하여 $\overline{AB}=l$이라 하자. $y=f(x)$의 그래프가 직선 $y=1$과 만나는 서로 다른 두 점 C, D에 대하여 $\overline{CD}=l+1$, $y=f(x)$의 그래프가 직선 $y=4$와 만나는 서로 다른 두 점 E, F에 대하여 $\overline{EF}=l+3$이다. l의 값은?

① 1 ② $\frac{3}{2}$ ③ 2 ④ $\frac{5}{2}$ ⑤ 3

06

≫ 학평 기출

두 이차함수 $f(x)=x^2+2x+1$, $g(x)=-x^2+5$에 대하여 함수 $h(x)$를

$$h(x)=\begin{cases} f(x) & (x\le -2 \text{ 또는 } x\ge 1) \\ g(x) & (-2<x<1) \end{cases}$$

이라 하자. 직선 $y=mx+6$과 $y=h(x)$의 그래프가 서로 다른 세 점에서 만나도록 하는 모든 실수 m의 값의 합을 S라 할 때, $10S$의 값을 구하시오.

07

≫ 학평 기출

두 양수 p, q에 대하여 이차함수 $f(x)=-x^2+px-q$가 다음 조건을 만족시킬 때, p^2+q^2의 값을 구하시오.

(가) $y=f(x)$의 그래프는 x축에 접한다.
(나) $-p\le x\le p$에서 $f(x)$의 최솟값은 -54이다.

08

≫ 학평 기출

두 이차함수

$$f(x)=(x-a)^2-a^2,\ g(x)=-(x-2a)^2+4a^2+b$$

가 다음 조건을 만족시킨다.

(가) 방정식 $f(x)=g(x)$는 서로 다른 두 실근 α, β를 갖는다.
(나) $\beta-\alpha=2$

보기에서 옳은 것만을 있는 대로 고른 것은? (단, a, b는 상수이다.)

보기

ㄱ. $a=1$일 때, $b=-\frac{5}{2}$
ㄴ. $f(\beta)-g(\alpha)\le g(2a)-f(a)$
ㄷ. $g(\beta)=f(\alpha)+5a^2+b$이면 $b=-16$

① ㄱ ② ㄱ, ㄴ ③ ㄱ, ㄷ ④ ㄴ, ㄷ ⑤ ㄱ, ㄴ, ㄷ

09

≫ 학평 기출

그림은 이차함수 $f(x)=-x^2+11x-10$의 그래프와 직선 $y=-x+10$을 나타낸 것이다. 직선 $y=-x+10$ 위의 한 점 $A(t, -t+10)$에 대하여 점 A를 지나고 y축에 평행한 직선이 이차함수 $y=f(x)$의 그래프와 만나는 점을 B, 점 B를 지나고 x축과 평행한 직선이 이차함수 $y=f(x)$의 그래프와 만나는 점 중 B가 아닌 점을 C, 점 A를 지나고 x축에 평행한 직선과 점 C를 지나고 y축에 평행한 직선이 만나는 점을 D라 하자. 네 점 A, B, C, D를 꼭짓점으로 하는 직사각형의 둘레의 길이의 최댓값은? $\left(\text{단, } 2<t<10,\ t\neq\frac{11}{2}\text{이다.}\right)$

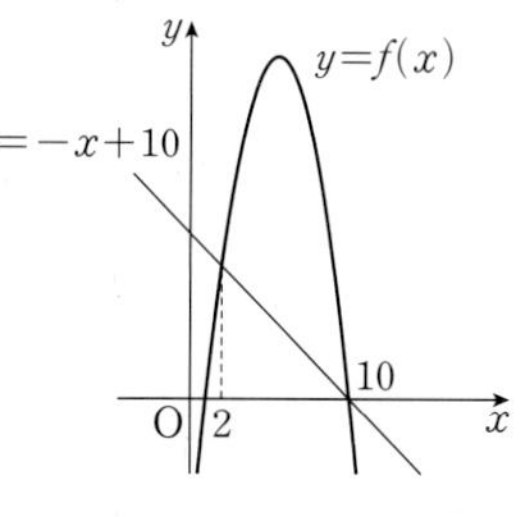

① 30 ② 33 ③ 36 ④ 39 ⑤ 42

Ⅱ. 방정식과 부등식

여러 가지 방정식

교과서 핵/심/개/념

개념 1 삼차방정식과 사차방정식의 풀이 (유형 1, 2, 3)

삼차방정식과 사차방정식은 다음과 같은 방법으로 근을 구한다.

(1) 인수분해 공식을 이용

(2) 인수정리와 조립제법을 이용

방정식 $f(x)=0$에서 $f(\alpha)=0$이면 다항식 $f(x)$는 $x-\alpha$를 인수로 가지므로 조립제법을 이용하여 $f(x)$를 인수분해한다. └ $f(x)=(x-\alpha)Q(x)$

(3) 특수한 형태의 방정식

① $ax^4+bx^2+c=0\ (a\neq0)$ 꼴 ➜ $x^2=t$로 치환하거나 이차항을 적당히 분리하여 $A^2-B^2=0$ 꼴로 변형한 후 좌변을 인수분해한다.

② $ax^4+bx^3+cx^2+bx+a=0\ (a\neq0)$ 꼴 ➜ 양변을 x^2으로 나눈 후 $x+\frac{1}{x}=t$로 치환하여 t에 대한 이차방정식을 푼다.

개념 2 삼차방정식의 근과 계수의 관계 (유형 4, 5)

(1) 삼차방정식의 근과 계수의 관계

삼차방정식 $ax^3+bx^2+cx+d=0$의 세 근을 α, β, γ라 하면

$$\alpha+\beta+\gamma=-\frac{b}{a},\ \alpha\beta+\beta\gamma+\gamma\alpha=\frac{c}{a},\ \alpha\beta\gamma=-\frac{d}{a}$$

(2) 세 수를 근으로 하는 삼차방정식

세 수 α, β, γ를 근으로 하고 x^3의 계수가 1인 삼차방정식은

$$x^3-(\alpha+\beta+\gamma)x^2+(\alpha\beta+\beta\gamma+\gamma\alpha)x-\alpha\beta\gamma=0$$ └ $(x-\alpha)(x-\beta)(x-\gamma)=0$

개념 3 삼차방정식의 켤레근 (유형 6)

(1) 삼차방정식의 계수가 유리수일 때, $a+b\sqrt{m}$이 근이면 $a-b\sqrt{m}$도 근이다. (단, a, b는 유리수, $b\neq0$, $\sqrt{m}$은 무리수이다.)

(2) 삼차방정식의 계수가 실수일 때, $a+bi$가 근이면 $a-bi$도 근이다. (단, a, b는 실수, $b\neq0$, $i=\sqrt{-1}$이다.)

개념 4 방정식 $x^3=1$의 허근의 성질 (유형 7)

방정식 $x^3=1$의 한 허근을 ω라 하면 다음이 성립한다. (단, $\overline{\omega}$는 ω의 켤레복소수이다.)
└ $x^3-1=(x-1)(x^2+x+1)=0$

① $\omega^3=1$, $\overline{\omega}^3=1$

② $\omega^2+\omega+1=0$, $\overline{\omega}^2+\overline{\omega}+1=0$

③ $\omega+\overline{\omega}=-1$, $\omega\overline{\omega}=1$ └ ω, $\overline{\omega}$는 $x^2+x+1=0$의 두 허근

④ $\omega^2=\overline{\omega}$, $\overline{\omega}^2=\omega$

개념 5 연립이차방정식의 풀이 (유형 8)

(1) $\begin{cases}\text{일차방정식}\\\text{이차방정식}\end{cases}$ 꼴: 일차방정식을 한 문자에 대하여 정리한 후 이차방정식에 대입하여 푼다.

(2) $\begin{cases}\text{이차방정식}\\\text{이차방정식}\end{cases}$ 꼴: 인수분해, 이차항 소거, 상수항 소거 등의 방법으로 (1)의 꼴로 만들어 푼다.

기본 다지기

| 해답 35쪽 |

1 다음 방정식을 푸시오.

(1) $x^4-16=0$

(2) $x^4+2x^2-3=0$

(3) $x^3-4x^2+3=0$

2 삼차방정식 $x^3+x^2-2=0$의 세 근 α, β, γ에 대하여 $\alpha^2+\beta^2+\gamma^2$의 값을 구하시오.

3 두 실수 a, b에 대하여 삼차방정식 $x^3-x^2+ax+b=0$의 한 허근이 i일 때, 이 방정식의 실근은?

① 1 ② 2 ③ 3 ④ 4 ⑤ 5

4 삼차방정식 $x^3=1$의 한 허근을 ω라 할 때, $\omega^4+\omega^2+1$의 값은?

① $-\omega$ ② ω ③ -1 ④ 0 ⑤ 1

5 다음 연립방정식을 푸시오.

(1) $\begin{cases}y=x+1\\x^2+y^2=1\end{cases}$

(2) $\begin{cases}x^2-y^2=0\\x^2+xy+y^2=3\end{cases}$

핵심 빈출

1 STEP 필수 유형 다지기

| 해답 35쪽 |

유형 ① 삼차방정식과 사차방정식의 풀이

01 ●○○

삼차방정식 $x^3-4x^2+x+6=0$의 가장 큰 근을 α, 가장 작은 근을 β라 할 때, $\alpha-\beta$의 값을 구하시오.

02 ●●○

삼차방정식 $x^3-x-6=0$의 두 허근을 α, β라 할 때, $\alpha^2+\beta^2$의 값은?

① -2 ② -1 ③ 0
④ 1 ⑤ 2

중요

03 ●●○

사차방정식 $(x^2-3x)^2-2(x^2-3x)-8=0$의 모든 실근의 합은?

① -2 ② 0 ③ 2
④ 4 ⑤ 6

04 ●●○ 서술형

사차방정식 $x(x-1)(x+1)(x+2)=15$의 두 실근을 α, β, 두 허근을 γ, δ라 할 때, $\alpha\beta-\gamma\delta$의 값을 구하시오.

유형 ② 특수한 형태의 삼차방정식과 사차방정식의 풀이

05 ●●○

사차방정식 $x^4-18x^2+1=0$의 모든 양수인 근의 합은?

① 2 ② $\sqrt{5}$ ③ 3
④ 4 ⑤ $2\sqrt{5}$

06 ●●●

사차방정식 $x^4-2x^3+2x^2-2x+1=0$의 한 허근을 α라 할 때, $\alpha+\frac{1}{\alpha}$의 값은?

① -1 ② $-\frac{1}{2}$ ③ 0
④ $\frac{1}{2}$ ⑤ 1

유형 ③ 삼차방정식의 근의 조건이 주어질 때 미정계수 구하기

| 핵심 전략 | 인수정리와 조립제법을 이용하여 인수분해한 후, 근의 조건을 따져 본다.

07 ●●○

삼차방정식 $x^3+(1-k^2)x-k=0$의 근이 모두 실수가 되도록 하는 자연수 k의 최솟값은?

① 1 ② 2 ③ 3
④ 4 ⑤ 5

08 ●●○

서술형

삼차방정식 $x^3+(2-k)x^2-2k^2=0$이 허근을 갖도록 하는 실수 k의 값의 범위를 구하시오.

09 ●●●

삼차방정식 $x^3-ax^2+4a-8=0$이 중근을 갖도록 하는 실수 a의 값의 합은?

① -2 ② -1 ③ 0
④ 1 ⑤ 2

유형 4 삼차방정식의 근과 계수의 관계

중요

10 ●●○

삼차방정식 $x^3+2x^2+4x+3=0$의 세 근을 α, β, γ라 할 때, $(1+\alpha)(1+\beta)(1+\gamma)$의 값은?

① -4 ② -3 ③ -2
④ -1 ⑤ 0

11 ●●●

$f(x)=x^3+kx^2-4$에 대하여 삼차방정식 $f(x)=0$이 실수인 중근을 가질 때, $f(k)$의 값은? (단, k는 실수이다.)

① 42 ② 44 ③ 46
④ 48 ⑤ 50

유형 5 세 수를 근으로 갖는 삼차방정식

중요

12 ●●○

삼차방정식 $x^3-x^2+2x-1=0$의 세 근을 α, β, γ라 할 때, 세 수 $\alpha\beta$, $\beta\gamma$, $\gamma\alpha$를 근으로 하고 x^3의 계수가 1인 삼차방정식 $f(x)=0$에 대하여 $f(2)$의 값은?

① 1 ② 2 ③ 3
④ 4 ⑤ 5

13 ●●●

x^3의 계수가 1인 삼차식 $f(x)$에 대하여

$$f(-2)=f(1)=f(3)=2$$

가 성립할 때, 방정식 $f(x)=0$의 모든 근의 곱은?

① -2 ② -4 ③ -6
④ -8 ⑤ -10

유형 6 삼차방정식의 켤레근

14 ●●○

삼차방정식 $x^3-5x^2+ax+b=0$의 한 근이 $2+i$일 때, 이 방정식의 실근을 α라 하자. $a+b+\alpha$의 값은?

(단, a, b는 실수이다.)

① 1 ② 2 ③ 3
④ 4 ⑤ 5

15 ●●○

서술형

계수가 모두 유리수이고 x^3의 계수가 1인 삼차방정식 $f(x)=0$의 두 근이 -1, $1-\sqrt{2}$일 때, $f(1)$의 값을 구하시오.

유형 7 방정식 $x^3=1$의 허근의 성질

16 ●●○

삼차방정식 $x^3-1=0$의 한 허근을 ω라 할 때, $\omega^2+\frac{1}{\omega^2}$의 값은?

① -2　② -1　③ 0
④ 1　⑤ 2

중요

17 ●●○

삼차방정식 $x^3+1=0$의 한 허근을 ω라 할 때, $1+\frac{1}{\omega}+\frac{1}{\omega^2}+\frac{1}{\omega^3}+\cdots+\frac{1}{\omega^{30}}$의 값은?

① -2　② -1　③ 0
④ 1　⑤ 2

18 ●●○

서술형

삼차방정식 $x^3=1$의 한 허근을 ω라 할 때, $\frac{\overline{\omega}}{\omega^2}+\frac{\omega}{\overline{\omega}^2}$의 값을 구하시오. (단, $\overline{\omega}$는 ω의 켤레복소수이다.)

유형 8 연립이차방정식의 풀이

19 ●○○

연립방정식

$$\begin{cases} x-y=4 \\ x^2-xy+y^2=12 \end{cases}$$

의 해를 $x=\alpha$, $y=\beta$라 할 때, $|\alpha|+|\beta|$의 값은?

① 1　② 2　③ 3
④ 4　⑤ 5

20 ●●○

연립방정식 $\begin{cases} x+y=k \\ x^2+y^2=2 \end{cases}$가 오직 한 쌍의 해를 갖도록 하는 모든 실수 k의 값의 곱은?

① 2　② $-\sqrt{2}$　③ -2
④ -4　⑤ -8

중요

21 ●●○

연립방정식

$$\begin{cases} 2x^2-3xy+y^2=0 \\ x^2+y^2=20 \end{cases}$$

을 만족시키는 정수 x, y에 대하여 xy의 값은?

① 6　② 8　③ 10
④ 12　⑤ 14

심화 빈출

2 STEP 출제 유형 PICK

1 삼차방정식 $x^3=\pm 1$의 허근 ω의 성질

| 핵심 전략 | 방정식 $x^3=1$의 한 허근을 ω라 하면 다음이 성립한다. (단, $\overline{\omega}$는 ω의 켤레복소수이다.)

(1) $\omega^3=1$, $\omega^2+\omega+1=0$ (2) $\omega+\overline{\omega}=-1$, $\omega\overline{\omega}=1$ (3) $\omega^2=\overline{\omega}=\frac{1}{\omega}$

대표 문제 1

삼차방정식 $x^3+1=0$의 한 허근을 ω라 할 때, **보기**에서 옳은 것만을 있는 대로 고르시오. (단, $\overline{\omega}$는 ω의 켤레복소수이다.)

보기

ㄱ. $\omega+\overline{\omega}=\omega\overline{\omega}$

ㄴ. $\frac{1}{\omega-1}+\frac{1}{\overline{\omega}-1}=1$

ㄷ. $(1-\omega)(1-\omega^2)(1-\omega^3)(1-\omega^4)(1-\omega^5)=6$

1-1

삼차방정식 $x^3=1$의 한 허근 ω와 자연수 n에 대하여 $f(n)=\frac{1}{\omega^n+1}$이라 할 때, $f(1)+f(2)+f(3)+\cdots+f(60)$의 값을 구하시오.

1-2

≫ 학평 기출

삼차방정식 $x^3=1$의 한 허근을 ω라 할 때, **보기**에서 옳은 것만을 있는 대로 고른 것은? (단, $\overline{\omega}$는 ω의 켤레복소수이다.)

보기

ㄱ. $\overline{\omega}^3=1$

ㄴ. $\frac{1}{\omega}+\left(\frac{1}{\omega}\right)^2=\frac{1}{\overline{\omega}}+\left(\frac{1}{\overline{\omega}}\right)^2$

ㄷ. $(-\omega-1)^n=\left(\frac{\overline{\omega}}{\omega+\overline{\omega}}\right)^n$을 만족시키는 100 이하의 자연수 n의 개수는 50이다.

① ㄱ ② ㄷ ③ ㄱ, ㄴ ④ ㄴ, ㄷ ⑤ ㄱ, ㄴ, ㄷ

2 사차방정식의 근의 조건

| 핵심 전략 | 사차방정식 $x^4+mx^2+n=0$에서 $x^2=t$로 놓고 이차방정식 $t^2+mt+n=0$의 판별식을 D라 할 때, 사차방정식의 근은

(1) 모든 근이 실근 → $D\geq 0$, $-m\geq 0$, $n\geq 0$

(2) 서로 다른 두 실근과 서로 다른 두 허근 → $n<0$

(3) 서로 다른 두 실근(또는 허근)과 하나의 중근 → $m\neq 0$, $n=0$

대표 문제 2

x에 대한 사차방정식

$$x^4+ax^2+a^4-18a^2+2b^2+8b+89=0$$

이 서로 다른 두 실근과 하나의 중근을 가질 때, ab의 값은? (단, a, b는 실수이다.)

① -6 ② -3 ③ 0 ④ 3 ⑤ 6

2-1

x에 대한 사차방정식 $x^4-7x^2+k-4=0$의 모든 근이 실수가 되도록 하는 정수 k의 개수를 구하시오.

2-2

≫ 학평 기출

x에 대한 사차방정식 $x^4+(3-2a)x^2+a^2-3a-10=0$이 실근과 허근을 모두 가질 때, 이 사차방정식에 대하여 **보기**에서 옳은 것만을 있는 대로 고른 것은? (단, a는 실수이다.)

보기

ㄱ. $a=1$이면 모든 실근의 곱은 -3이다.

ㄴ. 모든 실근의 곱이 -4이면 모든 허근의 곱은 3이다.

ㄷ. 정수인 근을 갖도록 하는 모든 실수 a의 값의 합은 -1이다.

① ㄱ ② ㄱ, ㄴ ③ ㄱ, ㄷ ④ ㄴ, ㄷ ⑤ ㄱ, ㄴ, ㄷ

3 근의 조건이 주어진 방정식의 풀이

| 핵심 전략 | (1) 근이 정수 또는 자연수인 방정식의 풀이
근과 계수의 관계를 이용하여 두 근에 대한 방정식을 세운 후 이 방정식의 정수 또는 자연수인 해를 찾는다.
(2) 근이 실수인 방정식의 풀이
① 방정식을 $A^2+B^2=0$ 꼴로 변형한 후 A, B가 실수이면 $A=0$, $B=0$임을 이용한다.
② 한 문자에 대하여 내림차순으로 정리한 후 이차방정식의 판별식 D에 대하여 $D\geq0$임을 이용한다.

대표 문제 3

x에 대한 이차방정식 $x^2+(2-p)x+3p-1=0$의 두 근이 모두 정수가 되도록 하는 모든 실수 p의 값의 합은?

① 24 ② 28 ③ 32
④ 36 ⑤ 40

3-1

$x^2+2xy+2y^2+8x-2y+41=0$을 만족시키는 실수 x, y에 대하여 xy의 값은?

① -45 ② -15 ③ -5
④ 15 ⑤ 45

3-2

≫ 학평 기출

x, y에 대한 방정식 $xy+x+y-1=0$을 만족시키는 정수 x, y를 좌표평면 위의 점 (x, y)로 나타낼 때, 이 점들을 꼭짓점으로 하는 사각형의 넓이는?

① 2 ② 6 ③ 8
④ $3\sqrt{2}$ ⑤ $4\sqrt{2}$

4 $f(ax+b)=0$ 꼴의 삼차방정식의 근

| 핵심 전략 | 삼차방정식 $f(x)=0$의 세 근이 α, β, γ이면 $f(\alpha)=0$, $f(\beta)=0$, $f(\gamma)=0$이므로 $f(ax+b)=0$의 세 근은 $ax+b=\alpha$, $ax+b=\beta$, $ax+b=\gamma$에서 $x=\frac{\alpha-b}{a}$ 또는 $x=\frac{\beta-b}{a}$ 또는 $x=\frac{\gamma-b}{a}$

대표 문제 4

삼차식 $f(x)$에 대하여 삼차방정식 $f(3x-2)=0$의 서로 다른 세 근의 합이 16일 때, 삼차방정식 $f(5x-6)=0$의 서로 다른 세 근의 합은?

① 11 ② 12 ③ 13
④ 14 ⑤ 15

4-1

삼차식 $f(x)=x^3-2x^2-7x+6$에 대하여 방정식 $f(4x+3)=0$의 세 근의 곱이 $\frac{q}{p}$일 때, $p+q$의 값을 구하시오. (단, p, q는 서로소인 자연수이다.)

4-2

≫ 내신 기출

계수가 모두 실수이고 x^3의 계수가 1인 삼차식 $f(x)$에 대하여 방정식 $f(x)=0$의 한 근이 $1-2i$이고 방정식 $f(2x-3)=0$의 세 근의 곱이 20일 때, $f(2)$의 값은?

① 15 ② 5 ③ -5
④ -15 ⑤ -25

예상 기출

3 STEP 만점 도전 하기

A 예상 문제로 마무리

01

0이 아닌 세 실수 a, b, c에 대하여 복소수 $z=b+ci$와 다항식 $f(x)=x^3-3x^2+12x-10$이 다음 조건을 만족시킬 때, $a+b+c$의 값은?

(단, $i=\sqrt{-1}$이고, $\overline{z}$는 z의 켤레복소수이다.)

> (가) 다항식 $f(x)$는 일차식 $x-a$로 나누어떨어진다.
> (나) $f(z)=0$이고 $(z-\overline{z})i>0$이다.

① -2 ② -1 ③ 0
④ 1 ⑤ 2

02

연립방정식 $\begin{cases} x^2y+xy^2=-12 \\ x^2+y^2+2xy-2x-2y=8 \end{cases}$을 만족시키는 실수 x, y에 대하여 $x^2(x-1)+y^2(y-1)$의 최솟값은?

① 36 ② 50 ③ 64
④ 78 ⑤ 92

03 레벨 UP

최고차항의 계수가 1인 이차함수 $y=f(x)$의 그래프가 x축과 서로 다른 두 점 $(1, 0)$, $(a, 0)$에서 만난다. x에 대한 사차방정식 $(x^2-ax+2a)f(x)=0$이 서로 다른 세 실근을 갖도록 하는 모든 실수 a의 값의 합은?

① 5 ② 6 ③ 7
④ 8 ⑤ 9

04

50 이하의 자연수 n에 대하여 x에 대한 방정식 $x^4+x^3+(1-n)x^2-nx-n=0$이 자연수인 근을 갖도록 하는 n의 값을 작은 것부터 크기순으로 나열한 것을 n_1, n_2, n_3, $\cdots$, n_k라 하자. x에 대한 방정식 $x^4+x^3+(1-n)x^2-nx-n=0$의 한 허근을 α라 할 때,

$$n_1\alpha^{n_1}+n_2\alpha^{n_2}+n_3\alpha^{n_3}+\cdots+n_k\alpha^{n_k}=p\alpha+q$$

이다. 실수 p, q에 대하여 $p-q$의 값은?

① 44 ② 46 ③ 48
④ 50 ⑤ 52

05

x, y에 대한 방정식 $xy-px+2y-p=3p$를 만족시키는 정수 x, y에 대하여 $x+y$의 최댓값이 50일 때, $x+y$의 최솟값은? (단, p는 3 이상의 소수이다.)

① -20 ② -19 ③ -18
④ -17 ⑤ -16

B 기출 문제로 마무리

06

≫ 학평 기출

최고차항의 계수가 음수인 이차다항식 $P(x)$가 모든 실수 x에 대하여

$$\{P(x)+x\}^2=(x-a)(x+a)(x^2+5)+9$$

를 만족시킨다. $\{P(a)\}^2$의 값을 구하시오. (단, $a>0$)

07

≫ 학평 기출

그림과 같이 직선 위에 $\overline{AB}=6$인 두 점 A, B가 있다. 선분 AB 위의 점 C에 대하여 선분 AC의 중점을 P_1, 선분 CB의 중점을 P_2라 하고 $\overline{P_1C}=a$, $\overline{CP_2}=b$라 하자. 점 P_1을 중심으로 하고 반지름의 길이가 $a+\frac{1}{2}$인 반원 O_1, 점 P_2를 중심으로 하고 반지름의 길이가 $b+\frac{1}{2}$인 반원 O_2를 각각 그린 후, 선분 P_1P_2를 지름으로 하는 반원을 그린다. 두 반원 O_1과 O_2의 교점이 호 P_1P_2 위에 있을 때, ab의 값은? (단, $a<b$)

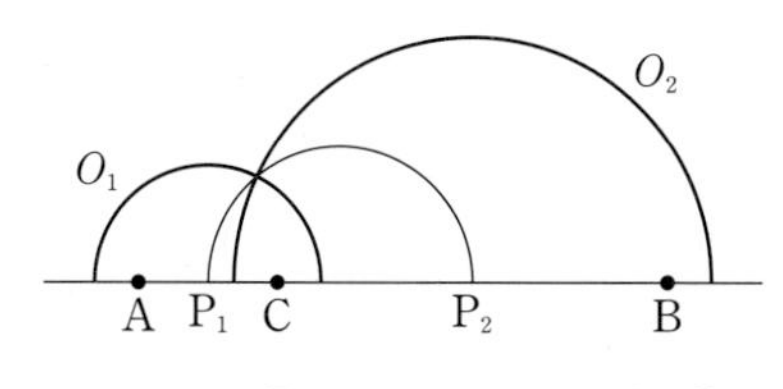

① $\frac{5}{4}$ ② $\frac{7}{4}$ ③ $\frac{9}{4}$
④ $\frac{11}{4}$ ⑤ $\frac{13}{4}$

08

≫ 학평 기출

x에 대한 삼차식

$$f(x)=x^3+(2a-1)x^2+(b^2-2a)x-b^2$$

에 대하여 **보기**에서 옳은 것만을 있는 대로 고른 것은?

보기

ㄱ. $f(x)$는 $x-1$을 인수로 갖는다.
ㄴ. $a<b<0$인 어떤 두 실수 a, b에 대하여 방정식 $f(x)=0$의 서로 다른 실근의 개수는 2이다.
ㄷ. 방정식 $f(x)=0$이 서로 다른 세 실근을 갖고 세 근의 합이 7이 되도록 하는 두 정수 a, b의 모든 순서쌍 (a, b)의 개수는 5이다.

① ㄱ ② ㄱ, ㄴ ③ ㄱ, ㄷ
④ ㄴ, ㄷ ⑤ ㄱ, ㄴ, ㄷ

09

≫ 학평 기출

x에 대한 삼차방정식 $ax^3+2bx^2+4bx+8a=0$이 서로 다른 세 정수를 근으로 갖는다. 두 정수 a, b가 $|a|\le 50$, $|b|\le 50$일 때, 순서쌍 (a, b)의 개수를 구하시오.

Ⅱ. 방정식과 부등식

여러 가지 부등식

교과서 핵/심/개/념

개념 1 연립일차부등식 유형 ①, ②

(1) 연립일차부등식

두 개 이상의 일차부등식을 한 쌍으로 묶어서 나타낸 연립부등식

(2) 연립일차부등식의 풀이

① 각 부등식의 해를 구한 후, 이들의 공통 범위를 구한다.

② $A<B<C$ 꼴의 부등식은 연립부등식 $\begin{cases} A<B \\ B<C \end{cases}$로 바꾸어 푼다.

개념 2 절댓값 기호를 포함한 일차부등식 유형 ③

(1) $a>0$일 때, 절댓값 기호를 포함한 일차부등식의 풀이

① $|x|<a$이면 $-a<x<a$

② $|x|>a$이면 $x<-a$ 또는 $x>a$

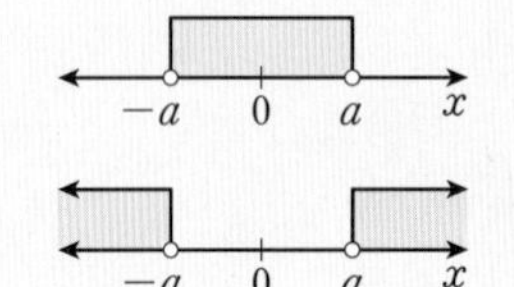

(2) 절댓값 기호를 포함한 부등식의 풀이

절댓값 기호 안의 식의 값이 0이 되는 미지수의 값을 기준으로 범위를 나누어

$$|x-a|=\begin{cases} x-a & (x\ge a) \\ -(x-a) & (x<a) \end{cases}$$

임을 이용하여 절댓값 기호를 없앤 후 푼다.

개념 3 이차부등식 유형 ④, ⑤

이차방정식 $ax^2+bx+c=0$의 판별식을 D라 할 때, 이차함수의 그래프와 이차부등식의 해 사이에는 다음과 같은 관계가 있다.

	$D>0$	$D=0$	$D<0$
$ax^2+bx+c=0$의 해	서로 다른 두 실근 α, β	중근 α	서로 다른 두 허근
$y=ax^2+bx+c$의 그래프 $(a>0)$	α β x	α x	x
$ax^2+bx+c>0$의 해	$x<\alpha$ 또는 $x>\beta$	$x\ne\alpha$인 모든 실수	모든 실수
$ax^2+bx+c\ge 0$의 해	$x\le\alpha$ 또는 $x\ge\beta$	모든 실수	모든 실수
$ax^2+bx+c<0$의 해	$\alpha<x<\beta$	없다.	없다.
$ax^2+bx+c\le 0$의 해	$\alpha\le x\le\beta$	$x=\alpha$	없다.

개념 4 연립이차부등식 유형 ⑥

(1) 연립이차부등식: 차수가 가장 높은 부등식이 이차부등식인 연립부등식

(2) 연립이차부등식의 풀이

각 부등식의 해를 구한 후, 이들의 공통 범위를 구한다.

기본 다지기

| 해답 44쪽 |

1 연립부등식 $\begin{cases} 5x-1\le 3x+1 \\ 3x\ge x-2 \end{cases}$의 해가 $a\le x\le b$일 때, $a+b$의 값은?

① -2 ② -1 ③ 0
④ 1 ⑤ 2

2 부등식 $|3-x|\le 10-x$를 만족시키는 x의 최댓값을 구하시오.

3 부등식 $|x+1|+|x-2|<7$을 푸시오.

4 다음 이차부등식을 푸시오.

(1) $x^2+x-12<0$
(2) $x^2-3x+2\ge 0$
(3) $x^2-4x+4>0$
(4) $x^2+2x+2\le 0$

5 연립부등식 $4x-3\le x^2<2x+15$를 만족시키는 정수 x의 개수는?

① 2 ② 4 ③ 6
④ 8 ⑤ 10

핵심 빈출

1 STEP 필수 유형 다지기

| 해답 45쪽 |

유형 ① 연립일차부등식의 풀이

01 ●○○

연립부등식 $\begin{cases} 2x+1\le x+a \\ 3x+b\ge 2x-2 \end{cases}$의 해가 $-1\le x\le 2$일 때, 상수 a, b에 대하여 $a+b$의 값은?

① -2 ② -1 ③ 0
④ 1 ⑤ 2

02 ●●○ 서술형

연립부등식 $\begin{cases} \dfrac{2x-1}{3}\ge x-2 \\ x+3<2x+5 \end{cases}$를 만족시키는 모든 정수 x의 값의 합을 구하시오.

03 ●●○

부등식 $3x+a<x+1\le 2x+b$를 연립부등식 $\begin{cases} 3x+a<2x+b \\ x+1\le 2x+b \end{cases}$로 생각하고 풀었더니 해가 $-1\le x<3$이었다. 처음 주어진 부등식의 해는? (단, a, b는 상수이다.)

① $-1\le x<1$ ② $-1<x\le 1$
③ $1\le x<3$ ④ $1<x\le 3$
⑤ $-1<x\le 3$

유형 ② 특수한 해를 갖는 연립부등식

| 핵심 전략 | 연립부등식의 해가 없는 경우 → 공통부분이 없다.

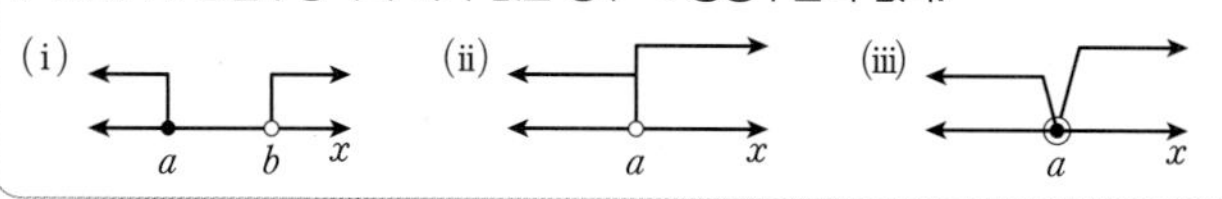

04 ●●○

부등식 $2x+3<3x+2<2x+2a-5$가 해를 갖지 않도록 하는 자연수 a의 개수를 구하시오.

중요

05 ●●○

연립부등식 $\begin{cases} 5-4x\ge 1-3x \\ 5x+a>2(x-2) \end{cases}$를 만족시키는 정수 x가 5개일 때, 정수 a의 최댓값은?

① -3 ② -2 ③ -1
④ 0 ⑤ 1

유형 ③ 절댓값 기호를 포함한 일차부등식의 풀이

06 ●○○

x에 대한 부등식 $|x-a|\le 2$를 만족시키는 모든 정수 x의 값의 합이 60일 때, 자연수 a의 값을 구하시오.

07 ●●○

부등식 $|x-3|\le 6-x$를 만족시키는 자연수 x의 개수는?

① 1 ② 2 ③ 3
④ 4 ⑤ 5

08 ●●○

서술형

부등식 $|x-2|-|x-6|\le 2$를 만족시키는 x의 최댓값을 구하시오.

유형 ④ 이차부등식

| 핵심 전략 | (1) 해가 $\alpha<x<\beta$이고 x^2의 계수가 1인 이차부등식은
$(x-\alpha)(x-\beta)<0$
(2) 해가 $x<\alpha$ 또는 $x>\beta$이고 x^2의 계수가 1인 이차부등식은
$(x-\alpha)(x-\beta)>0$

중요

09 ●●○

x에 대한 이차부등식 $x^2+ax+b<0$의 해가 $-2<x<5$일 때, 부등식 $ax^2-bx-8\ge 0$의 해는? (단, a, b는 상수이다.)

① $x\le\frac{4}{3}$ 또는 $x\ge 2$
② $\frac{4}{3}\le x\le 2$
③ $x\le -2$ 또는 $x\ge\frac{4}{3}$
④ $-2\le x\le\frac{4}{3}$
⑤ $x\le -4$ 또는 $x\ge\frac{2}{3}$

10 ●●○

x에 대한 이차부등식 $f(x)<0$의 해가 $x<-1$ 또는 $x>3$일 때, 부등식 $f(x-3)\ge 0$을 만족시키는 모든 정수 x의 값의 합은?

① 12 ② 14 ③ 16
④ 18 ⑤ 20

중요

11 ●●○

이차함수 $y=ax^2+bx+c$의 그래프와 직선 $y=mx+n$이 다음 그림과 같을 때, 이차부등식 $ax^2+(b-m)x+c-n<0$을 만족시키는 정수 x의 개수는?

(단, a, b, c, m, n은 상수이다.)

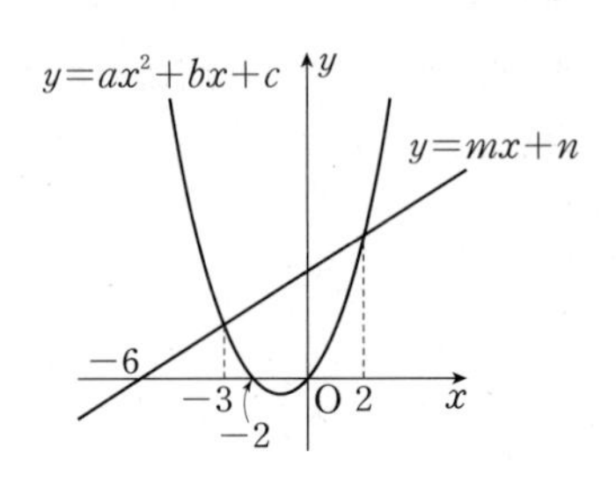

① 1 ② 2 ③ 3
④ 4 ⑤ 5

12 ●●●

서술형

어느 인터넷 유료 사이트에서 월 이용료를 x % 인상하면 회원 수가 $0.5x$ % 감소한다고 한다. 이 인터넷 유료 사이트에서 월 매출액이 8 % 이상 증가하도록 하는 x의 최솟값을 구하시오.

13 ●●●

두 사람 A, B가 x에 대한 이차부등식 $x^2+ax+b\le 0$을 푸는데 A는 a를 잘못 보고 풀어 $1\le x\le 6$을 얻었고, B는 b를 잘못 보고 풀어 $1\le x\le 4$를 얻었다. 처음 주어진 이차부등식을 만족시키는 정수 x의 개수는? (단, a, b는 상수이다.)

① 1 ② 2 ③ 3
④ 4 ⑤ 5

유형 5 특수한 해를 갖는 이차부등식

| 핵심 전략 | (1) 모든 실수 x에 대하여 이차부등식 $ax^2+bx+c>0$이 성립하려면
→ $a>0$, $b^2-4ac<0$
(2) 모든 실수 x에 대하여 이차부등식 $ax^2+bx+c<0$이 성립하려면
→ $a<0$, $b^2-4ac<0$

14

x에 대한 이차부등식 $x^2-2x-a+3\le0$이 오직 하나의 해를 갖도록 하는 상수 a의 값은?

① 1 ② 2 ③ 3
④ 4 ⑤ 5

15

x에 대한 이차부등식 $(a-6)x^2-4x+a-2>0$이 해를 갖지 않도록 하는 자연수 a의 개수는?

① 1 ② 2 ③ 3
④ 4 ⑤ 5

중요

16

이차함수 $y=x^2+4x+6$의 그래프가 직선 $y=mx-3$보다 항상 위쪽에 있도록 하는 상수 m의 값의 범위가 $a<m<b$일 때, $b-a$의 값을 구하시오.

17

x에 대한 이차부등식 $(a-1)x^2-2(a-1)x+(2a-4)\ge0$의 해가 모든 실수가 되도록 하는 정수 a의 최솟값을 구하시오.

유형 6 연립이차부등식

18

부등식 $2x^2+1<3x\le x+a$의 해가 $\frac{1}{2}<x<1$이 되도록 하는 실수 a의 값의 범위는?

① $a<-2$ ② $a\le-2$ ③ $a\le2$
④ $a<2$ ⑤ $a\ge2$

19

연립부등식 $\begin{cases}|x-1|\ge3\\2x^2-11x+5<0\end{cases}$을 만족시키는 정수 x의 값을 구하시오.

20

서술형

연립부등식 $\begin{cases}x^2-3x\ge4\\(x-1)(x-a)<0\end{cases}$을 만족시키는 정수 x의 개수가 4가 되도록 하는 실수 a의 최댓값과 최솟값을 각각 M, m이라 하자. $M-m$의 값을 구하시오.

21

연립부등식 $\begin{cases}x^2-5x-6\le0\\x^2-3kx-4k^2>0\end{cases}$이 해를 갖도록 하는 정수 k의 개수는?

① 6 ② 7 ③ 8
④ 9 ⑤ 10

심화 빈출

2 STEP 출제 유형 PICK

1 $f(ax+b)$ 꼴을 포함한 부등식

핵심 전략 이차식 $f(x)=k(x-\alpha)(x-\beta)$에 대하여

$f(ax+b)=k(ax+b-\alpha)(ax+b-\beta)$

임을 이용한다.

대표 문제 1

이차함수 $y=f(x)$의 그래프가 오른쪽 그림과 같이 두 점 $(-4, 0)$, $(2, 0)$을 지난다. 상수 k에 대하여 부등식 $f\left(\frac{x-k}{3}\right)<0$의 해가 $k^2-k-15<x<k^2+4$일 때, 부등식 $f(kx-5)\geq0$의 해는 $x\leq a$ 또는 $x\geq b$이다. ab의 값을 구하시오.

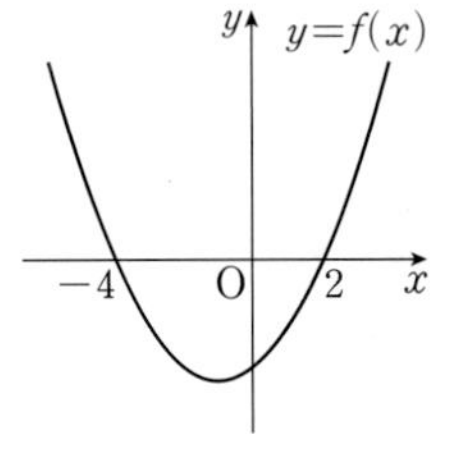

1-1

이차부등식 $f(x)\geq0$의 해가 $-1\leq x\leq3$일 때, 이차부등식 $f(1-2x)\geq f(5)$를 만족시키는 정수 x의 개수를 구하시오.

1-2

≫ 학평 기출

다음 조건을 만족시키는 이차함수 $f(x)$에 대하여 $f(3)$의 최댓값을 M, 최솟값을 m이라 할 때, $M-m$의 값은?

> (가) 부등식 $f\left(\frac{1-x}{4}\right)\leq0$의 해가 $-7\leq x\leq9$이다.
>
> (나) 모든 실수 x에 대하여 부등식 $f(x)\geq2x-\frac{13}{3}$이 성립한다.

① $\frac{7}{4}$ ② $\frac{11}{6}$ ③ $\frac{23}{12}$

④ 2 ⑤ $\frac{25}{12}$

2 이차함수와 이차부등식

핵심 전략 (1) 부등식 $f(x)>0$의 해 ➜ 함수 $y=f(x)$의 그래프가 x축보다 위쪽에 있는 부분의 x의 값의 범위

(2) 부등식 $f(x)>g(x)$의 해 ➜ 함수 $y=f(x)$의 그래프가 함수 $y=g(x)$의 그래프보다 위쪽에 있는 부분의 x의 값의 범위

대표 문제 2

이차함수 $y=f(x)$의 그래프와 직선 $y=g(x)$가 오른쪽 그림과 같을 때, 부등식 $\{f(x)\}^2<f(x)g(x)$를 만족시키는 정수 x의 값을 구하시오.

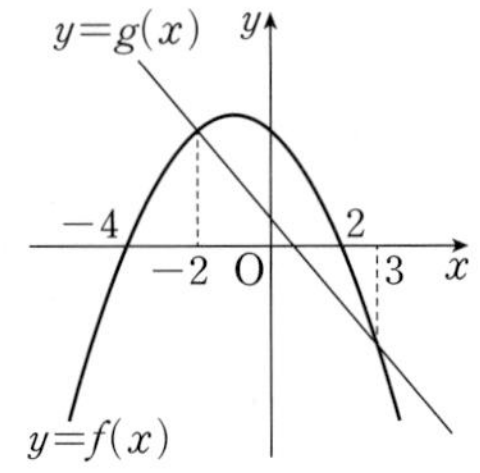

2-1

두 이차함수 $y=f(x)$, $y=g(x)$의 그래프가 오른쪽 그림과 같을 때, 부등식 $f(x)g(x)>0$을 만족시키는 정수 x의 개수를 구하시오.

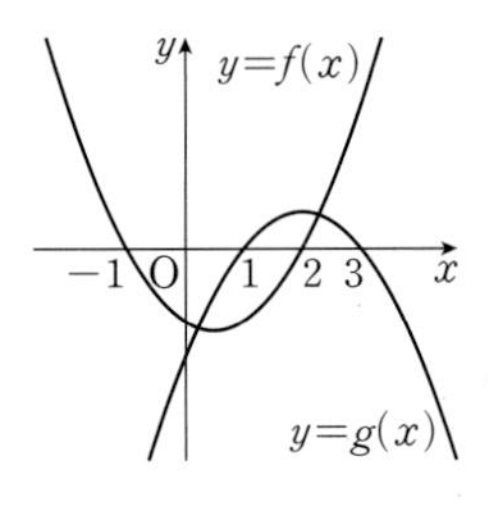

2-2

≫ 학평 기출

0이 아닌 실수 p에 대하여 이차함수 $f(x)=x^2+px+p$의 그래프의 꼭짓점을 A, 이 이차함수의 그래프가 y축과 만나는 점을 B라 할 때, 두 점 A, B를 지나는 직선 l의 방정식을 $y=g(x)$라 하자. 부등식 $f(x)-g(x)\leq0$을 만족시키는 정수 x의 개수가 10이 되도록 하는 정수 p의 최댓값을 M, 최솟값을 m이라 할 때, $M-m$의 값은?

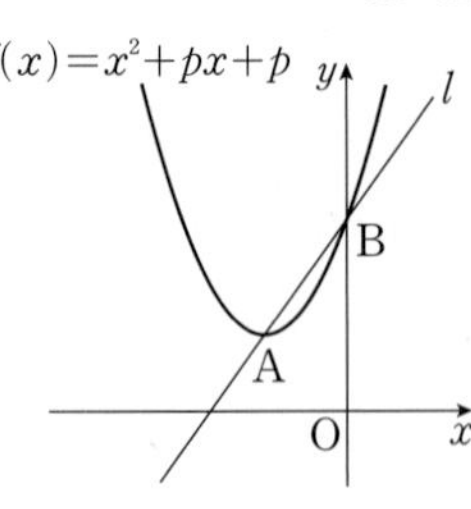

① 32 ② 34 ③ 36

④ 38 ⑤ 40

3 절댓값 기호를 포함한 부등식의 활용

| 핵심 전략 | 절댓값 기호를 포함한 이차부등식은 절댓값 기호 안의 식의 값이 0이 되는 x의 값을 경계로 하여 x의 값의 범위를 나누어 푼다.
한편, $|f(x)|<a$, $|f(x)|>a\ (a>0)$ 꼴의 부등식은 다음과 같이 푼다.
(1) $|f(x)|<a \rightarrow -a<f(x)<a$
(2) $|f(x)|>a \rightarrow f(x)<-a$ 또는 $f(x)>a$

대표문제 3

연립부등식

$$\begin{cases} |x+1|<k \\ x^2+x-6\le 0 \end{cases}$$

을 만족시키는 정수 x가 3개일 때, 양수 k의 최댓값은?

① 1 ② 2 ③ 3
④ 4 ⑤ 5

3-1

부등식 $|x^2-9|\le 2x-1$을 만족시키는 모든 정수 x의 값의 합은?

① 1 ② 4 ③ 7
④ 10 ⑤ 13

3-2

≫ 학평 기출

함수 $f(x)=x^2+2x-8$에 대하여 부등식

$$\frac{|f(x)|}{3}-f(x)\ge m(x-2)$$

를 만족시키는 정수 x의 개수가 10이 되도록 하는 양수 m의 최솟값을 구하시오.

4 이차부등식이 항상 성립할 조건

| 핵심 전략 | 이차방정식 $ax^2+bx+c=0$의 판별식을 D라 할 때, 모든 실수 x에 대하여
(1) $ax^2+bx+c>0$이 성립한다. $\rightarrow a>0,\ D<0$
(2) $ax^2+bx+c\ge 0$이 성립한다. $\rightarrow a>0,\ D\le 0$
(3) $ax^2+bx+c<0$이 성립한다. $\rightarrow a<0,\ D<0$
(4) $ax^2+bx+c\ge 0$이 성립한다. $\rightarrow a<0,\ D\le 0$

대표문제 4

모든 실수 x에 대하여 $\sqrt{(k-2)x^2-(k-2)x+2}$가 실수가 되도록 하는 실수 k의 최댓값과 최솟값의 합을 구하시오.

4-1

임의의 실수 x, y에 대하여 부등식

$$x^2+4xy+5y^2-2ay+4\ge 0$$

이 성립하도록 하는 정수 a의 개수는?

① 1 ② 2 ③ 3
④ 4 ⑤ 5

4-2

≫ 학평 기출

모든 실수 x에 대하여 부등식

$$-x^2+3x+2\le mx+n\le x^2-x+4$$

가 성립할 때, m^2+n^2의 값은? (단, m, n은 상수이다.)

① 8 ② 10 ③ 12
④ 14 ⑤ 16

예상 기출

3 STEP 만점 도전 하기

A 예상 문제로 마무리

01

최고차항의 계수가 1인 이차함수 $y=f(x)$는 $x=p$일 때 최솟값 -4를 갖는다. 이차방정식 $x^2-2x-3=0$의 서로 다른 두 실근 중 한 근만이 이차방정식 $f(x)=0$의 두 근 사이에 있도록 하는 정수 p의 개수를 구하시오.

02

최고차항의 계수가 1인 이차식 $f(x)$가 다음 조건을 만족시킨다.

(가) $f(x)$를 $x+2$로 나눈 나머지는 5이다.
(나) 모든 실수 x에 대하여 $f(x)=f(2-x)$이다.

모든 실수 x에 대하여 부등식 $f(2x)+f(-x)\geq k$가 항상 성립하도록 하는 정수 k의 최댓값은?

① -9 ② -8 ③ -7
④ -6 ⑤ -5

03

이차함수 $y=x^2-ax$의 그래프와 직선 $y=-2x+2a$가 서로 다른 두 점 A, B에서 만난다. $\overline{AB}=7\sqrt{5}$일 때, 이차부등식 $x^2-ax\leq-2x+2a$를 만족시키는 정수 x의 개수를 구하시오.
(단, $a>0$)

04

x에 대한 연립부등식

$$\begin{cases} |x-2|\leq 2n \\ 4x-5n-2\leq 2x-n \end{cases}$$

을 만족시키는 모든 정수 x의 값의 합이 50 이상이 되도록 하는 자연수 n의 최솟값은?

① 8 ② 9 ③ 10
④ 11 ⑤ 12

05 레벨 UP

두 이차함수 $f(x)=x^2-2x-3$, $g(x)=-x^2+4x+5$와 일차함수 $h(x)=ax+b$에 대하여 부등식 $f(x)\leq h(x)$의 해와 부등식 $g(x)\geq h(x)$의 해가 서로 같을 때, 연립부등식

$$\begin{cases} f(x)\leq ax+k \\ g(x)\geq ax+k \end{cases}$$

의 해가 존재하도록 하는 모든 정수 k의 값의 합은 c이다. $a+b+c$의 값은? (단, a, b는 상수이다.)

① 13 ② 15 ③ 17
④ 19 ⑤ 21

B 기출 문제로 마무리

06

≫ 학평 기출

그림과 같이 일직선 위의 세 지점 A, B, C에 같은 제품을 생산하는 공장이 있다. A와 B 사이의 거리는 10 km, B와 C 사이의 거리는 30 km, A와 C 사이의 거리는 20 km이다. 이 일직선 위의 A와 C 사이에 보관창고를 지으려고 한다. 공장과 보관창고와의 거리가 x km일 때, 제품 한 개당 운송비는 x^2원이 든다고 하자. 세 지점 A, B, C의 공장에서 하루에 생산되는 제품이 각각 100개, 200개, 300개일 때, 하루에 드는 총 운송비가 155,000원 이하가 되도록 하는 보관창고는 A지점에서 최대 몇 km 떨어진 지점까지 지을 수 있는가?

(단, 공장과 보관창고의 크기는 무시한다.)

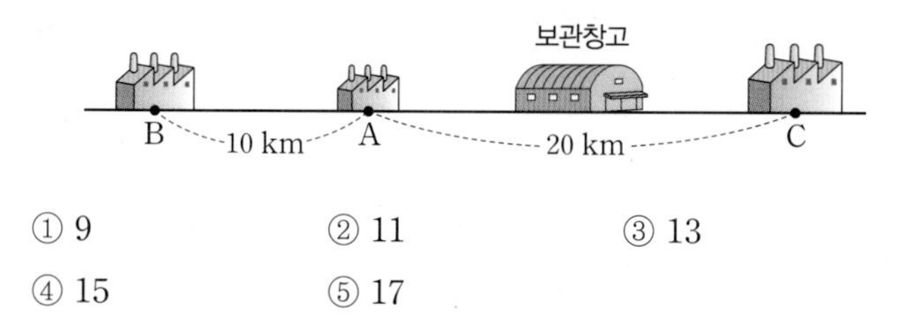

① 9 ② 11 ③ 13 ④ 15 ⑤ 17

07

≫ 학평 기출

그림과 같이 이차함수 $f(x)=-x^2+2kx+k^2+4\ (k>0)$의 그래프가 y축과 만나는 점을 A라 하자. 점 A를 지나고 x축에 평행한 직선이 이차함수 $y=f(x)$의 그래프와 만나는 점 중 A가 아닌 점을 B라 하고, 점 B에서 x축에 내린 수선의 발을 C라 하자. 사각형 OCBA의 둘레의 길이를 $g(k)$라 할 때, 부등식 $14\le g(k)\le 78$을 만족시키는 모든 자연수 k의 값의 합을 구하시오. (단, O는 원점이다.)

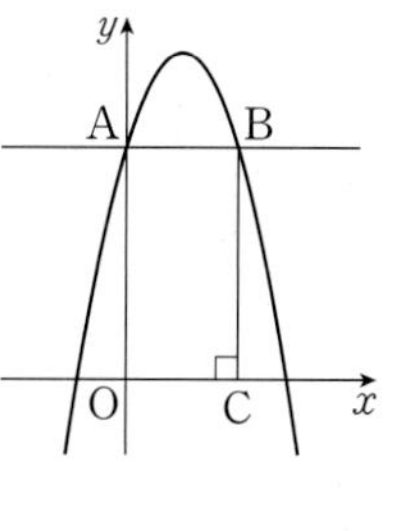

08

≫ 학평 기출

x에 대한 이차부등식

$$(2x-a^2+2a)(2x-3a)\le 0$$

의 해가 $\alpha\le x\le\beta$이다. 두 실수 α, β가 다음 조건을 만족시킬 때, 모든 실수 a의 값의 합을 구하시오.

> (가) $\beta-\alpha$는 자연수이다.
> (나) $\alpha\le x\le\beta$를 만족하는 정수 x의 개수는 3이다.

09

≫ 학평 기출

최고차항의 계수가 각각 $\frac{1}{2}$, 2인 두 이차함수 $y=f(x)$, $y=g(x)$가 다음 조건을 만족시킨다.

> (가) 두 함수 $y=f(x)$와 $y=g(x)$의 그래프는 직선 $x=p$를 축으로 한다.
> (나) 부등식 $f(x)\ge g(x)$의 해는 $-1\le x\le 5$이다.

$p\times\{f(2)-g(2)\}$의 값을 구하시오. (단, p는 상수이다.)

10

≫ 학평 기출

x, y에 대한 연립방정식

$$\begin{cases} xy+3(x+y)=0 \\ xy-3(x+y)=k-9 \end{cases}$$

를 만족시키는 실수인 x, y가 존재하도록 하는 100 이하의 자연수 k의 개수를 구하시오.

Ⅲ. 도형의 방정식

평면좌표와 직선의 방정식

교과서 핵/심/개/념

개념 1 두 점 사이의 거리 (유형 ①, ②)

좌표평면 위의 두 점 $\mathrm{A}(x_1, y_1)$, $\mathrm{B}(x_2, y_2)$ 사이의 거리는

$\overline{\mathrm{AB}}=\sqrt{(x_2-x_1)^2+(y_2-y_1)^2}$ → 원점 O와 점 $\mathrm{A}(x_1, y_1)$ 사이의 거리는 $\overline{\mathrm{OA}}=\sqrt{x_1^2+y_1^2}$

개념 2 선분의 내분점과 외분점 (유형 ③)

(1) 좌표평면 위의 선분의 내분점과 외분점

좌표평면 위의 두 점 $\mathrm{A}(x_1, y_1)$, $\mathrm{B}(x_2, y_2)$에 대하여 선분 AB를 $m:n$ $(m>0,\ n>0)$으로 내분하는 점 P, 외분하는 점 Q의 좌표는

$$\mathrm{P}\left(\frac{mx_2+nx_1}{m+n}, \frac{my_2+ny_1}{m+n}\right)$$

$$\mathrm{Q}\left(\frac{mx_2-nx_1}{m-n}, \frac{my_2-ny_1}{m-n}\right) \text{ (단, } m\neq n\text{)}$$

특히 선분 AB의 중점 M의 좌표는 $\mathrm{M}\left(\frac{x_1+x_2}{2}, \frac{y_1+y_2}{2}\right)$

(2) 삼각형의 무게중심

좌표평면 위의 세 점 $\mathrm{A}(x_1, y_1)$, $\mathrm{B}(x_2, y_2)$, $\mathrm{C}(x_3, y_3)$을 꼭짓점으로 하는 삼각형 ABC의 무게중심 G의 좌표는

$$\mathrm{G}\left(\frac{x_1+x_2+x_3}{3}, \frac{y_1+y_2+y_3}{3}\right)$$

개념 3 직선의 방정식 (유형 ④, ⑤)

(1) 점 (x_1, y_1)을 지나고 기울기가 m인 직선의 방정식은

$$y-y_1=m(x-x_1)$$

(2) 서로 다른 두 점 $\mathrm{A}(x_1, y_1)$, $\mathrm{B}(x_2, y_2)$를 지나는 직선의 방정식은

① $x_1\neq x_2$일 때, $y-y_1=\frac{y_2-y_1}{x_2-x_1}(x-x_1)$

② $x_1=x_2$일 때, $x=x_1$

개념 4 두 직선의 위치 관계 (유형 ⑥)

위치 관계 \ 두 직선	$\begin{cases} y=mx+n \\ y=m'x+n' \end{cases}$	$\begin{cases} ax+by+c=0 \\ a'x+b'y+c'=0 \end{cases}$
평행하다.	$m=m'$, $n\neq n'$ 기울기는 같고, y절편은 다르다.	$\frac{a}{a'}=\frac{b}{b'}\neq\frac{c}{c'}$
일치한다.	$m=m'$, $n=n'$ 기울기와 y절편이 각각 같다.	$\frac{a}{a'}=\frac{b}{b'}=\frac{c}{c'}$
한 점에서 만난다.	$m\neq m'$ 두 직선의 기울기가 다르다.	$\frac{a}{a'}\neq\frac{b}{b'}$
수직이다.	$mm'=-1$ 기울기의 곱이 -1이다.	$aa'+bb'=0$

개념 5 점과 직선 사이의 거리 (유형 ⑦, ⑧)

점 $\mathrm{P}(x_1, y_1)$과 직선 $ax+by+c=0$ 사이의 거리 d는 $d=\frac{|ax_1+by_1+c|}{\sqrt{a^2+b^2}}$

기본 다지기

| 해답 53쪽 |

1 두 점 $\mathrm{A}(-1, 2)$, $\mathrm{B}(3, 2a)$에 대하여 $\overline{\mathrm{AB}}=2\sqrt{5}$일 때, 양수 a의 값은?

① 2 ② $\sqrt{5}$ ③ $\sqrt{6}$
④ $\sqrt{7}$ ⑤ $2\sqrt{2}$

2 두 점 $\mathrm{A}(-1, 1)$, $\mathrm{B}(5, 4)$에 대하여 선분 AB를 $2:1$로 내분하는 점 P와 외분하는 점 Q의 좌표를 각각 구하시오.

3 두 점 $(1, -1)$, $(3, 5)$를 지나는 직선의 방정식이 $y=ax+b$일 때, 상수 a, b에 대하여 $a-b$의 값을 구하시오.

4 점 $(-1, 1)$을 지나고 직선 $y=3x-1$에 평행한 직선이 점 $(2, k)$를 지날 때, k의 값은?

① -10 ② -5 ③ 0
④ 5 ⑤ 10

5 점 $(2, 6)$과 직선 $x-3y-4=0$ 사이의 거리를 l이라 할 때, l^2의 값을 구하시오.

핵심 빈출

1 STEP 필수 유형 다지기

| 해답 53쪽 |

유형 ① 두 점 사이의 거리

01

두 점 A(0, 2), B(a, $-a+6$)에 대하여 선분 AB의 길이의 최솟값은?

① $\sqrt{5}$ ② $\sqrt{6}$ ③ $\sqrt{7}$
④ $2\sqrt{2}$ ⑤ 3

02

두 점 A(4, 1), B(0, 5)와 직선 $y=2x-2$ 위의 점 P에 대하여 $\overline{AP}=\overline{BP}$가 성립할 때, 원점과 점 P 사이의 거리는?

① 4 ② $3\sqrt{2}$ ③ 5
④ $4\sqrt{2}$ ⑤ 6

중요

03

세 점 A(0, 2), B(2, 0), C(6, 4)를 꼭짓점으로 하는 삼각형 ABC는 어떤 삼각형인가?

① 정삼각형
② $\overline{BC}=\overline{CA}$인 이등변삼각형
③ $\angle A=90°$인 직각이등변삼각형
④ $\angle B=90°$인 직각삼각형
⑤ 둔각삼각형

유형 ② 선분의 길이의 합의 최솟값

| 핵심 전략 | 두 점 사이의 거리를 구하는 공식을 이용하여 이차식을 세운 후, 이차식의 최솟값을 구한다.

04

두 점 A(0, 2), B(4, 4)와 x축 위의 점 P에 대하여 $\overline{AP}^2+\overline{BP}^2$의 최솟값은?

① 20 ② 22 ③ 24
④ 26 ⑤ 28

05

서술형

두 실수 x, y에 대하여

$$\sqrt{(x+2)^2+y^2}+\sqrt{(x-2)^2+y^2}$$

의 최솟값을 구하시오.

유형 ③ 선분의 내분점과 외분점

06

두 점 P(-1, 1), Q(2, 4)에 대하여 선분 PQ를 $k:5$로 외분하는 점이 직선 $x+y=-4$ 위에 있을 때, k의 값을 구하시오.

07

두 점 A(-5, 2), B(1, 8)에 대하여 선분 AB의 연장선 위의 점 P(a, b)가 $2\overline{AB}=3\overline{BP}$를 만족시킬 때, $a+b$의 값은?

① 11 ② 13 ③ 15
④ 17 ⑤ 19

중요

08 ●●●

삼각형 ABC에서 $\overline{AB}$의 중점의 좌표는 $(2, 5)$, 삼각형 ABC의 무게중심의 좌표는 $(3, 4)$이다. 이때 점 C의 좌표는?

① $\left(\frac{5}{2}, \frac{9}{2}\right)$ ② $(3, 4)$ ③ $\left(\frac{7}{2}, \frac{7}{2}\right)$
④ $(4, 3)$ ⑤ $(5, 2)$

유형 4 직선의 방정식

09 ●○○

$ab=0$, $ac<0$일 때, 직선 $ax+by+c=0$이 지나는 사분면은?

① 제1사분면, 제2사분면 ② 제1사분면, 제3사분면
③ 제1사분면, 제4사분면 ④ 제2사분면, 제3사분면
⑤ 제2사분면, 제4사분면

10 ●●○

두 점 $(-3, 1)$, $(5, 7)$을 이은 선분의 중점을 지나고 기울기가 2인 직선과 x축, y축으로 둘러싸인 도형의 넓이를 구하시오.

11 ●●○

두 직선 $2x+y-3=0$, $2x-3y+1=0$의 교점과 점 $(4, -2)$를 지나는 직선을 l이라 하자. 점 $(a, 4)$가 직선 l 위의 점일 때, a의 값을 구하시오.

12 ●●● 서술형

오른쪽 그림과 같은 두 직사각형의 넓이를 동시에 이등분하는 직선의 방정식이 $y=ax+b$일 때, 상수 a, b에 대하여 $10ab$의 값을 구하시오.

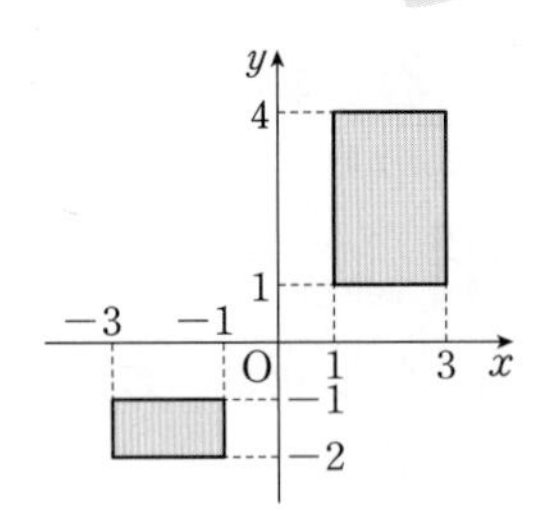

유형 5 정점을 지나는 직선

| 핵심 전략 | 직선 $y-b=m(x-a)$는 m의 값에 관계없이 항상 점 (a, b)를 지난다.

13 ●●○

직선 $(1+k)x+(1-k)y-1+3k=0$이 실수 k의 값에 관계없이 항상 점 (a, b)를 지날 때, ab의 값을 구하시오.

14 ●●●

두 직선 $y=-x+2$, $y=mx+m+1$이 제1사분면에서 만나도록 하는 실수 m의 값의 범위가 $\alpha<m<\beta$일 때, $\beta-3\alpha$의 값을 구하시오.

유형 6 두 직선의 위치 관계

중요

15 ●●○

두 직선 $kx-2y+3=0$, $2x-(k-3)y-6=0$이 평행하도록 하는 상수 k의 값을 a, 수직이 되도록 하는 상수 k의 값을 b라 할 때, ab의 값을 구하시오.

16 ●●○

두 점 A(0, −1), B(4, 1)에 대하여 $\overline{AP}=\overline{BP}$를 만족시키는 점 P가 나타내는 도형의 방정식은 $y=ax+b$이다. 상수 a, b에 대하여 ab의 값은?

① −16 ② −8 ③ −4
④ −2 ⑤ −1

17 ●●● 서술형

세 점 O(0, 0), A(a, b), B(−6, 2)를 꼭짓점으로 하는 삼각형 OAB가 있다. 각 꼭짓점을 지나면서 그 대변에 수직인 직선이 한 점 H(−3, 3)에서 만날 때, a^2+b^2의 값을 구하시오.

유형 7 점과 직선 사이의 거리

18 ●○○

점 (0, k)에서 두 직선 $x+2y=1$, $2x-y=-2$에 이르는 거리가 같도록 하는 양수 k의 값을 구하시오.

중요

19 ●●○

점 (−1, 4)를 지나는 직선에 대하여 이 직선과 점 (1, 0) 사이의 거리가 $\sqrt{10}$일 때, 이 직선의 모든 기울기의 곱은?

① −3 ② −1 ③ $-\frac{1}{3}$
④ 1 ⑤ 3

20 ●●○

직선 $3x-2y-1=0$과 수직이고 원점으로부터의 거리가 $3\sqrt{13}$인 직선 중 제3사분면을 지나지 않는 직선의 y절편을 구하시오.

21 ●●● 서술형

원점과 직선 $x-2y+3+k(2x-y)=0$ 사이의 거리가 최대가 되도록 하는 k의 값을 α라 할 때, $25\alpha^2$의 값을 구하시오.
(단, k는 상수이다.)

유형 8 평행한 두 직선 사이의 거리

| 핵심 전략 | 평행한 두 직선 l, l' 사이의 거리는 직선 l 위의 임의의 한 점과 직선 l' 사이의 거리와 같다.

22 ●○○

두 직선 $3x+4y=0$, $3x+4y+k=0$ 사이의 거리가 3일 때, 양수 k의 값을 구하시오.

23 ●●●

오른쪽 그림과 같이 두 점 O(0, 0), A(4, 2)와 직선 $x-2y+10=0$ 위의 점 P를 꼭짓점으로 하는 삼각형 OAP의 넓이는?

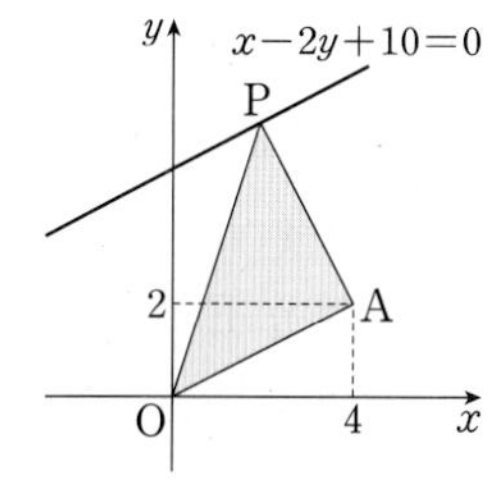

① 8 ② 9
③ 10 ④ 11
⑤ 12

심화 빈출

2 STEP 출제 유형 PICK

1 내분점, 외분점과 삼각형의 무게중심의 활용

| 핵심 전략 | (1) 좌표평면 위의 두 점 $A(x_1, y_1)$, $B(x_2, y_2)$를 잇는 선분 AB를 $m:n$ $(m>0, n>0)$으로 내분하는 점 P, 외분하는 점 Q의 좌표는

$P\left(\frac{mx_2+nx_1}{m+n}, \frac{my_2+ny_1}{m+n}\right)$, $Q\left(\frac{mx_2-nx_1}{m-n}, \frac{my_2-ny_1}{m-n}\right)$ (단, $m\neq n$)

(2) 좌표평면 위의 세 점 $A(x_1, y_1)$, $B(x_2, y_2)$, $C(x_3, y_3)$을 꼭짓점으로 하는 삼각형 ABC의 무게중심 G의 좌표는 $G\left(\frac{x_1+x_2+x_3}{3}, \frac{y_1+y_2+y_3}{3}\right)$

대표 문제 1

삼각형 ABC에서 변 AB를 $3:2$로 내분하는 점의 좌표가 $(2, 4)$, 변 BC를 $3:1$로 내분하는 점의 좌표가 $(5, 7)$, 변 CA를 $2:1$로 내분하는 점의 좌표가 $(6, -8)$일 때, 삼각형 ABC의 무게중심의 좌표는 (a, b)이다. $a+b$의 값을 구하시오.

1-1

세 점 $A(2, 5)$, $B(-4, 2)$, $C(5, -1)$을 꼭짓점으로 하는 삼각형 ABC에서 변 AB, BC, CA를 $1:2$로 내분하는 점을 각각 D, E, F라 할 때, 삼각형 DEF의 무게중심의 좌표를 구하시오.

1-2

≫ 학평 기출

그림과 같이 좌표평면에 원점 O를 한 꼭짓점으로 하는 삼각형 OAB가 있다. 선분 OA를 $2:1$로 외분하는 점을 C, 선분 OB를 $2:1$로 외분하는 점을 D라 할 때, 두 선분 AD와 BC의 교점을 $E(p, q)$라 하자. 삼각형 OAB의 무게중심의 좌표가 $(5, 4)$일 때, $p+q$의 값은?

① 12 ② 14 ③ 16
④ 18 ⑤ 20

2 내분, 외분과 도형의 넓이

| 핵심 전략 | (1) 일직선 위의 세 점 A, B, C가 이 순서로 놓여 있고 $\overline{AB}:\overline{BC}=m:n$일 때

① 점 A는 $\overline{BC}$를 $m:(m+n)$으로 외분한다.
② 점 B는 $\overline{AC}$를 $m:n$으로 내분한다.
③ 점 C는 $\overline{AB}$를 $(m+n):n$으로 외분한다.

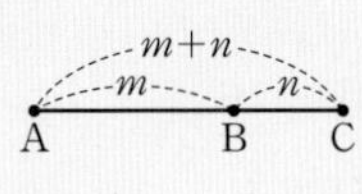

(2) 높이가 같은 두 삼각형의 넓이의 비는 밑변의 길이의 비와 같다.

대표 문제 2

삼각형 ABC에서 변 AB를 $1:2$로 내분하는 점을 D, 변 BC를 $1:2$로 외분하는 점을 E, 변 CA를 $3:2$로 외분하는 점을 F라 하자. 삼각형 FEC의 넓이가 삼각형 ADC의 넓이의 k배라 할 때, 상수 k의 값을 구하시오.

2-1

오른쪽 그림과 같이 세 점 $A(0, 5)$, $B(-3, -4)$, $C(5, 0)$을 꼭짓점으로 하는 삼각형 ABC가 있다. 점 D는 선분 BC를 $3:1$로 내분하는 점이고, 삼각형 ABC의 넓이가 삼각형 ABE의 넓이의 2배일 때, 점 E의 좌표는 (a, b)이다. 이때 $a+b$의 값을 구하시오.

(단, 점 E는 선분 AD 위에 있다.)

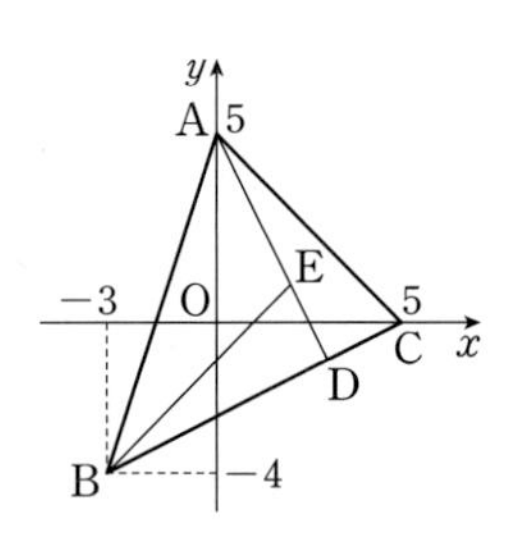

2-2

≫ 학평 기출

좌표평면 위의 네 점 $A(3, 0)$, $B(6, 0)$, $C(3, 6)$, $D(1, 4)$를 꼭짓점으로 하는 사각형 ABCD에서 선분 AD를 $1:3$으로 내분하는 점을 지나는 직선 l이 사각형 ABCD의 넓이를 이등분한다. 직선 l이 선분 BC와 만나는 점의 좌표가 (a, b)일 때, $a+b$의 값은?

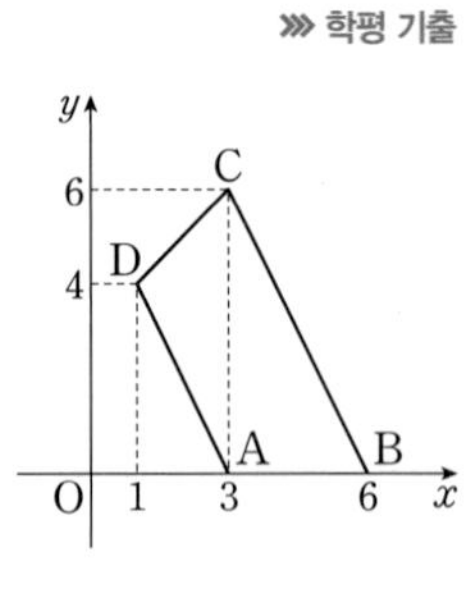

① $\frac{13}{2}$ ② 7 ③ $\frac{15}{2}$
④ 8 ⑤ $\frac{17}{2}$

3 두 직선의 위치 관계의 활용

핵심 전략 서로 다른 세 직선이 삼각형을 이루지 않는 경우
(1) 세 직선이 한 점에서 만날 때
(2) 세 직선 중 두 직선이 평행할 때
(3) 세 직선이 모두 평행할 때

대표문제 3

세 직선 $x+2y=3$, $x+ay-8=0$, $2x-ay+5=0$에 의하여 좌표평면이 6개의 영역으로 나누어질 때, 모든 실수 a의 값의 합을 구하시오.

3-1

세 직선 $2x-y=3$, $3x+y=2$, $kx+y=4$가 삼각형을 이루지 않도록 하는 모든 실수 k의 값의 곱은?

① -30　② -10　③ -6
④ 6　⑤ 30

3-2

≫ 학평 기출

좌표평면에서 세 직선

$$y=2x,\ y=-\frac{1}{2}x,\ y=mx+5\ (m>0)$$

로 둘러싸인 도형이 이등변삼각형일 때, m의 값은?

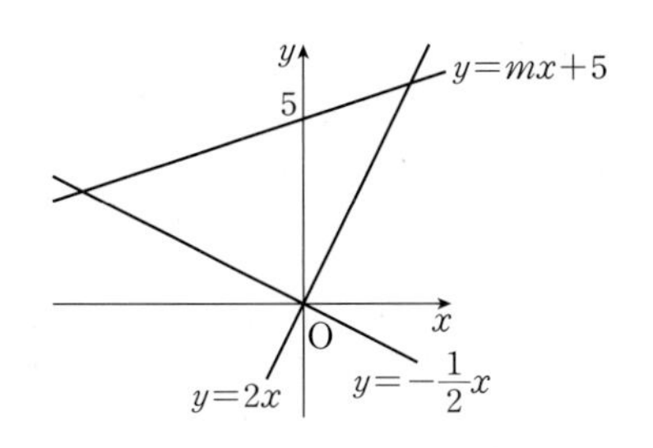

① $\frac{1}{3}$　② $\frac{2}{5}$　③ $\frac{7}{15}$
④ $\frac{8}{15}$　⑤ $\frac{3}{5}$

4 직선의 방정식의 활용 – 도형의 넓이

핵심 전략 세 직선으로 둘러싸인 삼각형의 넓이는 다음 순서로 구한다.
① 삼각형의 세 꼭짓점 A, B, C의 좌표 구하기
② $\overline{AB}$의 길이 구하기
③ 점 C와 직선 AB 사이의 거리 h 구하기
④ $\triangle ABC=\frac{1}{2}\times\overline{AB}\times h$

대표문제 4

세 직선

$$2x-y+2=0,\ 4x+3y-26=0,\ 4x-7y-6=0$$

으로 둘러싸인 삼각형의 넓이를 구하시오.

4-1

직선 $(1+2k)x+(3-k)y+1-5k=0$이 세 점 A$(2, -1)$, B$(-3, 2)$, C$(1, 4)$를 꼭짓점으로 하는 삼각형 ABC의 넓이를 이등분할 때, 상수 k의 값은?

① $\frac{1}{2}$　② $\frac{3}{4}$　③ $\frac{5}{6}$
④ $\frac{7}{8}$　⑤ $\frac{9}{10}$

4-2

≫ 학평 기출

그림과 같이 좌표평면 위의 네 점 O$(0, 0)$, A$(18, 0)$, B$(18, 18)$, C$(0, 18)$을 꼭짓점으로 하는 정사각형 OABC에 대하여 점 $(9, 9)$를 지나고 x축과 만나는 세 직선 l, m, n이 정사각형 OABC의 넓이를 6등분한다. 직선 l의 x절편을 a라 하고 $6\le a\le 10$일 때, 두 직선 m과 n의 기울기의 곱의 최댓값은 α, 최솟값은 β이다. $\alpha^2+\beta^2=\frac{q}{p}$일 때, $p+q$의 값을 구하시오.

(단, p와 q는 서로소인 자연수이다.)

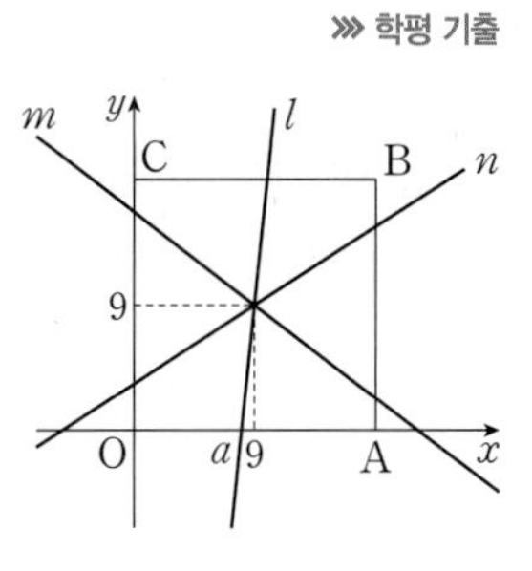

예상 기출

3 STEP 만점 도전 하기

A 예상 문제로 마무리

01

좌표평면에서 최고차항의 계수가 1인 이차함수 $y=f(x)$의 그래프와 직선 $y=4x$가 서로 다른 두 점 A, B에서 만나고, 두 점 A, B의 x좌표는 각각 -1, 6이다. 이차함수 $y=f(x)$의 그래프가 x축과 만나는 점 중에서 x좌표가 양수인 점을 C라 하자. 점 C를 지나는 직선 $y=ax+b$가 삼각형 ABC의 넓이를 이등분할 때, 상수 a, b에 대하여 $a+b$의 값을 구하시오.

02

좌표평면에서 직선 $(1-2k)x-(k+1)y+3=0$이 실수 k의 값에 관계없이 항상 점 P를 지난다. 점 P를 지나고 기울기가 m $(m>0)$인 직선을 l이라 하고, 점 P를 지나고 직선 l에 수직인 직선을 l'이라 하자. 직선 l과 y축의 교점을 A, 직선 l'과 x축의 교점을 B라 할 때, 삼각형 AOB의 넓이가 26보다 크도록 하는 자연수 m의 최솟값을 구하시오.

(단, O는 원점이다.)

03

평행사변형 ABCD에서 세 꼭짓점 A, B, C의 좌표는 A(4, 6), B(2, 1), C(8, 2)이다. 두 점 B, D로부터 같은 거리에 있는 x축 위의 점을 P, y축 위의 점을 Q라고 하자. 삼각형 BPD의 무게중심을 G_1, 삼각형 BDQ의 무게중심을 G_2라 할 때, 선분 G_1G_2의 길이는?

① 3 ② 4 ③ 5
④ 6 ⑤ 7

04 레벨 UP

좌표평면 위의 세 점 O(0, 0), A(4, 3), B가 다음 조건을 만족시킨다.

> (가) 삼각형 OAB의 넓이는 10이다.
> (나) $\overline{OA}=\overline{AB}$

선분 OB의 길이가 최대일 때의 점 B의 위치를 점 P라 할 때, 점 A와 직선 OP 사이의 거리는 k이다. $4k^2$의 값을 구하시오.

B 기출 문제로 마무리

05

>>> 학평 기출

$\overline{AB}=2\sqrt{3}$, $\overline{BC}=2$인 삼각형 ABC에서 선분 BC의 중점을 D라 할 때, $\overline{AD}=\sqrt{7}$이다. 각 ACB의 이등분선이 선분 AB와 만나는 점을 E, 선분 CE와 선분 AD가 만나는 점을 P, 각 APE의 이등분선이 선분 AB와 만나는 점을 R, 선분 PR의 연장선이 선분 BC와 만나는 점을 Q라 하자. 삼각형 PRE의 넓이를 S_1, 삼각형 PQC의 넓이를 S_2라 할 때, $\frac{S_2}{S_1}=a+b\sqrt{7}$이다. ab의 값은? (단, a, b는 유리수이다.)

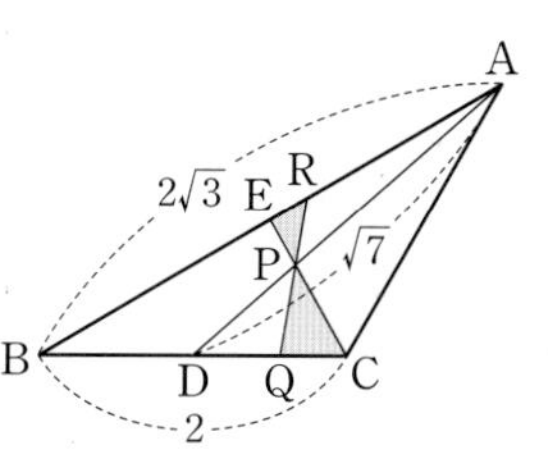

① -16 ② -14 ③ -12
④ -10 ⑤ -8

06

>>> 학평 기출

그림과 같이 A, B, C 세 지점이 있다. B는 A로부터 동쪽으로 12 km만큼, 북쪽으로 6 km만큼 떨어진 곳에 있으며, C는 A로부터 동쪽으로 15 km만큼 떨어진 곳에 있다.

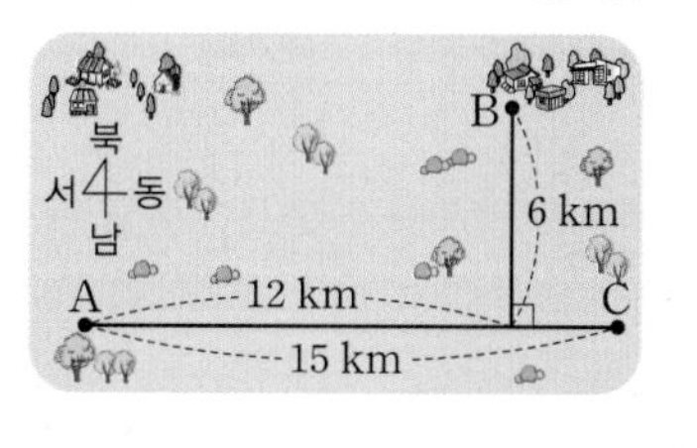

어떤 건설회사가 A, B, C 각 지점에서 어느 D 지점까지 도로를 건설하려고 한다. 각 구간별 건설예정인 도로의 건설비용은 오른쪽 그림과 같이 거리에 정비례한다.

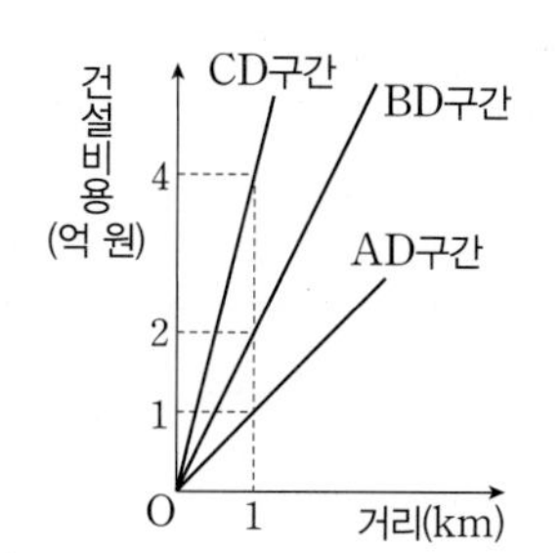

A, B, C 각 지점에서 D 지점까지의 각각의 도로 건설비용이 모두 같은 D 지점은 두 곳이다. 이 두 지점 사이의 거리를 x(km)라 할 때, x의 값을 구하시오. (단, 네 지점 A, B, C, D는 동일 평면에 위치하며 모든 도로는 두 지점을 직선으로 연결한 평면상의 도로이다.)

07

>>> 학평 기출

제1사분면 위의 점 A와 제3사분면 위의 점 B에 대하여 두 점 A, B가 다음 조건을 만족시킨다.

> (가) 두 점 A, B는 직선 $y=x$ 위에 있다.
> (나) $\overline{OB}=2\overline{OA}$

점 A에서 y축에 내린 수선의 발을 H, 점 B에서 x축에 내린 수선의 발을 L이라 하자. 직선 AL과 직선 BH가 만나는 점을 P, 직선 OP가 직선 LH와 만나는 점을 Q라 하자. 세 점 O, Q, L을 지나는 원의 넓이가 $\frac{81}{2}\pi$일 때, $\overline{OA}\times\overline{OB}$의 값을 구하시오. (단, O는 원점이다.)

08

>>> 학평 기출

그림과 같이 좌표평면 위의 네 점 O(0, 0), A(4, 0), B(4, 5), C(0, 5)에 대하여 선분 BA의 양 끝 점이 아닌 서로 다른 두 점 D, E가 선분 BA 위에 있다. 직선 OD와 직선 CE가 만나는 점을 F(a, b)라 하면 사각형 OAEF의 넓이는 사각형 BCFD의 넓이보다 4만큼 크고, 직선 OD와 직선 CE의 기울기의 곱은 $-\frac{7}{9}$이다. 두 상수 a, b에 대하여 $22(a+b)$의 값을 구하시오. (단, $0<a<4$)

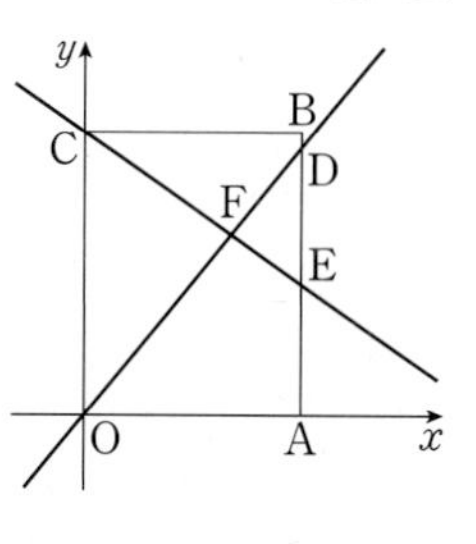

원의 방정식과 도형의 이동

교과서 핵/심/개/념

개념 1 원의 방정식 (유형 ①, ②, ③)

① 중심이 점 (a, b)이고 반지름의 길이가 r인 원의 방정식은

$(x-a)^2+(x-b)^2=r^2$ – 표준형

② x, y에 대한 이차방정식 $x^2+y^2+Ax+By+C=0$ (일반형) $(A^2+B^2-4C>0)$은 중심의 좌표가 $\left(-\frac{A}{2}, -\frac{B}{2}\right)$, 반지름의 길이가 $\frac{\sqrt{A^2+B^2-4C}}{2}$인 원을 나타낸다.

개념 2 원과 직선의 위치 관계 (유형 ④, ⑤)

원의 방정식과 직선의 방정식을 연립하여 얻은 이차방정식의 판별식을 D라 하면 원과 직선의 위치 관계는 다음과 같다.

① $D>0$일 때, 서로 다른 두 점에서 만난다.

② $D=0$일 때, 한 점에서 만난다. (접한다.)

③ $D<0$일 때, 만나지 않는다.

개념 3 원의 접선의 방정식 (유형 ⑥)

(1) 기울기가 주어진 원의 접선의 방정식

원 $x^2+y^2=r^2\,(r>0)$에 접하고 기울기가 m인 직선의 방정식은

$y=mx\pm r\sqrt{m^2+1}$

(2) 원 위의 점에서의 접선의 방정식

원 $x^2+y^2=r^2$ 위의 점 (x_1, y_1)에서의 접선의 방정식은

$x_1x+y_1y=r^2$

개념 4 평행이동 (유형 ⑦)

(1) 점의 평행이동: 좌표평면 위의 점 $\mathrm{P}(x, y)$를 x축의 방향으로 m만큼, y축의 방향으로 n만큼 평행이동한 점 P'의 좌표는

$\mathrm{P}'(x+m, y+n)$

(2) 도형의 평행이동: 방정식 $f(x, y)=0$이 나타내는 도형을 x축의 방향으로 m만큼, y축의 방향으로 n만큼 평행이동한 도형의 방정식은

$f(x-m, y-n)=0$

개념 5 대칭이동 (유형 ⑧)

(1) 점의 대칭이동: 점 (x, y)를 대칭이동한 점의 좌표는 다음과 같다.

x축	y축	원점	직선 $y=x$	직선 $y=-x$
$(x, -y)$	$(-x, y)$	$(-x, -y)$	(y, x)	$(-y, -x)$

(2) 도형의 대칭이동: 방정식 $f(x, y)=0$이 나타내는 도형을 대칭이동한 도형의 방정식은 다음과 같다.

x축	y축	원점	직선 $y=x$	직선 $y=-x$
$f(x, -y)=0$	$f(-x, y)=0$	$f(-x, -y)=0$	$f(y, x)=0$	$f(-y, -x)=0$

기본 다지기

| 해답 63쪽 |

1 두 점 $\mathrm{A}(1, 1)$, $\mathrm{B}(7, -7)$을 지름의 양 끝 점으로 하는 원의 방정식을 구하시오.

2 원 $x^2+y^2=3$과 직선 $y=x+k$가 서로 다른 두 점에서 만날 때, 실수 k의 값의 범위는 $\alpha<k<\beta$이다. $\beta-\alpha$의 값을 구하시오.

3 원 $x^2+y^2=45$ 위의 점 $(a, 3)$에서의 접선의 방정식이 $2x+by=15$일 때, 상수 a, b에 대하여 $a+b$의 값은?

① 7 ② 8 ③ 9 ④ 10 ⑤ 11

4 직선 $y=2x+1$을 x축의 방향으로 a만큼, y축의 방향으로 a만큼 평행이동한 직선이 원점을 지날 때, 상수 a의 값은?

① -3 ② -2 ③ -1 ④ 1 ⑤ 2

5 직선 $2x-3y-k=0$을 x축에 대하여 대칭이동한 직선이 점 $(2, 3)$을 지날 때, 상수 k의 값을 구하시오.

핵심 빈출

1 STEP 필수 유형 다지기

| 해답 63쪽 |

유형 1 원의 방정식

01

중심의 좌표가 $(a,\ 1)$이고 반지름의 길이가 a인 원이 점 $(4,\ 3)$을 지날 때, 이 원의 넓이는?

① $\frac{17}{4}\pi$　② $\frac{19}{4}\pi$　③ $\frac{21}{4}\pi$
④ $\frac{23}{4}\pi$　⑤ $\frac{25}{4}\pi$

중요

02

두 점 $A(a,\ 1)$, $B(-3,\ b)$를 지름의 양 끝 점으로 하는 원의 방정식이

$(x-1)^2+(y+2)^2=r^2$

일 때, $a^2-b^2+r^2$의 값을 구하시오.

03

서술형

중심이 직선 $y=x-2$ 위에 있고 두 점 $A(0,\ -4)$, $B(4,\ 0)$을 지나는 원의 방정식을 구하시오.

04

세 점 $A(-4,\ 0)$, $B(-2,\ -4)$, $C(5,\ 3)$을 지나는 원의 방정식이 $x^2+y^2+ax+by+c=0$일 때, 상수 a, b, c에 대하여 $a+b+c$의 값을 구하시오.

유형 2 좌표축에 접하는 원의 방정식

핵심 전략 ① x축에 접하는 원의 방정식: $(x-a)^2+(y-b)^2=b^2$
② y축에 접하는 원의 방정식: $(x-a)^2+(y-b)^2=a^2$
③ x축, y축에 동시에 접하는 원의 방정식: $(x\pm a)^2+(y\pm a)^2=a^2$

05

중심이 제1사분면의 직선 $y=2x+1$ 위에 있고 x축에 접하는 원이 점 $(1,\ 1)$을 지날 때, 이 원의 반지름의 길이는?

① 10　② 11　③ 12
④ 13　⑤ 14

06

점 $(-2,\ 1)$을 지나고 x축, y축에 동시에 접하는 두 원의 둘레의 길이의 합은?

① 6π　② 8π　③ 10π
④ 12π　⑤ 14π

07

y축에 접하는 원 $x^2+y^2+4x+ky+9=0$의 중심이 제3사분면 위에 있을 때, 상수 k의 값은?

① -6　② -2　③ 2
④ 6　⑤ 10

유형 ③ 방정식 $x^2+y^2+Ax+By+C=0$이 나타내는 도형

08 ●○○

방정식 $x^2+y^2-4x+4y=0$이 나타내는 도형의 넓이는?

① 6π ② 8π ③ 10π
④ 12π ⑤ 14π

09 ●●○ 서술형

방정식 $x^2+y^2-2kx-2y+k^2+k-4=0$이 중심이 제1사분면 위에 있는 원을 나타내도록 하는 모든 정수 k의 값의 합을 구하시오.

유형 ④ 원과 직선의 위치 관계

10 ●○○

원 $(x-2)^2+(y-1)^2=r^2$과 직선 $3x-4y+8=0$이 만나도록 하는 자연수 r의 최솟값은?

① 1 ② 2 ③ 3
④ 4 ⑤ 5

11 ●●○

원 $x^2+(y-2)^2=6$과 직선 $y=x+4$가 두 점 A, B에서 만날 때, 선분 AB의 길이는?

① 1 ② $\sqrt{2}$ ③ 2
④ $2\sqrt{2}$ ⑤ 4

12 ●●○

점 P$(6, -4)$에서 원 $x^2+y^2-2x-8=0$에 그은 접선의 접점을 Q라 할 때, 선분 PQ의 길이는?

① $\sqrt{2}$ ② 2 ③ $2\sqrt{2}$
④ 4 ⑤ $4\sqrt{2}$

13 ●●●

오른쪽 그림과 같이 직선 l: $x-2y+5=0$이 원 C와 점 P에서 접하고, 직선 l과 평행한 직선 l'이 점 Q에서 원 C와 접한다. 삼각형 POQ가 정삼각형일 때, 원 C의 방정식은 $(x-a)^2+(y-b)^2=r^2$이다. 상수 a, b, r에 대하여 $a^2-b^2+r^2$의 값은? (단, $a>0$, $b>0$이고, O는 원점이다.)

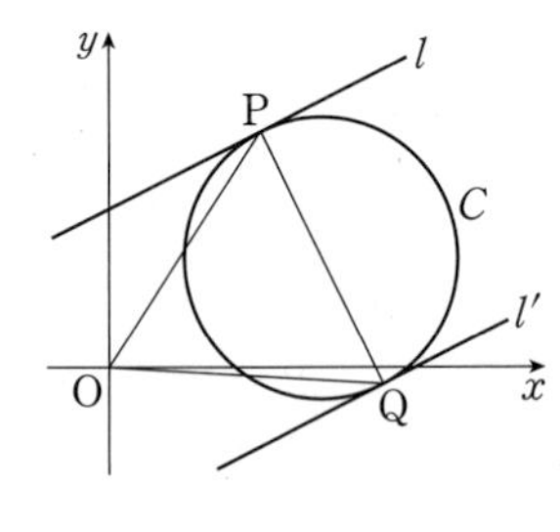

① 8 ② 10 ③ 12
④ 14 ⑤ 16

유형 ⑤ 원 위의 점과 직선 사이의 거리

| 핵심 전략 | 원의 중심과 직선 사이의 거리가 d, 원의 반지름의 길이가 r일 때, 원 위의 점과 직선 사이의 거리의 최댓값을 M, 최솟값을 m이라 하면
$M=d+r$, $m=d-r$

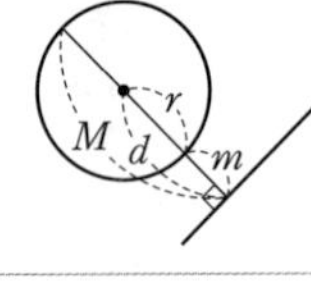

중요

14 ●●○

원 $x^2+y^2-6x+4y=0$ 위의 점 P와 직선 $2x-3y+14=0$ 사이의 거리의 최댓값을 M, 최솟값을 m이라 할 때, Mm의 값은?

① 13 ② 26 ③ 39
④ 52 ⑤ 65

15 ●●●

서술형

원 $x^2+y^2=9$와 직선 $4x-3y-5=0$이 만나는 두 점을 A, B라 할 때, 원 위의 점 P에 대하여 삼각형 PAB의 넓이의 최댓값을 구하시오.

유형 6 원의 접선의 방정식

16 ●○○

기울기가 -2이고 원 $x^2+y^2=r^2$에 접하는 직선이 점 $(1, 3)$을 지날 때, 양수 r의 값은?

① $\sqrt{2}$ ② $\sqrt{3}$ ③ 2
④ $\sqrt{5}$ ⑤ $\sqrt{6}$

17 ●●○

점 $(5, k)$에서 원 $x^2+y^2=25$에 그은 접선이 점 $(-3, 4)$를 지날 때, k의 값은?

① 6 ② 7 ③ 8
④ 9 ⑤ 10

18 ●●○

원 $x^2+y^2-2x+4y-3=0$ 위의 점 $(3, 0)$에서의 접선의 y절편을 구하시오.

중요

19 ●●○

점 $(4, 0)$에서 원 $x^2+y^2=4$에 그은 두 접선의 기울기의 곱은?

① -1 ② $-\frac{1}{2}$ ③ $-\frac{1}{3}$
④ $-\frac{1}{4}$ ⑤ $-\frac{1}{5}$

유형 7 평행이동

20 ●○○

평행이동 $(x, y) \longrightarrow (x+2, y-1)$에 의하여 점 $(a, 5)$가 직선 $y=2x-4$ 위의 점으로 옮겨질 때, a의 값은?

① -2 ② -1 ③ 0
④ 1 ⑤ 2

중요

21 ●●○

직선 $x+ky+2-k=0$을 x축의 방향으로 -3만큼, y축의 방향으로 m만큼 평행이동한 직선의 방정식이 $x+2y-3=0$일 때, $k+m$의 값은? (단, k는 상수이다.)

① -1 ② 2 ③ 5
④ 8 ⑤ 11

22 ●●○

서술형

포물선 $y=x^2-2x+2$의 꼭짓점을 x축의 방향으로 k만큼, y축의 방향으로 $2k$만큼 평행이동한 점 (a, b)가 이 포물선 위에 있을 때, $a+b+k$의 값을 구하시오. (단, $k \neq 0$)

23 ●●○

원 $(x-1)^2+(y+2)^2=9$를 y축의 방향으로 a만큼 평행이동하면 직선 $4x-3y+2=0$에 접할 때, 모든 상수 a의 값의 합을 구하시오.

유형 8 대칭이동

24 ●○○

직선 $3x-2y+1=0$을 직선 $y=x$에 대하여 대칭이동한 후 다시 y축에 대하여 대칭이동한 직선이 점 $(a, a-2)$를 지날 때, a의 값은?

① -2 ② -1 ③ 0
④ 1 ⑤ 2

25 ●○○

서술형

점 $\mathrm{P}(a, b)$를 x축, y축, 원점에 대하여 대칭이동한 점을 각각 Q, R, S라 할 때, 네 점 P, Q, R, S를 꼭짓점으로 하는 사각형의 넓이는 16이다. 이때 a^2b^2의 값을 구하시오.

26 ●●○

원 $x^2+y^2-2ax-2y=0$을 직선 $y=x$에 대하여 대칭이동한 원의 중심이 직선 $x-2y+3=0$ 위에 있을 때, 상수 a의 값은?

① -2 ② -1 ③ 0
④ 1 ⑤ 2

27 ●●○

포물선 $y=kx^2-6x-5$를 원점에 대하여 대칭이동한 포물선이 직선 $y=4kx-3$보다 항상 위쪽에 있을 때, 다음 중 상수 k의 값이 될 수 없는 것은?

① -5 ② -4 ③ -3
④ -2 ⑤ -1

중요

28 ●●●

제1사분면 위의 점 A를 직선 $y=x$에 대하여 대칭이동한 점을 B라 하자. x축 위의 점 P에 대하여 $\overline{\mathrm{AP}}+\overline{\mathrm{BP}}$의 최솟값이 $2\sqrt{2}$일 때, 선분 OA의 길이는? (단, O는 원점이다.)

① 1 ② $\sqrt{2}$ ③ $\sqrt{3}$
④ 2 ⑤ $\sqrt{5}$

심화 빈출

2 STEP 출제 유형 PICK

| 해답 67쪽 |

1 원의 성질의 활용 – 접선, 현

| 핵심 전략 | (1) 현의 길이

반지름의 길이가 r인 원의 중심에서 d만큼 떨어진 현의 길이를 l이라 하면

$l=2\sqrt{r^2-d^2}$

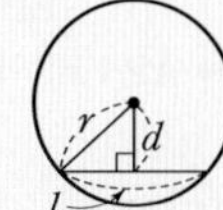

(2) 접선의 길이

원 밖의 한 점 P에서 원에 그은 접선의 접점을 Q라 하면

$\overline{PQ}=\sqrt{\overline{OP}^2-\overline{OQ}^2}$

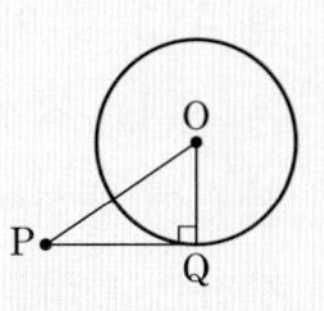

대표문제 1

중심이 직선 $x+2y-11=0$ 위에 있고, y축에 접하는 원 C가 있다. 원 C가 x축에 의하여 잘린 현의 길이가 8일 때, 원 C의 반지름의 길이를 구하시오.

(단, 원 C의 중심은 제1사분면 위에 있다.)

2 두 원의 위치 관계의 활용

| 핵심 전략 | (1) 두 점에서 만나는 두 원 $x^2+y^2+ax+by+c=0$, $x^2+y^2+a'x+b'y+c'=0$의 교점을 지나는 직선의 방정식은

$x^2+y^2+ax+by+c-(x^2+y^2+a'x+b'y+c')=0$

(2) 두 원의 공통인 현의 길이는 다음과 같은 순서로 구한다.

① 직선 AB의 방정식을 구한다.

② 점과 직선 사이의 거리를 이용하여 $\overline{OC}$의 길이를 구한다.

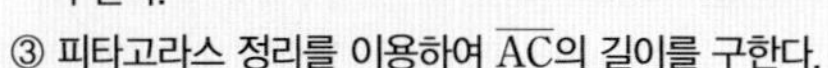
③ 피타고라스 정리를 이용하여 $\overline{AC}$의 길이를 구한다.

④ $\overline{AB}=2\overline{AC}$임을 이용한다.

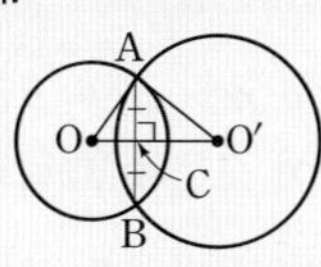

대표문제 2

원 $x^2+y^2=17$이 원 $x^2+y^2+2ax-2by=1$의 둘레를 이등분할 때, 두 원의 공통인 현의 길이는?

① 5 ② 6 ③ 7
④ 8 ⑤ 9

1-1

점 $\mathrm{P}(a,\ 1)$에서 원 $x^2+y^2+2x-4y=0$에 그은 두 접선이 서로 수직일 때, 모든 a의 값의 합은?

① -2 ② -1 ③ 0
④ 1 ⑤ 2

1-2

>>> 학평 기출

좌표평면에 원 $x^2+y^2-10x=0$이 있다. 이 원의 현 중에서 점 $\mathrm{A}(1,\ 0)$을 지나고 그 길이가 자연수인 현의 개수는?

① 6 ② 7 ③ 8
④ 9 ⑤ 10

2-1

두 원 $x^2+y^2+2x=k$, $x^2+y^2-2x-4y=13$의 공통인 현의 길이가 $2\sqrt{10}$이 되도록 하는 모든 실수 k의 값의 합을 구하시오.

2-2

>>> 학평 기출

좌표평면에 원 C_1: $(x+7)^2+(y-2)^2=20$이 있다. 그림과 같이 점 $\mathrm{P}(a,\ 0)$에서 원 C_1에 그은 두 접선을 l_1, l_2라 하자. 두 직선 l_1, l_2가 원 C_2: $x^2+(y-b)^2=5$에 모두 접할 때, 두 직선 l_1, l_2의 기울기의 곱을 c라 하자. $11(a+b+c)$의 값을 구하시오. (단, a, b는 양의 상수이다.)

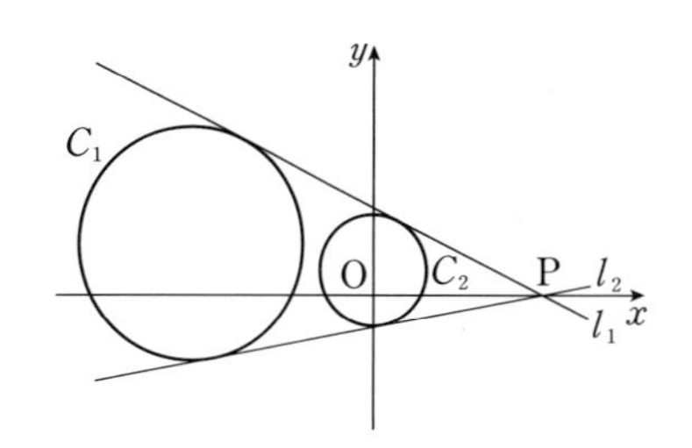

3 도형의 대칭이동

핵심 전략 (1) $f(x, y)=0 \to f(x, -y)=0$ ➜ x축에 대하여 대칭이동
(2) $f(x, y)=0 \to f(-x, y)=0$ ➜ y축에 대하여 대칭이동
(3) $f(x, y)=0 \to f(-x, -y)=0$ ➜ 원점에 대하여 대칭이동
(4) $f(x, y)=0 \to f(y, x)=0$ ➜ 직선 $y=x$에 대하여 대칭이동

대표문제 3

방정식 $f(x, y)=0$이 나타내는 도형이 오른쪽 그림과 같을 때, 이 도형과 방정식 $f(y, x)=0$, $f(x, 2-y)=0$이 나타내는 도형으로 둘러싸인 부분의 넓이는?

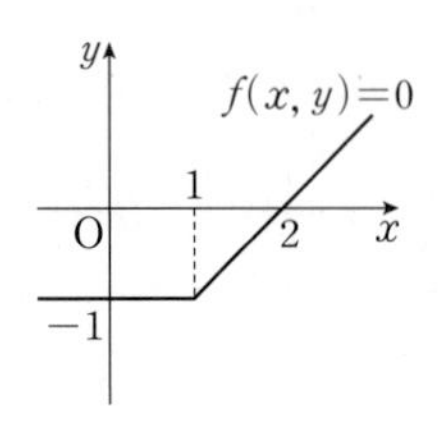

① 8 ② 10 ③ 12
④ 14 ⑤ 16

3-1

≫ 학평 기출

[그림 1]과 같이 $\overline{AD}=8$, $\overline{BC}=4$이고 높이가 2인 등변사다리꼴 모양의 종이를 접어 ∨ 모양을 만들려고 한다. 선분 BC의 중점을 M이라 하고, 선분 AD를 $1:3$으로 내분하는 점을 P, 선분 AD를 $3:1$로 내분하는 점을 Q라 하자. 선분 PM과 선분 QM을 접는 선으로 하여 두 점 B, C가 선분 AD의 중점에 오도록 종이를 접으면 [그림 2]와 같이 두 점 A, D는 각각 점 A′, D′으로 옮겨진다. 점 D′과 직선 A′M 사이의 거리를 d라 할 때, $50d^2$의 값을 구하시오. (단, 모든 점은 같은 평면 위에 있고, 종이의 두께는 무시한다.)

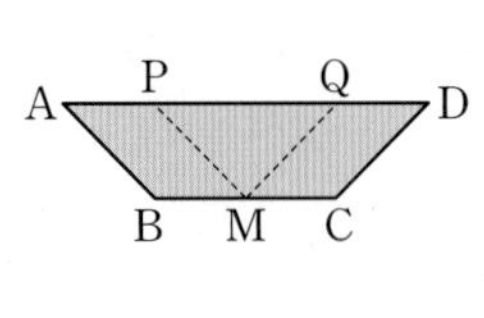

[그림 1]

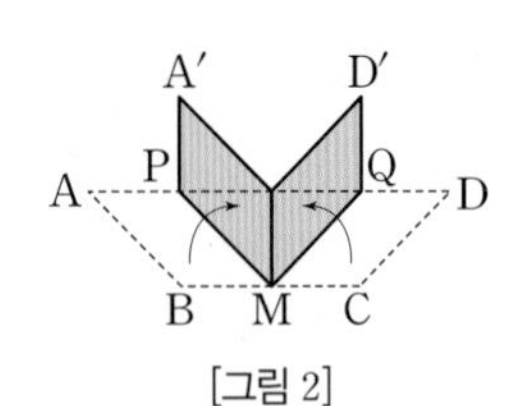

[그림 2]

4 대칭이동을 이용한 선분의 길이의 최솟값

핵심 전략 두 점 A, B와 직선 l 위의 점 P에 대하여 점 B를 직선 l에 대하여 대칭이동한 점을 B′이라 하면
$\overline{AP}+\overline{BP}=\overline{AP}+\overline{B'P}\geq\overline{AB'}$
➜ $\overline{AP}+\overline{BP}$의 최솟값은 $\overline{AB'}$이다.

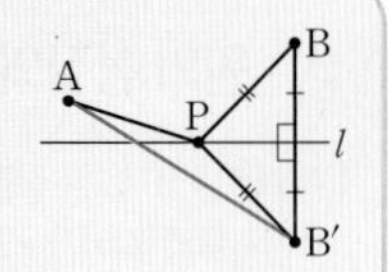

대표문제 4

점 A(3, 5)와 직선 y축 위를 움직이는 점 B, 직선 $y=x$ 위를 움직이는 점 C에 대하여 세 점 A, B, C를 꼭짓점으로 하는 삼각형 ABC의 둘레의 길이의 최솟값을 m이라 할 때, m^2의 값을 구하시오.

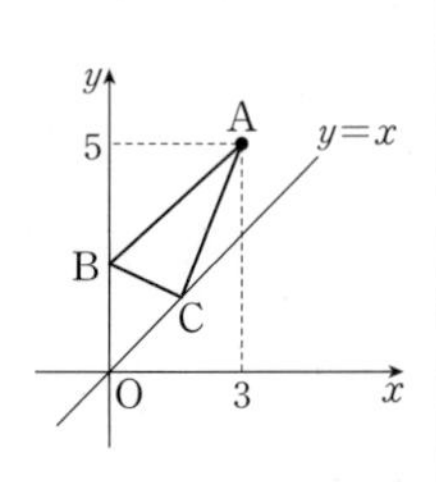

4-1

오른쪽 그림과 같이 두 점 A(2, 4), B(5, 1)과 y축 위를 움직이는 점 P, x축 위를 움직이는 점 Q에 대하여 $\overline{AP}+\overline{PQ}+\overline{QB}$의 최솟값을 구하시오.

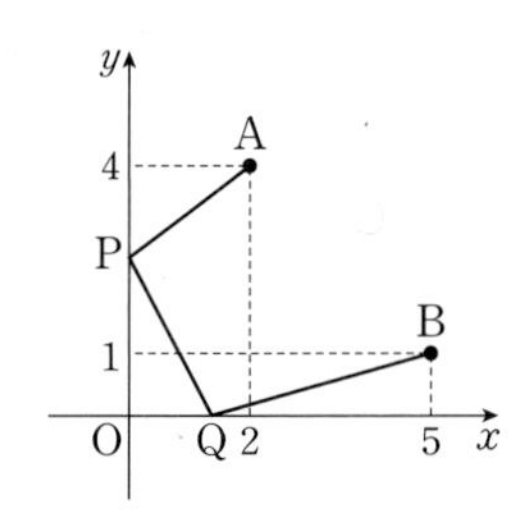

4-2

≫ 학평 기출

좌표평면 위에 두 점 A(−4, 4), B(5, 3)이 있다. x축 위의 두 점 P, Q와 직선 $y=1$ 위의 점 R에 대하여 $\overline{AP}+\overline{PR}+\overline{RQ}+\overline{QB}$의 최솟값은?

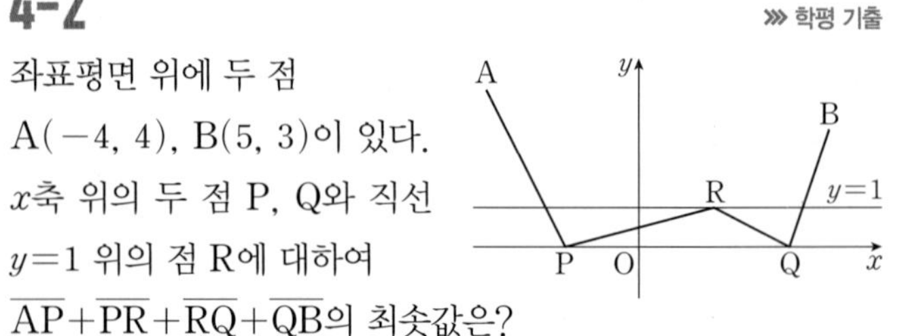

① 12 ② $5\sqrt{6}$ ③ $2\sqrt{39}$
④ $9\sqrt{2}$ ⑤ $2\sqrt{42}$

3 STEP 만점 도전 하기

| 해답 70쪽 |

A 예상 문제로 마무리

01

좌표평면에서 원 C: $x^2+y^2-4ax-2ay+4a^2=0$이 다음 조건을 만족시키도록 하는 모든 양수 a의 값의 합을 구하시오.

> (가) 원 C는 직선 $y=1$과 서로 다른 두 점 A, B에서 만난다.
> (나) $\overline{\text{AB}}=a$

02

다음 그림과 같이 원 $x^2+y^2=25$와 x축이 만나는 점 중 x좌표가 음수인 점을 A, x좌표가 양수인 점을 D라 하자. 원 $x^2+y^2=25$ 위의 점 B에 대하여 $\overline{\text{AB}}=8$일 때, 점 B에서의 접선과 x축이 만나는 점을 C라 하자. 삼각형 CBD의 넓이를 S라 할 때, $7S$의 값을 구하시오.

(단, 점 B는 제1사분면 위의 점이다.)

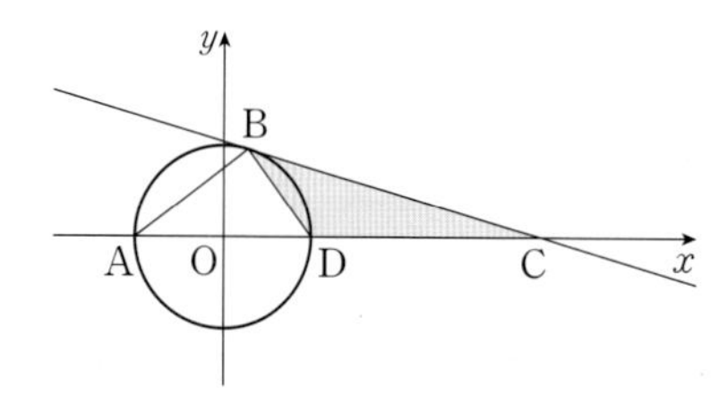

03

두 원 C_1, C_2가 다음 조건을 만족시킨다.

> (가) 원 C_1은 중심이 $(a, 0)$이고 직선 $y=4$에 접한다.
> (나) 원 C_2는 중심이 $(1, b)$이고 직선 $x=-1$에 접한다.

두 원 C_1, C_2가 서로 다른 두 점에서 만나도록 하는 자연수 a, b의 순서쌍 (a, b)의 개수를 구하시오.

04

5 이하의 자연수 n에 대하여 좌표평면 위의 점 A(x, y)는 다음 규칙에 따라 움직인다.

> (가) $y>x$이면 점 A를 x축의 방향으로 n만큼 평행이동한다.
> (나) $y<x$이면 점 A를 직선 $y=x$에 대하여 대칭이동한 후, 다시 y축의 방향으로 1만큼 평행이동한다.
> (다) $y=x$이면 점 A는 이동하지 않는다.

점 A가 점 P(2, 7)에서 출발하여 어떤 점 Q에 도착한 후에는 더 이상 이동하지 않을 때, 선분 PQ의 최댓값을 M, 최솟값을 m이라 하자. M^2-m^2의 값을 구하시오.

05

오른쪽 그림과 같이 원 $(x+2)^2+(y-2)^2=1$ 위의 점 P와 원 $(x-4)^2+(y-6)^2=4$ 위의 점 Q가 있다. x축 위의 점 R에 대하여 $\overline{\text{PR}}+\overline{\text{QR}}$의 최솟값을 m, 이때의 $\overline{\text{PR}}\times\overline{\text{QR}}$의 값을 n이라 할 때, $m+4n$의 값은?

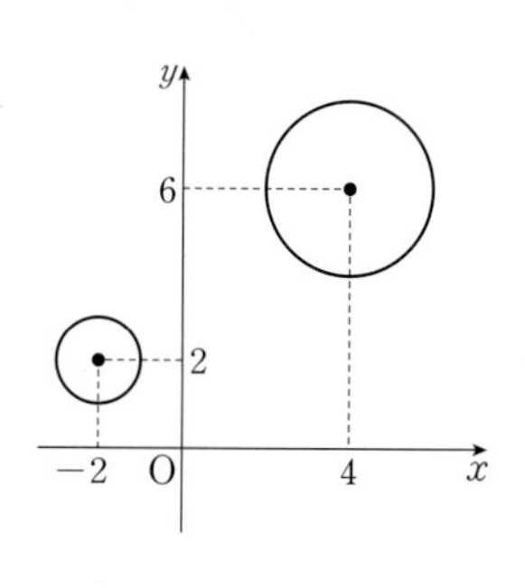

① 25 ② 30 ③ 35
④ 40 ⑤ 45

B 기출 문제로 마무리

06

≫ 학평 기출

좌표평면 위의 두 점 $\mathrm{A}(-\sqrt{5},\ -1)$, $\mathrm{B}(\sqrt{5},\ 3)$과 직선 $y=x-2$ 위의 서로 다른 두 점 P, Q에 대하여 $\angle\mathrm{APB}=\angle\mathrm{AQB}=90^{\circ}$일 때, 선분 PQ의 길이를 l이라 하자. l^2의 값을 구하시오.

07

≫ 학평 기출

좌표평면 위의 두 점 $\mathrm{A}(-1,\ -9)$, $\mathrm{B}(5,\ 3)$에 대하여 $\angle\mathrm{APB}=45^{\circ}$를 만족시키는 점 P가 있다. 서로 다른 세 점 A, B, P를 지나는 원의 중심을 C라 하자. 선분 OC의 길이를 k라 할 때, k의 최솟값은? (단, O는 원점이다.)

① 3　② 4　③ 5　④ 6　⑤ 7

08 레벨 UP

≫ 학평 기출

좌표평면에서 반지름의 길이가 r이고 중심이 이차함수 $y=\frac{1}{2}x^2+\frac{7}{2}$의 그래프 위에 있는 원 중에서, 직선 $y=x+7$에 접하는 원의 개수를 m이라 하고 직선 $y=x$에 접하는 원의 개수를 n이라 하자. m이 홀수일 때, $m+n+r^2$의 값은?

(단, r는 상수이다.)

① 11　② 12　③ 13　④ 14　⑤ 15

09

≫ 학평 기출

그림과 같이 좌표평면에서 원 C_1: $x^2+y^2=4$를 x축의 방향으로 4만큼, y축의 방향으로 -3만큼 평행이동한 원을 C_2라 하자. 원 C_1과 직선 $4x-3y-6=0$이 만나는 두 점 A, B를 x축의 방향으로 4만큼, y축의 방향으로 -3만큼 평행이동한 점을 각각 C, D라 하자. 선분 AC, 선분 BD, 호 AB 및 호 CD로 둘러싸인 색칠된 부분의 넓이를 구하시오.

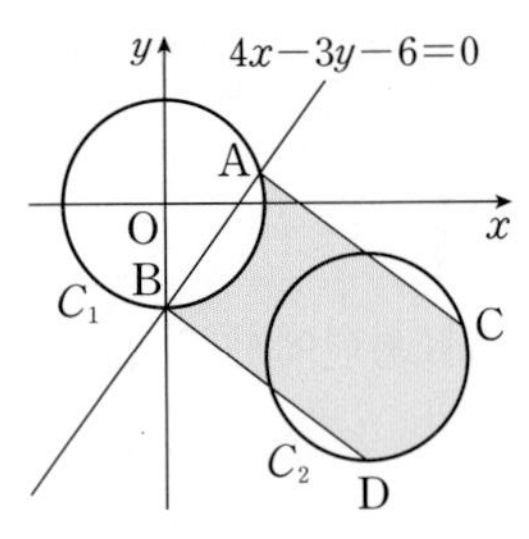

10

≫ 학평 기출

좌표평면 위에 세 점 $\mathrm{O}(0,\ 0)$, $\mathrm{A}(0,\ 1)$, $\mathrm{B}(-1,\ 0)$을 꼭짓점으로 하는 삼각형 OAB와 세 점 $\mathrm{O}(0,\ 0)$, $\mathrm{C}(0,\ -1)$, $\mathrm{D}(1,\ 0)$을 꼭짓점으로 하는 삼각형 OCD가 있다. 양의 실수 t에 대하여 삼각형 OAB를 x축의 방향으로 t만큼 평행이동한 삼각형을 T_1, 삼각형 OCD를 y축의 방향으로 $2t$만큼 평행이동한 삼각형을 T_2라 하자. 두 삼각형 T_1, T_2의 내부의 공통부분이 육각형 모양이 되도록 하는 모든 t의 값의 범위는 $\frac{1}{3}<t<a$이고, 이때 육각형의 넓이의 최댓값은 M이다. $a+M$의 값은?

① $\frac{11}{14}$　② $\frac{23}{28}$　③ $\frac{6}{7}$　④ $\frac{25}{28}$　⑤ $\frac{13}{14}$

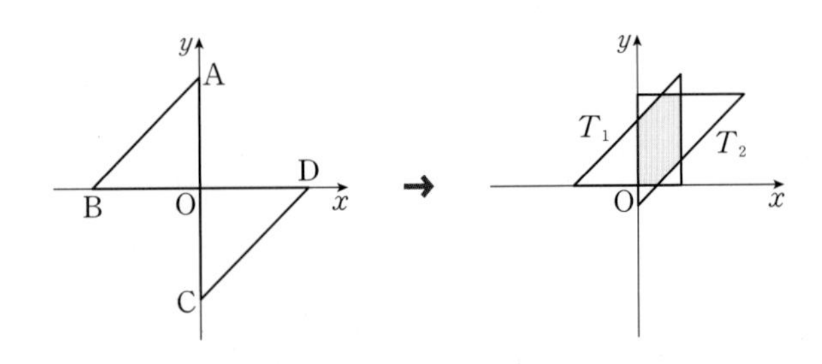

실전 모의고사 1회

01. 다항식의 연산 ~ 04. 이차방정식과 이차함수

| 해답 73쪽 |

5지 선다형

01

등식 $x^2+4x+5=a(x-1)^2+b(x-1)+c$가 x의 값에 관계없이 항상 성립할 때, 실수 a, b, c에 대하여 $(a+b)\times c$의 값은?

① 30 ② 40 ③ 50
④ 60 ⑤ 70

02

다항식 $x^3+ax^2+bx-12$가 x^2-4로 나누어떨어질 때, 상수 a, b에 대하여 ab의 값은?

① -12 ② -6 ③ -2
④ 6 ⑤ 12

03

0이 아닌 복소수 $z=(1+i)x^2-(1+3i)x+2i-2$에 대하여 $z+\overline{z}=0$일 때, 실수 x의 값은?

(단, $\overline{z}$는 z의 켤레복소수이다.)

① -2 ② -1 ③ 0
④ 1 ⑤ 2

04

x에 대한 이차방정식 $x^2+ax+b=0$의 한 근이 $\frac{2i}{1-i}$일 때, 실수 a, b에 대하여 $a+b$의 값은?

① 1 ② 2 ③ 3
④ 4 ⑤ 5

05

다항식 $(2x^2+x+3)^3(x+2)$의 전개식에서 x의 계수는?

① 27 ② 54 ③ 81
④ 108 ⑤ 135

06

다항식 $3x^3+4x^2+5x-10$을 $3x-2$로 나누었을 때의 몫과 나머지를 각각 $Q_1(x)$, R_1이라 하고, $x-\frac{2}{3}$로 나누었을 때의 몫과 나머지를 각각 $Q_2(x)$, R_2라 할 때, $\frac{Q_2(x)}{Q_1(x)}+\frac{R_2}{R_1}$의 값은?

① $\frac{1}{3}$ ② $\frac{2}{3}$ ③ $\frac{4}{3}$
④ 2 ⑤ 4

07

다항식 x^3-4x^2+ax+b를 x^2-1로 나누었을 때의 나머지가 $3-2x$일 때, 다항식 x^3-4x^2+ax+b를 $x-2$로 나누었을 때의 나머지는? (단, a, b는 상수이다.)

① -9　② -7　③ -5　④ -3　⑤ -1

08

이차방정식 $x^2-3x+6=0$의 두 근을 α, β라 할 때, $\frac{1}{\alpha}$, $\frac{1}{\beta}$을 근으로 갖고 x^2의 계수가 1인 이차방정식을 $f(x)=0$이라 하자. $f(x)$를 $x-1$로 나누었을 때의 나머지는?

① $\frac{1}{6}$　② $\frac{1}{3}$　③ $\frac{1}{2}$　④ $\frac{2}{3}$　⑤ $\frac{5}{6}$

09

x에 대한 이차방정식 $x^2-2ax-2a+3=0$에 대한 설명으로 보기에서 옳은 것만을 있는 대로 고른 것은?

(단, a는 실수이다.)

보기

ㄱ. $a=1-\sqrt{2}$일 때, 허근을 갖는다.
ㄴ. 중근을 갖도록 하는 a의 개수는 2이다.
ㄷ. 두 근을 α, β라 할 때, $(\beta-\alpha)^2$의 최솟값은 -12이다.

① ㄱ　② ㄷ　③ ㄱ, ㄴ　④ ㄴ, ㄷ　⑤ ㄱ, ㄴ, ㄷ

10

상수 a_0, a_1, a_2, $\cdots$, a_{10}에 대하여 등식

$$(2x^2-x+1)^5=a_0+a_1x+a_2x^2+\cdots+a_{10}x^{10}$$

이 x에 대한 항등식일 때, $a_2+a_4+a_6+a_8+a_{10}$의 값은?

① 255　② 495　③ 527　④ 725　⑤ 1023

11

두 복소수 $\alpha=\frac{\sqrt{2}}{1+i}$, $\beta=\frac{-1-\sqrt{3}i}{2}$에 대하여 $\alpha^n+\beta^n=0$이 되도록 하는 자연수 n의 최솟값은?

① 3　② 6　③ 9　④ 12　⑤ 15

12

$z=1+\sqrt{2}i$일 때, 보기에서 옳은 것만을 있는 대로 고른 것은?

(단, $\bar{z}$는 z의 켤레복소수이다.)

보기

ㄱ. $z^3+\bar{z}^3=-10$
ㄴ. $z^4-\bar{z}^4=-8\sqrt{2}i$
ㄷ. $\frac{z^2}{\bar{z}+1}+\frac{\bar{z}^2}{z+1}=-2$

① ㄱ　② ㄴ　③ ㄱ, ㄷ　④ ㄴ, ㄷ　⑤ ㄱ, ㄴ, ㄷ

13

세 실수 a, b, c에 대하여

$$\frac{\sqrt{a}}{\sqrt{b}}=-\sqrt{\frac{a}{b}},\ \sqrt{b}\sqrt{c}=-\sqrt{bc}$$

일 때, 다음 중 이차함수 $y=ax^2+bx+c$의 그래프의 개형으로 알맞은 것은? (단, $abc\neq0$)

① 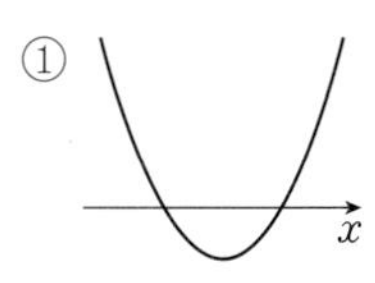

② 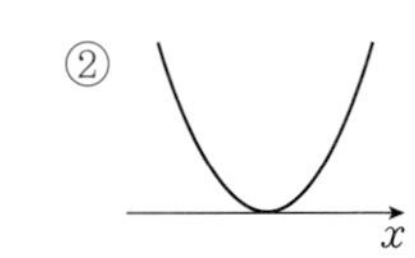

③ 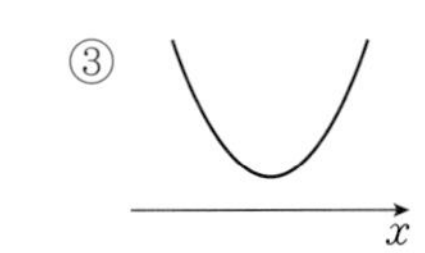

④ 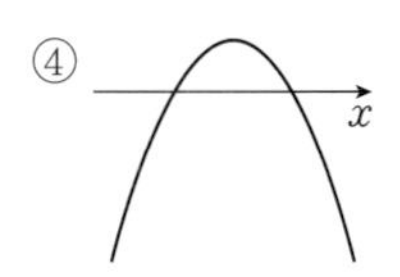

⑤ 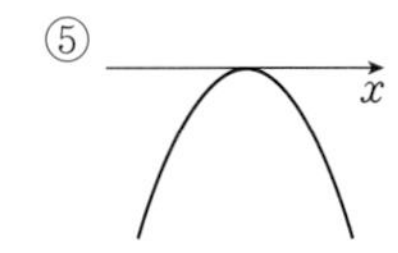

14

$x^2-2x-1=0$일 때, $x^5-\frac{1}{x^5}$의 값은?

① 80 ② 82 ③ 84 ④ 86 ⑤ 88

15

1이 아닌 세 자연수 a, b, c에 대하여

$$16^3-9\times16^2+26\times16-24=8\times a\times b\times c$$

일 때, $a+b+c$의 값은?

① 21 ② 22 ③ 23 ④ 24 ⑤ 25

16

x, y에 대한 이차식 $2x^2+5xy+3y^2-3x-ky-5$가 x, y에 대한 두 일차식의 곱으로 인수분해될 때, 정수 k의 값은?

① -2 ② -1 ③ 0 ④ 1 ⑤ 2

17

x에 대한 이차함수 $f(x)=x^2-ax+2$에 대하여 이차방정식 $f(x)=0$의 서로 다른 두 실근을 α, β $(\alpha<\beta)$라 할 때, **보기**에서 옳은 것만을 있는 대로 고른 것은? (단, a는 상수이다.)

보기

ㄱ. $|\alpha+\beta|=|\alpha|+|\beta|$

ㄴ. $\alpha^2+\beta^2>4$

ㄷ. $\frac{f(\beta+2)}{(\beta+2)-\alpha}+\frac{f(\alpha-1)}{(\alpha-1)-\beta}>0$

① ㄱ ② ㄷ ③ ㄱ, ㄴ ④ ㄴ, ㄷ ⑤ ㄱ, ㄴ, ㄷ

단답형

18

$a^3=-2$일 때, $(a^2-4)(a^2-2a+4)(a^2+2a+4)$의 값을 구하시오.

19

복소수 $z=x(2-i)+3(-4+i)$에 대하여 z^2이 음의 실수가 되도록 하는 실수 x의 값을 구하시오.

20

다항식 $P(x)$를 $x-1$로 나누면 나누어떨어지고, $x+2$로 나누었을 때의 나머지는 10이다. $P(x)$를 $(x-1)(x+2)$로 나누었을 때의 나머지를 $R(x)$라 할 때, 다항식 $(2-2x^2)R(x)$를 $x-2$로 나누었을 때의 나머지를 구하시오.

21

x에 대한 이차함수 $y=x^2+ax+b$의 그래프와 x축의 교점의 좌표가 $(1, 0)$, $(3, 0)$일 때, $a \le x \le b$에서 함수 $y=x^2+ax+b$의 최댓값을 M, 최솟값을 m이라 하자. $M-m$의 값을 구하시오.

22

다항식 $(x+2)(x+4)(x+6)(x+8)+k$가 x에 대한 이차식의 완전제곱식의 꼴로 인수분해될 때, 이 다항식의 상수항을 구하시오. (단, k는 상수이다.)

23

오른쪽 그림과 같이 이차함수 $y=-x^2+10$의 그래프 위의 두 점 A, B와 이차함수 $y=x^2-8$의 그래프 위의 두 점 C, D로 이루어진 직사각형 ABCD가 있다. 직사각형 ABCD의 둘레의 길이의 최댓값은 M이고, 그때의 직사각형 ABCD의 넓이는 S일 때, $M+2S$의 값을 구하시오.

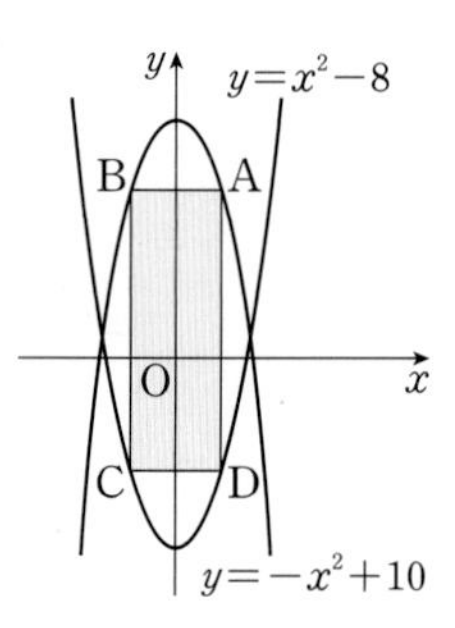

(단, 점 A의 x좌표는 0보다 크고 3보다 작다.)

24

최고차항의 계수가 1인 삼차식 $f(x)$가 다음 조건을 만족시킬 때, $f(x)$를 $x+1$로 나누었을 때의 나머지를 구하시오.

> (가) $f(x)$를 $x-1$로 나누었을 때의 나머지는 3이다.
> (나) 모든 실수 x에 대하여 $f(2+x)=-f(2-x)$

5지 선다형

01

사차방정식 $x^4-9x^2+16=0$의 근 중에서 양수인 두 근의 합은?

① 4 ② $\sqrt{17}$ ③ $3\sqrt{2}$
④ $\sqrt{19}$ ⑤ $2\sqrt{5}$

02

삼차방정식 $x^3+ax^2+bx-10=0$의 한 근이 $1+2i$일 때, 실수 a, b에 대하여 $a+b$의 값은?

① -5 ② -3 ③ 1
④ 3 ⑤ 5

03

삼차방정식 $x^3+1=0$의 한 허근을 ω라 할 때,

$$2\omega^3+3\omega^2+4\omega=a\omega+b$$

를 만족시키는 실수 a, b에 대하여 $a+b$의 값은?

① -4 ② -2 ③ 0
④ 2 ⑤ 4

04

연립부등식 $\begin{cases} x+1<k-x \\ x-1>3x-7 \end{cases}$의 해가 $x<1$일 때, 상수 k의 값은?

① -3 ② -1 ③ 1
④ 3 ⑤ 5

05

x에 대한 이차부등식 $ax^2+bx+4\geq0$의 해가 $-1\leq x\leq2$일 때, 상수 a, b에 대하여 ab의 값은?

① -8 ② -4 ③ -2
④ 2 ⑤ 4

06

x에 대한 이차부등식 $-x^2+ax-a+\frac{3}{4}\geq0$의 해가 존재하지 않도록 하는 자연수 a의 개수는?

① 1 ② 2 ③ 3
④ 4 ⑤ 5

07

두 점 $A(5,\ -1)$, $B(-5,\ 4)$에 대하여 선분 AB를 $2:3$으로 내분하는 점을 P, 외분하는 점을 Q라 할 때, 선분 PQ의 중점의 좌표는?

① $(13,\ -5)$ ② $(13,\ -4)$ ③ $(14,\ -5)$
④ $(14,\ -4)$ ⑤ $(15,\ -3)$

08

세 점 $A(2,\ 2)$, $B(-2,\ -2)$, $C(a,\ b)$를 꼭짓점으로 하는 삼각형 ABC가 정삼각형일 때, a^2+b^2의 값은?

① 16 ② 18 ③ 20
④ 22 ⑤ 24

09

점 $P(k,\ 4)$를 지나는 임의의 직선이 원 $(x+1)^2+(y-2)^2=20$과 항상 만나도록 하는 정수 k의 최댓값을 M, 최솟값을 m이라 할 때, $M-m$의 값은?

① 6 ② 7 ③ 8
④ 9 ⑤ 10

10

직선 $y=mx$ 위의 점 A를 직선 $y=x$에 대하여 대칭이동한 점을 B, 점 B를 x축에 대하여 대칭이동한 점을 C라 할 때, $\overline{AB}=\overline{BC}$가 성립한다. 이때 실수 m의 값은?

(단, 점 A는 제1사분면 위에 있다.)

① 2 ② $\sqrt{5}$ ③ $2\sqrt{2}$
④ $1+\sqrt{2}$ ⑤ $1+\sqrt{3}$

11

연립부등식 $\begin{cases} x^2-5x+4\geq 0 \\ (x-a)(x-5)\leq 0 \end{cases}$ 의 해가 이차부등식 $x^2-9x+20\leq 0$의 해와 같도록 하는 모든 정수 a의 값의 합은?

① 6 ② 7 ③ 8
④ 9 ⑤ 10

12

좌표평면 위의 선분 AB를 $2:1$로 내분하는 점 P의 좌표가 $(1,\ 1)$, 외분하는 점 Q의 좌표가 $(9,\ 5)$일 때, **보기**에서 옳은 것만을 있는 대로 고른 것은?

보기

ㄱ. 점 A는 선분 PQ를 $1:3$으로 외분한다.
ㄴ. 점 B의 좌표는 $(3,\ 2)$이다.
ㄷ. 선분 AB와 선분 PQ의 길이의 비는 $3:4$이다.

① ㄱ ② ㄱ, ㄴ ③ ㄱ, ㄷ
④ ㄴ, ㄷ ⑤ ㄱ, ㄴ, ㄷ

13

두 직선

l: $x-y+2=0$, m: $(1-k)x+(1+k)y+2=0$

에 대하여 **보기**에서 옳은 것만을 있는 대로 고른 것은?

(단, k는 상수이다.)

보기

ㄱ. 직선 m은 점 $(1, -1)$을 지난다.

ㄴ. 직선 m은 k의 값에 관계없이 항상 점 $(-1, -1)$을 지난다.

ㄷ. 두 직선 l, m은 k의 값에 관계 없이 한 점에서 만난다.

① ㄱ ② ㄴ ③ ㄷ
④ ㄱ, ㄴ ⑤ ㄴ, ㄷ

14

직선 $y=x+n$이 원 $x^2+y^2-8x-8y+14=0$과는 서로 다른 두 점에서 만나고, 원 $(x-1)^2+(y-4)^2=8$과는 만나지 않을 때, 정수 n의 최댓값은?

① -2 ② -1 ③ 0
④ 1 ⑤ 2

15

점 $(-3, -1)$에서 원 $x^2+y^2-2x-4y=0$에 그은 접선의 기울기의 합은?

① $\frac{24}{11}$ ② $\frac{26}{11}$ ③ $\frac{28}{11}$
④ $\frac{30}{11}$ ⑤ $\frac{32}{11}$

16

x에 대한 사차방정식 $x^4-8x^2+a^2-2a-8=0$이 서로 다른 네 실근을 갖도록 하는 정수 a의 개수는?

① 1 ② 2 ③ 3
④ 4 ⑤ 5

17

좌표평면 위의 세 점 A, B, C를 꼭짓점으로 하는 삼각형 ABC의 무게중심이 G이고 변 AB, 변 BC, 변 CA의 중점의 좌표가 각각 $\mathrm{L}(a, b)$, $\mathrm{M}(-1, -2)$, $\mathrm{N}(3, 2)$이다. 직선 CL과 직선 MN이 서로 수직이고, 점 G에서 직선 MN까지의 거리가 $2\sqrt{2}$일 때, ab의 값은?

(단, 무게중심 G는 제2사분면에 있다.)

① -50 ② -40 ③ -30
④ -20 ⑤ -10

단답형

18

사차방정식 $x^4-3x^3+2x^2-3x+1=0$의 모든 실근의 합을 구하시오.

19

밑면이 정사각형인 직육면체의 모든 모서리의 길이의 합이 28이고 겉넓이가 32일 때, 이 직육면체의 부피를 구하시오.
(단, 각 모서리의 길이는 자연수이다.)

20

이차부등식 $f(x)<0$의 해가 $-4<x<2$일 때, 부등식 $f(2x-1)>0$을 만족시키는 자연수 x의 최솟값을 구하시오.

21

원 $x^2+y^2-2x+5y+1=0$의 넓이를 이등분하면서 직선 $2x-y=7$과 수직인 직선의 방정식이 $y=mx+n$일 때, 상수 m, n에 대하여 $4(m^2+n^2)$의 값을 구하시오.

22

원 $x^2+y^2=5$를 x축의 방향으로 -1만큼, y축의 방향으로 n만큼 평행이동하면 직선 $2x+y-13=0$에 접할 때, 모든 자연수 n의 값의 합을 구하시오.

23

이차부등식 $3x^2+ax\leq0$을 만족시키는 정수 x가 3개가 되도록 하는 정수 a의 최댓값을 M, 최솟값을 m이라 할 때, $M-m$의 값을 구하시오.

24

중심이 C(1, 3)이고, 반지름의 길이가 3인 원 위의 두 점 A, B와 직선 $4x+3y+12=0$ 사이의 거리가 각각 3이다. 삼각형 CAB의 넓이를 S라 할 때, S^2의 값을 구하시오.

Memo

단기핵심공략서

SPURT CORE

스코어

SPURT 스퍼트

정답과 해설

고등 수학(상)

단기핵심공략서
SPURT CORE

스코어

SPURT 스퍼트

정답과 해설

고등 수학(상)

01강 다항식의 연산

기본 다지기 | 본문 6쪽 |

1 $x^2+3xy-2y^2$　2 ④　3 ⑤　4 ①　5 10

1 $A-(2A-B)=A-2A+B$
$=B-A$
$=(2x^2+xy-y^2)-(x^2-2xy+y^2)$
$=2x^2+xy-y^2-x^2+2xy-y^2$
$=x^2+3xy-2y^2$　답 $x^2+3xy-2y^2$

2 다항식 $(x^3+2x^2+x+2)(3x^2+2x+1)$의 전개식에서 x^2항은
$2x^2\times1+x\times2x+2\times3x^2=2x^2+2x^2+6x^2$
$=10x^2$
따라서 x^2의 계수는 10이다.　답 ④
참고 주어진 식의 전개식에서 x^2의 계수는
$(2x^2+x+2)(3x^2+2x+1)$의 전개식에서 x^2의 계수와 같다.

3 $(a-2b)(a^2+2ab+4b^2)=(a-2b)\{a^2+a\times2b+(2b)^2\}$
$=a^3-(2b)^3$
$=a^3-8b^3$　답 ⑤

4 $a^3-b^3=(a-b)^3+3ab(a-b)$
$=(-4)^3+3\times1\times(-4)$
$=-64-12=-76$　답 ①

5
$$\begin{array}{r|l} & 2x^2+2x-3 \\ \hline x-1 & 2x^3\qquad -5x+4 \\ & 2x^3-2x^2 \\ \hline & 2x^2-5x \\ & 2x^2-2x \\ \hline & -3x+4 \\ & -3x+3 \\ \hline & 1 \end{array}$$
따라서 $Q(x)=2x^2+2x-3$, $R=1$이므로
$Q(2)+R=(8+4-3)+1=10$　답 10

1 STEP 필수 유형 다지기 | 본문 7~9쪽 |

01 ④　02 $-5xy-y^2$　03 20　04 ③　05 ②
06 4　07 ②　08 ①　09 ③
10 $x^6+2x^5+x^4-x^2-2x-1$　11 36　12 ④　13 ①
14 4　15 97　16 ①　17 ②　18 ④　19 1

01 $A+2B=X+2A$에서
$X=(A+2B)-2A=2B-A$
$=2(3x^2-x-1)-(x^2+5x-3)$
$=6x^2-2x-2-x^2-5x+3$
$=5x^2-7x+1$　답 ④

02 $A+B=2x^2-3xy+y^2$ ...... ㉠
$A-2B=-x^2+9xy+y^2$ ...... ㉡
㉠−㉡을 하면
$3B=(2x^2-3xy+y^2)-(-x^2+9xy+y^2)=3x^2-12xy$
$\therefore B=x^2-4xy$
㉠에 $B=x^2-4xy$를 대입하면
$A+x^2-4xy=2x^2-3xy+y^2$
$\therefore A=2x^2-3xy+y^2-(x^2-4xy)=x^2+xy+y^2$
$\therefore X=-A+B$
$=-(x^2+xy+y^2)+(x^2-4xy)$
$=-5xy-y^2$　답 $-5xy-y^2$

03 $(x^3+4x^2+2x+2)^2=(x^3+4x^2+2x+2)(x^3+4x^2+2x+2)$의 전개식에서 x^2항은
$4x^2\times2+2x\times2x+2\times4x^2=(8+4+8)x^2=20x^2$
따라서 x^2의 계수는 20이다.　답 20

04 $(x+1)(x+a)(x+b)$의 전개식에서 x^2항은
$x^2\times b+x\times a\times x+1\times x^2=(a+b+1)x^2$
x^2의 계수가 6이므로 $a+b+1=6$
$\therefore a+b=5$
또, x항은
$x\times a\times b+1\times x\times b+1\times a\times x=(a+b+ab)x$
x의 계수가 11이므로 $a+b+ab=11$, $5+ab=11$
$\therefore ab=6$
$\therefore a^2+b^2=(a+b)^2-2ab$
$=5^2-2\times6=13$　답 ③

05 $(x-3)(x-1)(x+1)(x+3)$
$=\{(x-1)(x+1)\}\{(x-3)(x+3)\}$
$=(x^2-1)(x^2-9)$
$=x^4-10x^2+9$　답 ②

06 $x+y+z=3$에서
$x+y=3-z$, $y+z=3-x$, $z+x=3-y$ ········· ❶
$\therefore (x+y)(y+z)(z+x)$
$=(3-z)(3-x)(3-y)$
$=27-9(x+y+z)+3(xy+yz+zx)-xyz$ ········· ❷
$=27-9\times3+3\times0-(-4)$
$=4$ ········· ❸
답 4

단계	채점 기준	배점
❶	$x+y$, $y+z$, $z+x$의 식 변형하기	30 %
❷	$(x+y)(y+z)(z+x)$ 전개하기	50 %
❸	$(x+y)(y+z)(z+x)$의 값 구하기	20 %

07 $(2x-y)^2(4x^2+2xy+y^2)^2=\{(2x-y)(4x^2+2xy+y^2)\}^2$

$=[(2x-y)\{(2x)^2+2x\times y+y^2\}]^2$

$=\{(2x)^3-y^3\}^2$

$=(8x^3-y^3)^2$

$=64x^6-16x^3y^3+y^6$

따라서 $a=64$, $b=-16$, $c=1$이므로

$a-b-c=64-(-16)-1=79$

답 ②

08 $(x^2+xy+y^2)(x^2-xy-y^2)$

$=\{x^2+(xy+y^2)\}\{x^2-(xy+y^2)\}$

이때 $xy+y^2=t$로 놓으면

$(x^2+xy+y^2)(x^2-xy-y^2)$

$=(x^2+t)(x^2-t)$

$=(x^2)^2-t^2$

$=x^4-(xy+y^2)^2$

$=x^4-(x^2y^2+2xy^3+y^4)$

$=x^4-x^2y^2-2xy^3-y^4$

답 ①

09 $(x-3)(x-2)(x+1)(x+2)$

$=\{(x-3)(x+2)\}\{(x-2)(x+1)\}$

$=(x^2-x-6)(x^2-x-2)$

이때 $x^2-x=t$로 놓으면

$(x-3)(x-2)(x+1)(x+2)=(t-6)(t-2)$

$=t^2-8t+12$

$=(x^2-x)^2-8(x^2-x)+12$

$=x^4-2x^3+x^2-8x^2+8x+12$

$=x^4-2x^3-7x^2+8x+12$

따라서 $a=-2$, $b=-7$, $c=8$이므로

$ab-c=14-8=6$

답 ③

10 $(x^3+x^2+x+1)(x^3+x^2-x-1)$

$=\{(x^3+x^2)+(x+1)\}\{(x^3+x^2)-(x+1)\}$

이때 $x^3+x^2=t$, $x+1=s$로 놓으면 ········· ❶

$(x^3+x^2+x+1)(x^3+x^2-x-1)$

$=(t+s)(t-s)$

$=t^2-s^2$ ········· ❷

$=(x^3+x^2)^2-(x+1)^2$

$=(x^6+2x^5+x^4)-(x^2+2x+1)$

$=x^6+2x^5+x^4-x^2-2x-1$ ········· ❸

답 $x^6+2x^5+x^4-x^2-2x-1$

단계	채점 기준	배점
❶	공통부분 찾기	20 %
❷	공통부분을 치환하여 전개하기	30 %
❸	주어진 다항식의 전개식 구하기	50 %

11 $x\neq0$이므로 $x^2-3x-1=0$의 양변을 x로 나누면

$x-3-\frac{1}{x}=0$ $\quad\therefore x-\frac{1}{x}=3$

$\therefore x^3-\frac{1}{x^3}=\left(x-\frac{1}{x}\right)^3+3\left(x-\frac{1}{x}\right)$

$=3^3+3\times3=36$

답 36

12 $(a+b+c)^2=a^2+b^2+c^2+2(ab+bc+ca)$이므로

$4^2=14+2(ab+bc+ca)$

$\therefore ab+bc+ca=1$

$a+b+c=4$에서

$a+b=4-c$, $b+c=4-a$, $c+a=4-b$이므로

$(a+b)(b+c)+(b+c)(c+a)+(c+a)(a+b)$

$=(4-c)(4-a)+(4-a)(4-b)+(4-b)(4-c)$

$=\{16-4(a+c)+ca\}+\{16-4(a+b)+ab\}$

$+\{16-4(b+c)+bc\}$

$=48-8(a+b+c)+(ab+bc+ca)$

$=48-8\times4+1$

$=17$

답 ④

13 $a^2+ab+b^2=(a+b)^2-ab$이므로

$37=7^2-ab$ $\quad\therefore ab=12$

$\therefore a^3+b^3=(a+b)^3-3ab(a+b)$

$=7^3-3\times12\times7$

$=343-252=91$

답 ①

14 $(a+b+c)^2=a^2+b^2+c^2+2(ab+bc+ca)$이므로

$0=4+2(ab+bc+ca)$

$\therefore ab+bc+ca=-2$ ········· ❶

$\therefore a^2b^2+b^2c^2+c^2a^2$

$=(ab)^2+(bc)^2+(ca)^2$

$=(ab+bc+ca)^2-2(ab\times bc+bc\times ca+ca\times ab)$

$=(ab+bc+ca)^2-2abc(a+b+c)$ ········· ❷

$=(-2)^2-2abc\times0$

$=4$ ········· ❸

답 4

단계	채점 기준	배점
❶	$ab+bc+ca$의 값 구하기	40 %
❷	$a^2b^2+b^2c^2+c^2a^2$을 $ab+bc+ca$, $a+b+c$에 대한 식으로 나타내기	40 %
❸	$a^2b^2+b^2c^2+c^2a^2$의 값 구하기	20 %

15 $x^3+y^3=(x+y)^3-3xy(x+y)$이므로

$35=5^3-3xy\times5$

$15xy=90 \quad \therefore xy=6$

따라서 $x^2+y^2=(x+y)^2-2xy=5^2-2\times6=13$이므로

$$\begin{aligned}x^4+y^4&=(x^2+y^2)^2-2x^2y^2\\&=(x^2+y^2)^2-2(xy)^2\\&=13^2-2\times6^2\\&=97\end{aligned}$$

답 97

16 $\frac{13}{15}=x$, $\frac{2}{15}=y$라 하면 $x+y=1$이므로

$$\begin{aligned}\left(\frac{13}{15}\right)^3+\left(\frac{2}{15}\right)^3-1&=x^3+y^3-1\\&=(x+y)^3-3xy(x+y)-1\\&=1^3-3\times\frac{13}{15}\times\frac{2}{15}\times1-1\\&=-\frac{26}{75}\end{aligned}$$

답 ①

(다른 풀이) $\frac{13}{15}=x$, $\frac{2}{15}=y$라 하면 $x+y=1$이므로

$$\begin{aligned}&\left(\frac{13}{15}\right)^3+\left(\frac{2}{15}\right)^3-1\\&=x^3+y^3+(-1)^3\\&=(x+y-1)(x^2+y^2+1-xy+x+y)-3xy\\&=-3xy\\&=-3\times\frac{13}{15}\times\frac{2}{15}=-\frac{26}{75}\end{aligned}$$

17 $98\times(100^2+204)=10^n-8$에서 $100=a$라 하면

$98=a-2$, $204=2a+4$이므로

$$\begin{aligned}98\times(100^2+204)&=(a-2)(a^2+2a+4)\\&=a^3-8=100^3-8\\&=(10^2)^3-8\\&=10^6-8\end{aligned}$$

$\therefore n=6$

답 ②

18 다항식 A를 $x-2$로 나누었을 때의 몫이 x^2+3x+3이고 나머지가 4이므로

$$\begin{aligned}A&=(x-2)(x^2+3x+3)+4\\&=(x^3+3x^2+3x)-(2x^2+6x+6)+4\\&=x^3+x^2-3x-2\end{aligned}$$

따라서 다항식 A를 $x-1$로 나누면 오른쪽 나눗셈에서 구하는 몫은 x^2+2x-1이다.

$$\begin{array}{r|l} & x^2+2x-1 \\ x-1 & x^3+x^2-3x-2 \\ & x^3-x^2 \\ \hline & 2x^2-3x \\ & 2x^2-2x \\ \hline & -x-2 \\ & -x+1 \\ \hline & -3\end{array}$$

답 ④

19
$$\begin{aligned}A^2B^2=(AB)^2&=\{(x^2-x+1)(x^2+x+1)\}^2\\&=(x^4+x^2+1)^2\\&=x^8+x^4+1+2x^6+2x^2+2x^4\\&=x^8+2x^6+3x^4+2x^2+1\end{aligned}$$

다항식 A^2B^2을 x^2+1로 나누면 다음 나눗셈에서 구하는 나머지는 1이다.

$$\begin{array}{r|l} & x^6+x^4+2x^2 \\ x^2+1 & x^8+2x^6+3x^4+2x^2+1 \\ & x^8+x^6 \\ \hline & x^6+3x^4 \\ & x^6+x^4 \\ \hline & 2x^4+2x^2 \\ & 2x^4+2x^2 \\ \hline & 1\end{array}$$

답 1

2 STEP 출제 유형 PICK

| 본문 10~11쪽 |

대표 문제 1 4	1-1 ⑤	1-2 ①
대표 문제 2 ③	2-1 ④	2-2 240
대표 문제 3 ⑤	3-1 ③	3-2 ④
대표 문제 4 ⑤	4-1 12	4-2 ②

대표 문제 1
$$\begin{aligned}&(x^2-2x+3)\Diamond(2x^2-5x+7)\\&=3(x^2-2x+3)-(2x^2-5x+7)\\&=3x^2-6x+9-2x^2+5x-7\\&=x^2-x+2\end{aligned}$$

$$\begin{aligned}\therefore\ &\{(x^2-2x+3)\Diamond(2x^2-5x+7)\}*(3x+1)\\&=(x^2-x+2)*(3x+1)\\&=(x^2-x+2)(3x+1)+4\end{aligned}$$

위의 식의 전개식에서 x^2항은

$x^2\times1-x\times3x=x^2-3x^2=-2x^2$

이므로 x^2의 계수는 -2이다.

또, 상수항은 $2\times1+4=6$

따라서 x^2의 계수와 상수항의 합은

$-2+6=4$

답 4

1-1
$$\begin{aligned}(x^2+2x-y^2)\circledcirc(x^2+y^2)&=(x^2+2x-y^2)+2(x^2+y^2)\\&=x^2+2x-y^2+2x^2+2y^2\\&=3x^2+2x+y^2\end{aligned}$$

$$\begin{aligned}\therefore\ &(x^2-y^2)\circledcirc\{(x^2+2x-y^2)\circledcirc(x^2+y^2)\}\\&=(x^2-y^2)+2(3x^2+2x+y^2)\\&=x^2-y^2+6x^2+4x+2y^2\\&=7x^2+4x+y^2\end{aligned}$$

답 ⑤

1-2 $\langle x^2+x+1,\ x^2+x\rangle$

$=(x^2+x+1)^2+(x^2+x+1)(x^2+x)+(x^2+x)^2$

이 전개식에서 x항은

$x\times1+1\times x+1\times x=3x$

이므로 x의 계수는 3이다. 답 ①

(다른 풀이) $<x^2+x+1,\ x^2+x>$

$=(x^2+x+1)^2+(x^2+x+1)(x^2+x)+(x^2+x)^2$

$=\{(x^2+x)+1\}^2+(x^2+x)\{(x^2+x)+1\}+(x^2+x)^2$

$=(x^2+x)^2+2(x^2+x)+1+(x^2+x)^2+(x^2+x)+(x^2+x)^2$

$=3(x^2+x)^2+3(x^2+x)+1$

이때 $(x^2+x)^2$의 전개식에는 x항이 없으므로 $3(x^2+x)+1$에서 구하는 x의 계수는 3이다.

대표문제 2 직육면체의 밑면의 가로와 세로의 길이를 각각 a, b라 하고 높이를 c라 하면 직육면체의 모든 모서리의 길이의 합이 44이므로

$4(a+b+c)=44 \qquad \therefore a+b+c=11$

또, 겉넓이가 40이므로

$2(ab+bc+ca)=40 \qquad \therefore ab+bc+ca=20$

$\therefore a^2+b^2+c^2=(a+b+c)^2-2(ab+bc+ca)$

$=11^2-2\times20=81$

따라서 직육면체의 대각선의 길이는

$\sqrt{a^2+b^2+c^2}=\sqrt{81}=9$ 답 ③

2-1 직사각형의 가로의 길이를 a, 세로의 길이를 b라 하면 직사각형의 대각선의 길이는 사분원의 반지름의 길이와 같으므로

$a^2+b^2=12^2=144$

또, 직사각형의 둘레의 길이가 28이므로

$2(a+b)=28 \qquad \therefore a+b=14$

이때 $a^2+b^2=(a+b)^2-2ab$이므로

$144=14^2-2ab \qquad \therefore ab=26$

따라서 직사각형의 넓이는 26이다. 답 ④

2-2 $\overline{AC}=a$, $\overline{BC}=b$라 하면 $a+b=8$

두 정육면체의 부피는 각각 a^3, b^3이고, 부피의 합이 224이므로

$a^3+b^3=224$

이때 $a^3+b^3=(a+b)^3-3ab(a+b)$이므로

$224=8^3-3ab\times8$

$3ab=36 \qquad \therefore ab=12$

따라서 두 정육면체의 겉넓이는 각각 $6a^2$, $6b^2$이므로 구하는 겉넓이의 합은

$6a^2+6b^2=6(a^2+b^2)$

$=6\{(a+b)^2-2ab\}$

$=6(8^2-2\times12)$

$=6\times40=240$ 답 240

대표문제 3 $a^2+b^2+c^2=(a+b+c)^2-2(ab+bc+ca)$

$=3^2-2\times(-3)=15$

$a^3+b^3+c^3=(a+b+c)(a^2+b^2+c^2-ab-bc-ca)+3abc$

이므로

$42=3\times(15+3)+3abc,\ 3abc=-12$

$\therefore abc=-4$

$\therefore (a+b)(b+c)(c+a)$

$=(3-c)(3-a)(3-b)$

$=27-9(a+b+c)+3(ab+bc+ca)-abc$

$=27-9\times3+3\times(-3)-(-4)$

$=-5$ 답 ⑤

3-1 $x\neq0$이므로 $x^4-14x^2+1=0$의 양변을 x^2으로 나누면

$x^2-14+\frac{1}{x^2}=0 \qquad \therefore x^2+\frac{1}{x^2}=14$

이때 $x^2+\frac{1}{x^2}=\left(x+\frac{1}{x}\right)^2-2=14$이므로 $\left(x+\frac{1}{x}\right)^2=16$

$\therefore x+\frac{1}{x}=4\ (\because x>0)$

$x^3+\frac{1}{x^3}=\left(x+\frac{1}{x}\right)^3-3\left(x+\frac{1}{x}\right)=4^3-3\times4=52$이므로

$x^3-3x^2+5x-7+\frac{5}{x}-\frac{3}{x^2}+\frac{1}{x^3}$

$=\left(x^3+\frac{1}{x^3}\right)-3\left(x^2+\frac{1}{x^2}\right)+5\left(x+\frac{1}{x}\right)-7$

$=52-3\times14+5\times4-7=23$ 답 ③

3-2 $x^2+y^2=(x+y)^2-2xy$이므로

$6=2^2-2xy \qquad \therefore xy=-1$

$x^3+y^3=(x+y)^3-3xy(x+y)$

$=2^3-3\times(-1)\times2=14$

$x^4+y^4=(x^2+y^2)^2-2x^2y^2$

$=6^2-2\times(-1)^2=34$

$\therefore x^7+y^7=(x^3+y^3)(x^4+y^4)-x^3y^3(x+y)$

$=14\times34-(-1)^3\times2=478$ 답 ④

대표문제 4 ㄱ. $x^7+x+1=(x^3-1)(x^4+x)+2x+1$

$\therefore r(x^7+x+1)=2x+1$ (참)

ㄴ. $x^8-3x^3+5=x^5(x^3-1)+x^5-3x^3+5$이므로

$r(x^8-3x^3+5)=r(x^5-3x^3+5)$ (참)

ㄷ. $n=6k+4$이면

$x^n-x+1=x^{6k+4}-x+1=x^{3(2k+1)}\times x-x+1$

$x^n-x+1=(x^3-1)Q(x)+r(x^n-x+1)$로 놓으면

$x^{3(2k+1)}\times x-x+1=(x^3-1)Q(x)+r(x^n-x+1)$

양변에 $x^3=1$을 대입하면 $r(x^n-x+1)=1$ (참)

따라서 ㄱ, ㄴ, ㄷ 모두 옳다. 답 ⑤

4-1 다항식 $P(x)$를 $(3x+2)^3$으로 나눈 몫을 $Q(x)$라 하면

$P(x)=(3x+2)^3Q(x)+9x^2+b$

$=(3x+2)^2(3x+2)Q(x)+(3x+2)^2-12x+b-4$

$=(3x+2)^2\{(3x+2)Q(x)+1\}-12x+b-4$

이때 $P(x)$를 $(3x+2)^2$으로 나누었을 때의 나머지가 $ax+4$이므로

$-12=a$, $b-4=4$ $\quad\therefore a=-12$, $b=8$

$\therefore a+3b=-12+3\times8=12$ 답 12

4-2 다항식 $f(x)$를 $g(x)$로 나눈 몫이 $Q(x)$, 나머지가 $R(x)$이므로

$f(x)=g(x)Q(x)+R(x)$

ㄱ. $f(x)-R(x)=g(x)Q(x)$

이므로 $f(x)-R(x)$는 $g(x)$로 나누어떨어진다. (참)

ㄴ. $f(x)+g(x)=g(x)Q(x)+R(x)+g(x)$

$\qquad\qquad\quad=g(x)\{Q(x)+1\}+R(x)$

이므로 $f(x)+g(x)$를 $g(x)$로 나눈 나머지는 $R(x)$이다. (참)

ㄷ. [반례] $f(x)=x^3+1$, $g(x)=x^2-1$이면

$Q(x)=x$, $R(x)=x+1$

이때 $f(x)$를 $Q(x)$로 나눈 나머지가 1이므로 $R(x)$가 아니다. (거짓)

따라서 옳은 것은 ㄱ, ㄴ이다. 답 ②

3 STEP 만점 도전 하기

| 본문 12~13쪽 |

01 ④	**02** 27	**03** ①	**04** 666	**05** ①	**06** ①
07 135	**08** ②	**09** 15	**10** ⑤		

01 $A\blacktriangle B=A^2B-AB^2=AB(A-B)$이므로

$(A+B)C\blacktriangle(A-B)C$

$=(A+B)C\times(A-B)C\times\{(A+B)C-(A-B)C\}$

$=(A+B)(A-B)C^2\times2BC$

$=2BC^3(A+B)(A-B)$

$=2(x^2+x+1)(x-1)^3(2x^2+2)\times(-2x)$

$=-8x(x-1)^3(x^2+x+1)(x^2+1)$

$=-8x(x-1)^2\{(x-1)(x^2+x+1)\}(x^2+1)$

$=-8x(x^2-2x+1)\{(x^3-1)(x^2+1)\}$

$=-8x(x^2-2x+1)(x^5+x^3-x^2-1)$ $\quad\cdots\cdots$ ㉠

다항식 ㉠의 전개식에서 x^6항은

$-8x\times x^2\times x^3+(-8x)\times1\times x^5$

$=-8x^6+(-8x^6)$

$=-16x^6$

다항식 ㉠의 전개식에서 x^5항은

$-8x\times x^2\times(-x^2)+(-8x)\times(-2x)\times x^3$

$=8x^5+16x^5$

$=24x^5$

따라서 x^6의 계수와 x^5의 계수의 합은

$-16+24=8$ 답 ④

02 다항식 $A=(x+y)(x^2+a_mxy+y^2)(x^2-a_nxy+y^2)$의 전개식의 모든 항의 계수의 합은 다항식 A에 $x=1$, $y=1$을 대입한 값과 같으므로

$2(2+a_m)(2-a_n)=2$, $(2+a_m)(2-a_n)=1$

이때 a_m과 a_n은 1 또는 -1의 값을 가지므로

$2+a_m=1$, $2-a_n=1$ 또는 $2+a_m=-1$, $2-a_n=-1$

$\therefore a_m=-1$, $a_n=1$ 또는 $a_m=-3$, $a_n=3$

그런데 a_m과 a_n은 1 또는 -1의 값을 가지므로

$a_m=-1$, $a_n=1$

따라서 가능한 자연수 m은 1, 2, 4, 5, 7, 8, 10의 7가지, 가능한 자연수 n은 3, 6, 9의 3가지이므로 순서쌍 (m, n)의 개수는 $7\times3=21$

$\therefore p=21$

$a_m=-1$, $a_n=1$일 때,

$A=(x+y)(x^2-xy+y^2)(x^2-xy+y^2)$

$\quad=(x^3+y^3)(x^2-xy+y^2)$

$\quad=x^5-x^4y+x^3y^2+x^2y^3-xy^4+y^5$

즉, 다항식 A의 전개식의 항의 개수는 6이므로 $q=6$

$\therefore p+q=21+6=27$ 답 27

03 $\frac{1}{a}+\frac{1}{b}+\frac{1}{c}=-2$에서 $\frac{ab+bc+ca}{abc}=-2$이므로

$ab+bc+ca=-2abc$ $\quad\cdots\cdots$ ㉠

$\frac{1}{a^2}+\frac{1}{b^2}+\frac{1}{c^2}=7$에서 $\frac{a^2b^2+b^2c^2+c^2a^2}{(abc)^2}=7$이므로

$a^2b^2+b^2c^2+c^2a^2=7(abc)^2$ $\quad\cdots\cdots$ ㉡

이때

$a^2b^2+b^2c^2+c^2a^2=(ab+bc+ca)^2-2abc(a+b+c)$

$\qquad\qquad\qquad\quad=(-2abc)^2-2abc\times(-3)$ $(\because$ ㉠$)$

$\qquad\qquad\qquad\quad=4(abc)^2+6abc$

이므로 이를 ㉡에 대입하면

$4(abc)^2+6abc=7(abc)^2$, $(abc)^2=2abc$

$\therefore abc=2$ $(\because abc\neq0)$

$abc=2$를 ㉠에 대입하면 $ab+bc+ca=-4$

$\therefore a^2+b^2+c^2=(a+b+c)^2-2(ab+bc+ca)$

$\qquad\qquad\qquad=(-3)^2-2\times(-4)=17$ 답 ①

04 삼각형 MDB는 $\overline{MB}=\overline{MD}$인 이등변삼각형이므로 점 M에서 선분 BD에 내린 수선의 발을 H라 하면 선분 MH는 선분 BD를 수직이등분한다.

조건 (가)에 의하여 삼각형 MDH에서

$\overline{MH}=\overline{MD}\sin(\angle BDM)=\frac{2\sqrt{2}}{3}y$

직각삼각형 MDH에서

$\overline{DH}=\sqrt{\overline{MD}^2-\overline{MH}^2}=\sqrt{y^2-\left(\frac{2\sqrt{2}}{3}y\right)^2}=\frac{y}{3}$

$\therefore \overline{BD}=2\overline{DH}=\frac{2}{3}y$

이때 $\overline{AB}=\overline{AD}+\overline{DB}=x+\frac{2}{3}y$이고, 삼각형 ABC의 둘레의 길이가 24이므로

$2\left(x+\frac{2}{3}y\right)+2y=24$, 즉 $2x+\frac{10}{3}y=24$에서

$3x+5y=36$ ...... ㉠

한편, 삼각형 ADM의 넓이는

$\frac{1}{2}\times\overline{AD}\times\overline{MH}=\frac{1}{2}\times x\times\frac{2\sqrt{2}}{3}y=\frac{\sqrt{2}}{3}xy$

이때 두 삼각형 ADM과 AEM은 서로 합동이므로 사각형 ADME의 넓이는 삼각형 ADM의 넓이의 2배와 같고, 조건 ㈏에 의하여

$2\times\frac{\sqrt{2}}{3}xy=14\sqrt{2}$ $\quad\therefore xy=21$ ...... ㉡

따라서 ㉠, ㉡에 의하여

$$\begin{aligned}9x^2+25y^2&=(3x)^2+(5y)^2\\&=(3x+5y)^2-2\times3x\times5y\\&=(3x+5y)^2-30xy\\&=36^2-30\times21\\&=666\end{aligned}$$

답 666

05 $A^3+B^3=\{(x+1)(x^2-x-1)\}^3+\{(x+1)^2\}^3$

$=(x+1)^3(x^2-x-1)^3+(x+1)^6$

$=(x+1)^3\{(x^2-x-1)^3+(x+1)^3\}$ ...... ㉠

다항식 ㉠의 $(x^2-x-1)^3+(x+1)^3$에서

$P=x^2-x-1$, $Q=x+1$로 놓으면

$$\begin{aligned}P^3+Q^3&=(P+Q)^3-3PQ(P+Q)\\&=(x^2)^3-3x^2(x^2-x-1)(x+1)\\&=x^6-3x^5+6x^3+3x^2\end{aligned}$$ ...... ㉡

이므로 다항식 ㉠에서 A^3+B^3을 $(x+1)^4$으로 나눈 나머지는 다항식 ㉡을 $x+1$로 나눈 나머지에 $(x+1)^3$을 곱한 다항식과 같다.

$$\begin{array}{r|l} & x^5-4x^4+4x^3+2x^2+x-1 \\ \hline x+1 & x^6-3x^5\qquad+6x^3+3x^2 \\ & x^6+x^5 \\ \hline & -4x^5 \\ & -4x^5-4x^4 \\ \hline & 4x^4+6x^3 \\ & 4x^4+4x^3 \\ \hline & 2x^3+3x^2 \\ & 2x^3+2x^2 \\ \hline & x^2 \\ & x^2+x \\ \hline & -x \\ & -x-1 \\ \hline & 1 \end{array}$$

즉,

$x^6-3x^5+6x^3+3x^2$

$=(x+1)(x^5-4x^4+4x^3+2x^2+x-1)+1$ ...... ㉢

㉢을 ㉠에 대입하면

A^3+B^3

$=(x+1)^3\{(x+1)(x^5-4x^4+4x^3+2x^2+x-1)+1\}$

$=(x+1)^4(x^5-4x^4+4x^3+2x^2+x-1)+(x+1)^3$

따라서 $Q(x)=x^5-4x^4+4x^3+2x^2+x-1$,

$R(x)=(x+1)^3$이므로

$Q(1)+R(1)=3+8=11$

답 ①

06 정오각형의 한 내각의 크기는

$\frac{180°\times(5-2)}{5}=108°$

$\triangle ABE$는 이등변삼각형이고 $\angle BAE=108°$이므로

$\angle ABE=\frac{1}{2}\times(180°-108°)=36°$

$\triangle BCA$는 이등변삼각형이고 $\angle ABC=108°$이므로

$\angle BAC=\frac{1}{2}\times(180°-108°)=36°$

이때 $\angle EAC=\angle BAE-\angle BAC=108°-36°=72°$,

$\angle APE=\angle ABP+\angle BAP=36°+36°=72°$이므로

$\triangle EAP$는 $\overline{PE}=\overline{AE}=1$인 이등변삼각형이다.

따라서 $\overline{BE}:\overline{PE}=\overline{PE}:\overline{BP}$에서

$x:1=1:(x-1)$

$x(x-1)=1$, $x^2-x-1=0$

$\therefore x=\frac{1+\sqrt{5}}{2}$ ($\because x>0$)

한편, $x^2=x+1$이므로

$x^3=(x+1)x=x^2+x=(x+1)+x=2x+1$

$x^4=(2x+1)x=2x^2+x=2(x+1)+x=3x+2$

$x^5=(3x+2)x=3x^2+2x=3(x+1)+2x=5x+3$

$x^6=(5x+3)x=5x^2+3x=5(x+1)+3x=8x+5$

$\therefore 1-x+x^2-x^3+x^4-x^5+x^6-x^7+x^8$

$=1+(-x+x^2)+x^2(-x+x^2)$
$\qquad+x^4(-x+x^2)+x^6(-x+x^2)$

$=1+1+x^2+x^4+x^6$ ($\because -x+x^2=1$)

$=2+(x+1)+(3x+2)+(8x+5)$

$=12x+10$

$=12\times\frac{1+\sqrt{5}}{2}+10$

$=16+6\sqrt{5}$

따라서 $p=16$, $q=6$이므로

$p+q=16+6=22$

답 ①

07 조건 ㈎에서 $(x-3)(y-3)(2z-3)=0$

이 식의 좌변을 전개하면

$2xyz-3(xy+2yz+2zx)+9(x+y+2z)-27=0$

이때 조건 ㈏에서 $3(x+y+2z)=xy+2yz+2zx$이므로

$2xyz-3\times3(x+y+2z)+9(x+y+2z)-27=0$

$2xyz-27=0$ $\quad\therefore xyz=\frac{27}{2}$

$\therefore 10xyz=10\times\frac{27}{2}=135$ 답 135

(다른 풀이) 조건 (가)에서 $x=3$이라 하면 조건 (나)에서

$3(3+y+2z)=3y+2yz+6z$

$9+3y+6z=3y+2yz+6z$ $\therefore yz=\frac{9}{2}$

$\therefore 10xyz=10\times3\times\frac{9}{2}=135$

08 호 BC 위의 점 P에 대하여 $\overline{PQ}=x$, $\overline{PR}=y$라 하면 직사각형 AQPR의 둘레의 길이는 10이므로

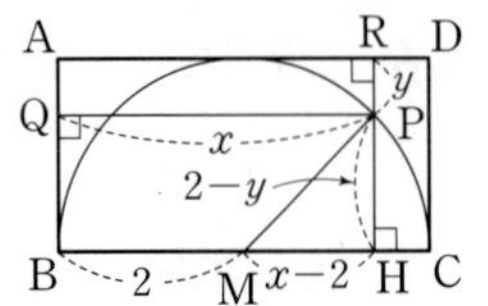

$2(x+y)=10$

$\therefore x+y=5$ ······ ㉠

점 P에서 선분 BC에 내린 수선의 발을 H, 선분 BC의 중점을 M이라 하면

$\overline{PH}=2-y$, $\overline{MH}=x-2$

직각삼각형 PMH에서 피타고라스 정리에 의하여

$4=(2-y)^2+(x-2)^2$

$=x^2+y^2-4(x+y)+8$

$=(x+y)^2-2xy-4(x+y)+8$

$=25-2xy-20+8$ ($\because$ ㉠)

$=13-2xy$

즉, $2xy=9$이므로 $xy=\frac{9}{2}$

따라서 직사각형 AQPR의 넓이는 $\frac{9}{2}$이다. 답 ②

09 $\overline{AL_1}=a\ (a>0)$라 하면 $\overline{N_1M_1}=\overline{N_1C}=a$

$\overline{AL_1}\times\overline{L_2B}=1$이므로 $\overline{L_2B}=\frac{1}{a}=\overline{L_2M_2}$

또한 $\overline{L_1M_1}$과 $\overline{M_2N_2}$의 교점을 점 P라 하고, $\overline{L_1L_2}=x$라 하면

$\overline{PM_2}=\overline{PM_1}=x$

평행선의 성질에 의하여 $\triangle ABC$, $\triangle L_2BM_2$, $\triangle PM_2M_1$, $\triangle N_1M_1C$는 모두 닮음이고 닮음비는

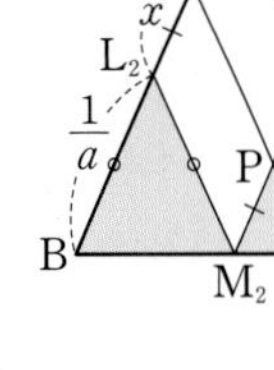

$4:\frac{1}{a}:x:a$

이므로 넓이의 비는 $16:\frac{1}{a^2}:x^2:a^2$이다.

삼각형 ABC의 넓이를 S, 색칠한 부분 전체의 넓이를 T라 하면 $S=2T$이므로

$16k=2\left(\frac{1}{a^2}+x^2+a^2\right)k$ (단, k는 비례상수, $k\neq0$)

$8=\frac{1}{a^2}+x^2+a^2$, $8=\left(a+\frac{1}{a}\right)^2-2+x^2$

$a+\frac{1}{a}+x=4$에서 $a+\frac{1}{a}=4-x$이므로

$8=(4-x)^2-2+x^2$, $2x^2-8x+6=0$

$x^2-4x+3=0$, $(x-1)(x-3)=0$

$\therefore x=1$ 또는 $x=3$

$x=3$이면 $a+\frac{1}{a}=4-x=4-3=1$

(i) $a\geq1$일 때

$a+\frac{1}{a}>1$이므로 $a+\frac{1}{a}=1$을 만족시키지 않는다.

(ii) $a<1$일 때

$\frac{1}{a}>1$에서 $a+\frac{1}{a}>1$이므로 $a+\frac{1}{a}=1$을 만족시키지 않는다.

(i), (ii)에 의하여 $x\neq3$이므로 $x=1$

즉, $\overline{L_1L_2}=1$이므로 $15\overline{L_1L_2}=15$ 답 15

10 $g(x^8)=x^{56}+x^{48}+x^{40}+x^{32}+x^{24}+x^{16}+x^8+1$이고

$(x-1)g(x)=x^8-1$이므로

$g(x^8)=x^{56}-x^{48}+2x^{48}-2x^{40}+3x^{40}-3x^{32}+4x^{32}-4x^{24}$
$+5x^{24}-5x^{16}+6x^{16}-6x^8+7x^8-7+7+1$

$=x^{48}(x^8-1)+2x^{40}(x^8-1)+3x^{32}(x^8-1)$
$+4x^{24}(x^8-1)+5x^{16}(x^8-1)$
$+6x^8(x^8-1)+7(x^8-1)+8$

$=(x^8-1)(x^{48}+2x^{40}+3x^{32}+4x^{24}+5x^{16}+6x^8+7)+8$

$=g(x)\underline{(x-1)(x^{48}+2x^{40}+3x^{32}+4x^{24}+5x^{16}+6x^8+7)}+8$

└ $g(x^8)$을 $g(x)$로 나눈 몫이다.

따라서 $R(x)=8$이므로

$R(5)=8$ 답 ⑤

02강 나머지정리와 인수분해

기본 다지기

| 본문 14쪽 |

1 ④	2 12	3 −6	4 −30	5 −5

1 ① $x+2=4$는 $x=2$일 때만 성립하므로 x에 대한 항등식이 아니다.

② 주어진 식의 우변을 전개하면
$(x+1)(x+2)=x^2+3x+2$
이므로 x에 대한 항등식이 아니다.

③ $x\geq0$일 때 $|x|=x$, $x<0$일 때 $|x|=-x$이므로 x에 대한 항등식이 아니다.

④ 주어진 식의 좌변을 전개하여 정리하면
$(x+1)^3-x^3=(x^3+3x^2+3x+1)-x^3=3x^2+3x+1$
이므로 모든 x에 대하여 성립한다. 즉, x에 대한 항등식이다.

⑤ 주어진 식의 우변을 전개하면
$x^2(x^2+x)=x^4+x^3$
이므로 x에 대한 항등식이 아니다.

따라서 항등식인 것은 ④이다. 답 ④

참고 ② $x^2-1=(x+1)(x+2)$에서
$x^2-1=x^2+3x+2$, $3x=-3$ $\quad\therefore x=-1$
따라서 주어진 식은 $x=-1$일 때만 성립한다.
⑤ $x^4=x^2(x^2+x)$에서 $x^4=x^4+x^3$, $x^3=0$ $\quad\therefore x=0$
따라서 주어진 식은 $x=0$일 때만 성립한다.

2 주어진 등식이 x에 대한 항등식이므로
$-3=b$, $a=b-1$ $\quad\therefore a=-4$, $b=-3$
$\therefore ab=-4\times(-3)=12$ 답 12

3 $P(x)=x^2+ax+10$으로 놓으면 나머지정리에 의하여
$P(2)=P(4)$
$4+2a+10=16+4a+10$
$2a=-12$ $\quad\therefore a=-6$ 답 −6

4 $P(x)$가 $x-3$으로 나누어떨어지므로
$P(3)=27+6+a=0$
$\therefore a=-33$
따라서 $P(x)=x^3+2x-33$이므로 $P(x)$를 $x-1$로 나누었을 때의 나머지는
$P(1)=1+2-33=-30$ 답 −30

5 $P(x)=2x^3-3x^2+ax+3$으로 놓으면 $P(x)$는 $x-1$을 인수로 가지므로 $P(1)=0$이다.
즉, $2-3+a+3=0$이므로
$a=-2$
$\therefore P(x)=2x^3-3x^2-2x+3$
오른쪽 조립제법에서

1	2	−3	−2	3
		2	−1	−3
	2	−1	−3	0

$2x^3-3x^2-2x+3$
$=(2x^2-x-3)(x-1)$
$=(2x-3)(x+1)(x-1)$
따라서 $b=-3$이므로
$a+b=-2+(-3)=-5$ 답 −5

1 STEP 필수 유형 다지기

| 본문 15~17쪽 |

01 ②	02 ②	03 2	04 10	05 ④	06 1
07 ④	08 1	09 9	10 ①	11 ②	12 −9
13 ④	14 5.322	15 ③	16 ⑤	17 ⑤	18 4040
19 12	20 ②	21 $a=c$인 이등변삼각형			

01 주어진 등식의 양변에 $x=-1$을 대입하면
$-1+a+b=0$에서 $a+b=1$ ······ ㉠
주어진 등식의 양변에 $x=2$를 대입하면
$32+4a+b=0$에서 $4a+b=-32$ ······ ㉡
㉠, ㉡을 연립하여 풀면
$a=-11$, $b=12$
$\therefore b-a=12-(-11)=23$ 답 ②

02 주어진 등식을 k에 대하여 정리하면
$(a^2-a+b)k+a^2+a=0$
이 등식이 k에 대한 항등식이므로
$a^2-a+b=0$, $a^2+a=0$
$a^2+a=0$에서 $a(a+1)=0$
$\therefore a=-1$ 또는 $a=0$
(i) $a=-1$을 $a^2-a+b=0$에 대입하면
$1+1+b=0$ $\quad\therefore b=-2$
$\therefore a+b=-1+(-2)=-3$
(ii) $a=0$을 $a^2-a+b=0$에 대입하면
$b=0$
$\therefore a+b=0+0=0$
(i), (ii)에 의하여 $a+b$의 최솟값은 -3이다. 답 ②

03 주어진 등식의 양변에 $x=0$을 대입하면
$2=a+b+c$
주어진 등식의 양변에 $x=-1$을 대입하면
$2=1-(ab+bc+ca)+a+b+c$
$\therefore ab+bc+ca=(a+b+c)-1=2-1=1$
$\therefore a^2+b^2+c^2=(a+b+c)^2-2(ab+bc+ca)$
$=2^2-2\times1=2$ 답 2

04 다항식 $P(x)$를 x^3-x^2-3x로 나누었을 때의 몫을 $Q(x)$라 하면 나머지가 $2x^2+ax+b$이므로

$P(x)=(x^3-x^2-3x)Q(x)+2x^2+ax+b$

$=(x^2-x-3)\times xQ(x)+2x^2+ax+b$

즉, 다항식 $P(x)$를 x^2-x-3으로 나누었을 때의 나머지는 $2x^2+ax+b$를 x^2-x-3으로 나누었을 때의 나머지와 같다.

$2x^2+ax+b=2(x^2-x-3)+(a+2)x+b+6$이므로

$(a+2)x+b+6=x-4$

이 등식이 x에 대한 항등식이므로

$a+2=1$, $b+6=-4$

따라서 $a=-1$, $b=-10$이므로

$ab=-1\times(-10)=10$ 답 10

05 주어진 등식이 x에 대한 항등식이므로

양변에 $x=1$을 대입하면 $0=a_0$

양변에 $x=2$를 대입하면

$2^{10}-1=a_{10}+a_9+a_8+\cdots+a_1+a_0$

$\therefore a_1+a_2+a_3+\cdots+a_{10}=2^{10}-1-a_0$

$=1023$ 답 ④

06 등식의 양변에 $x=1$을 대입하면

$(1+1-1)^5=a_{10}+a_9+a_8+\cdots+a_1+a_0$

$a_{10}+a_9+a_8+\cdots+a_1+a_0=1$ …… ㉠ ❶

등식의 양변에 $x=-1$을 대입하면

$(1-1-1)^5=a_{10}-a_9+a_8-\cdots-a_1+a_0$

$a_{10}-a_9+a_8-\cdots-a_1+a_0=-1$ …… ㉡ ❷

㉠-㉡을 하면

$2(a_9+a_7+a_5+a_3+a_1)=2$

$\therefore a_1+a_3+a_5+a_7+a_9=1$ ❸

답 1

단계	채점 기준	배점
❶	$a_0+a_1+a_2+\cdots+a_{10}$의 값 구하기	40 %
❷	$a_0-a_1+a_2-\cdots+a_{10}$의 값 구하기	40 %
❸	$a_1+a_3+a_5+a_7+a_9$의 값 구하기	20 %

07 나머지정리에 의하여

$P(4)=5$, $Q(4)=7$

따라서 구하는 나머지는

$3P(4)-Q(4)=3\times5-7=8$ 답 ④

08 다항식 $P(x)$를 $2x^2-8x+6$으로 나누었을 때의 몫을 $Q(x)$, $R(x)=ax+b$ (a, b는 상수)라 하면

$P(x)=(2x^2-8x+6)Q(x)+R(x)$

$=2(x-1)(x-3)Q(x)+ax+b$

$P(1)=3$, $P(3)=-1$이므로

$a+b=3$, $3a+b=-1$

앞의 두 식을 연립하여 풀면

$a=-2$, $b=5$

따라서 $R(x)=-2x+5$이므로

$R(2)=-2\times2+5=1$ 답 1

09 $P(x)=(x^3+k)(6x-k)+4kx$로 놓으면 인수정리에 의하여

$P(1)=(1+k)(6-k)+4k=0$

$k^2-9k-6=0$

$\therefore k=\dfrac{9\pm\sqrt{105}}{2}$

따라서 모든 실수 k의 값의 합은

$\dfrac{9+\sqrt{105}}{2}+\dfrac{9-\sqrt{105}}{2}=9$ 답 9

참고 이차방정식 $k^2-9k-6=0$에서 근과 계수의 관계를 이용하면 모든 실수 k의 값의 합은 $-\dfrac{-9}{1}=9$

10 $P(x)=2x^3-5x^2+ax+b$로 놓으면 $P(x)$가 x^2-x-2, 즉 $(x+1)(x-2)$로 나누어떨어지므로

$P(-1)=0$, $P(2)=0$

$-2-5-a+b=0$, $16-20+2a+b=0$

$\therefore a-b=-7$, $2a+b=4$

위의 두 식을 연립하여 풀면

$a=-1$, $b=6$

$\therefore P(x)=2x^3-5x^2-x+6$

따라서 $P(x)$를 $x-3$으로 나누었을 때의 나머지는

$P(3)=54-45-3+6=12$ 답 ①

11 $7=x$라 하면 $5=x-2$

다항식 $(x-2)^{10}$을 x로 나누었을 때의 몫을 $Q(x)$, 나머지를 R라 하면

$(x-2)^{10}=xQ(x)+R$

이 등식이 x에 대한 항등식이므로 등식의 양변에 $x=0$을 대입하면

$R=2^{10}=1024$

따라서 $(x-2)^{10}=xQ(x)+1024$의 양변에 $x=7$을 대입하면

$5^{10}=7Q(7)+1024$

따라서 5^{10}을 7로 나누었을 때의 나머지는 1024를 7로 나누었을 때의 나머지와 같고

$1024=7\times146+2$

이므로 구하는 나머지는 2이다. 답 ②

12 조건 (나)에서 $P(x)$를 $(x+1)^2$으로 나누었을 때의 몫과 나머지가 서로 같으므로 이를 $ax+b$ (a, b는 상수)라 하면

$P(x)=(x+1)^2(ax+b)+ax+b$ ❶

등식의 양변에 $x=-1$을 대입하면

$P(-1)=-a+b=3$ ($\because$ 조건 (가)) $\therefore b=a+3$

$\therefore P(x)=(x+1)^2(ax+a+3)+ax+a+3$

$=(x+1)^2\{a(x+1)+3\}+ax+a+3$

$=a(x+1)^3+3(x+1)^2+ax+a+3$

즉, $P(x)$를 $(x+1)^3$으로 나누었을 때의 나머지는

$R(x)=3(x+1)^2+ax+a+3$ ········· ❷

이때 $R(1)=R(2)$이므로

$3\times2^2+2a+3=3\times3^2+3a+3$

$2a+15=3a+30$ $\quad\therefore a=-15$

따라서

$R(x)=3(x+1)^2-15x-12$

$=3x^2-9x-9$ ········· ❸

이므로 $R(3)=27-27-9=-9$ ········· ❹

답 -9

단계	채점 기준	배점
❶	$P(x)$를 $(x+1)^2$으로 나누었을 때의 몫과 나머지를 $ax+b$로 놓고 식 세우기	20 %
❷	$R(x)$를 a에 대한 식으로 나타내기	40 %
❸	$R(x)$ 구하기	30 %
❹	$R(3)$의 값 구하기	10 %

13

-1	1	1	2	2
		-1	0	-2
-1	1	0	2	0
		-1	1	
-1	1	-1	3	
		-1		
	1	-2		

위의 조립제법에서

$x^3+x^2+2x+2=(x+1)(x^2+2)$ ······ ㉠

$x^2+2=(x+1)(x-1)+3$ ······ ㉡

$x-1=(x+1)-2$ ······ ㉢

㉢을 ㉡에 대입하면

$x^2+2=(x+1)\{(x+1)-2\}+3$

$=(x+1)^2-2(x+1)+3$ ······ ㉣

㉣을 ㉠에 대입하면

$x^3+x^2+2x+2=(x+1)\{(x+1)^2-2(x+1)+3\}$

$=(x+1)^3-2(x+1)^2+3(x+1)$

따라서 $a=-2$, $b=3$, $c=0$이므로

$a+2b+3c=-2+2\times3+3\times0=4$ 답 ④

다른 풀이 주어진 등식이 x에 대한 항등식이므로

양변에 $x=-1$을 대입하면 $0=c$

양변에 $x=0$을 대입하면 $2=1+a+b+c$

$\therefore a+b=1$ ······ ㉠

양변에 $x=1$을 대입하면 $6=8+4a+2b+c$

$\therefore 2a+b=-1$ ······ ㉡

㉠, ㉡을 연립하여 풀면 $a=-2$, $b=3$

$\therefore a+2b+3c=-2+2\times3+3\times0=4$

14

1	2	-4	5	2
		2	-2	3
1	2	-2	3	5
		2	0	
1	2	0	3	
		2		
	2	2		

위의 조립제법에서 $a=2$, $b=2$, $c=3$, $d=5$이므로

$P(x)=2(x-1)^3+2(x-1)^2+3(x-1)+5$

$\therefore P(1.1)=2\times0.1^3+2\times0.1^2+3\times0.1+5$

$=0.002+0.02+0.3+5$

$=5.322$ 답 5.322

15 $x^{12}-y^{12}$

$=(x^6)^2-(y^6)^2=(x^6-y^6)(x^6+y^6)$

$=\{(x^2)^3-(y^2)^3\}\{(x^2)^3+(y^2)^3\}$

$=(x^2-y^2)(x^4+x^2y^2+y^4)(x^2+y^2)(x^4-x^2y^2+y^4)$

$=(x-y)(x+y)(x^2+y^2)(x^2+xy+y^2)(x^2-xy+y^2)$

$\times(x^4-x^2y^2+y^4)$

따라서 다항식 $x^{12}-y^{12}$의 인수인 것은 ㄱ, ㄴ이다. 답 ③

16 $x^3-8y^3+3x^2+3x+1$

$=(x^3+3x^2+3x+1)-8y^3$

$=(x+1)^3-(2y)^3$

$=\{(x+1)-2y\}\{(x+1)^2+(x+1)\times2y+(2y)^2\}$

$=(x-2y+1)(x^2+2x+2xy+4y^2+2y+1)$ 답 ⑤

17 $x^2-2x=t$로 놓으면

$(x^2-2x)^2-2x^2+4x-3=(x^2-2x)^2-2(x^2-2x)-3$

$=t^2-2t-3=(t+1)(t-3)$

$=(x^2-2x+1)(x^2-2x-3)$

$=(x-1)^2(x+1)(x-3)$

$=(x+1)(x-3)(x-1)^2$

따라서 $a=1$, $b=-3$, $c=-1$ 또는 $a=-3$, $b=1$, $c=-1$이므로

$a+b-c=1+(-3)-(-1)=-1$ 답 ⑤

18 $2020=x$로 놓으면

$\dfrac{2019\times(2020^2-2021)}{2020^3-2\times2020-1}=\dfrac{(x-1)\{x^2-(x+1)\}}{x^3-2x-1}$

$=\dfrac{(x-1)(x^2-x-1)}{x^3-2x-1}$ ········· ❶

$P(x)=x^3-2x-1$로 놓으면

$P(-1)=-1+2-1=0$

이므로 $P(x)$는 $x+1$을 인수로 갖는다.

오른쪽 조립제법에서

−1	1	0	−2	−1
		−1	1	1
	1	−1	−1	0

$P(x)=x^3-2x-1$

$=(x+1)(x^2-x-1)$

$\therefore \dfrac{2019\times(2020^2-2021)}{2020^3-2\times2020-1}=\dfrac{(x-1)(x^2-x-1)}{(x+1)(x^2-x-1)}$

$=\dfrac{x-1}{x+1}$

$=\dfrac{2019}{2021}$ ········· ❷

따라서 $p=2021$, $q=2019$이므로

$p+q=2021+2019=4040$ ········· ❸

답 4040

단계	채점 기준	배점
❶	$2020=x$로 놓고 주어진 식을 x에 대한 식으로 나타내기	30 %
❷	주어진 식의 값 구하기	50 %
❸	$p+q$의 값 구하기	20 %

19 $a^2b+2ab+b-a^2-2a-1=b(a^2+2a+1)-(a^2+2a+1)$

$=(b-1)(a^2+2a+1)$

$=(b-1)(a+1)^2$

$=45$

이때 $45=5\times3^2$이고 a, b가 모두 자연수이므로

$b-1=5$, $a+1=3$

따라서 $a=2$, $b=6$이므로

$ab=2\times6=12$

답 12

다른 풀이 $a^2b+2ab+b-a^2-2a-1$

$=(b-1)a^2+2(b-1)a+(b-1)$

$=(b-1)(a^2+2a+1)$

$=(b-1)(a+1)^2$

20 주어진 직육면체의 부피를 $V(x)$라 하면

$V(x)=x^3+ax^2+11x+a$

이때 높이가 $x+3$이므로 $V(x)$는 $x+3$을 인수로 갖는다.

즉, $V(-3)=0$이므로

$-27+9a-33+a=0$, $10a=60$ $\therefore a=6$

$\therefore V(x)=x^3+6x^2+11x+6$

오른쪽 조립제법에서

−3	1	6	11	6
		−3	−9	−6
	1	3	2	0

$V(x)=(x+3)(x^2+3x+2)$

$=(x+3)(x+1)(x+2)$

이때 주어진 직육면체의 밑면의 가로, 세로의 길이가 모두 일차항의 계수가 1인 x에 대한 일차식이므로 가로, 세로의 길이는 $x+1$, $x+2$이다.

따라서 이 직육면체의 겉넓이는

$2\{(x+1)(x+2)+(x+2)(x+3)+(x+3)(x+1)\}$

$=2\{(x^2+3x+2)+(x^2+5x+6)+(x^2+4x+3)\}$

$=2(3x^2+12x+11)$

$=6x^2+24x+22$

따라서 $p=6$, $q=24$, $r=22$이므로

$p+q+r=6+24+22=52$

답 ②

21 $bc(b+c)+ca(c-a)=ab(a+b)$에서

$b^2c+bc^2+ac^2-a^2c=a^2b+ab^2$

$(b+c)a^2+(b^2-c^2)a-b^2c-bc^2=0$

$(b+c)a^2+(b+c)(b-c)a-bc(b+c)=0$

$(b+c)\{a^2+(b-c)a-bc\}=0$

$\therefore (b+c)(a+b)(a-c)=0$ ········· ❶

이때 $a>0$, $b>0$, $c>0$에서 $b+c>0$, $a+b>0$이므로

$a-c=0$ $\therefore a=c$

따라서 주어진 삼각형은 $a=c$인 이등변삼각형이다. ········· ❷

답 $a=c$인 이등변삼각형

단계	채점 기준	배점
❶	주어진 식을 인수분해하기	70 %
❷	어떤 삼각형인지 말하기	30 %

2 STEP 출제 유형 PICK

| 본문 18~19쪽 |

대표 문제 1 30	1-1 56	1-2 ④
대표 문제 2 48	2-1 ⑤	2-2 ⑤
대표 문제 3 ②	3-1 97	3-2 ①
대표 문제 4 ③	4-1 ①	4-2 ③

대표 문제 1 $P(x)$를 x^3+8로 나눈 몫을 $Q(x)$,

$R(x)=ax^2+bx+c$ (a, b, c는 상수)로 놓으면

$P(x)=(x^3+8)Q(x)+ax^2+bx+c$

$=(x+2)(x^2-2x+4)Q(x)+ax^2+bx+c$

$P(x)$를 x^2-2x+4로 나누었을 때의 나머지가 $2x+1$이므로 ax^2+bx+c를 x^2-2x+4로 나누었을 때의 나머지가 $2x+1$이다.

$\therefore ax^2+bx+c=a(x^2-2x+4)+2x+1$

$=ax^2+(-2a+2)x+4a+1$

또, $P(x)$를 $x+2$로 나누었을 때의 나머지가 9이므로

$P(-2)=9$

즉, $R(-2)=9$이므로

$4a-2(-2a+2)+(4a+1)=9$

$12a-3=9$ $\therefore a=1$

따라서 $R(x)=x^2+5$이므로

$R(5)=5^2+5=30$

답 30

1-1 조건 ㈎에서 $(x+1)P(x+1)=(x-1)P(x)$의 양변에 $x=-1$을 대입하면

$0=-2P(-1)$ $\quad\therefore P(-1)=0$

또, 양변에 $x=1$을 대입하면

$2P(2)=0$ $\quad\therefore P(2)=0$

$P(x)$는 삼차식이므로 조건 (나)에서 $P(x)$를 x^2+x-3으로 나누었을 때의 몫을 $ax+b$ (a, b는 상수)라 하면

$P(x)=(x^2+x-3)(ax+b)+11x-10$ …… ㉠

이때 $P(-1)=0$이므로 ㉠에 $x=-1$을 대입하면

$-3(-a+b)-21=0$ $\quad\therefore a-b=7$ …… ㉡

또, $P(2)=0$이므로 ㉠에 $x=2$를 대입하면

$3(2a+b)+12=0$ $\quad\therefore 2a+b=-4$ …… ㉢

㉡, ㉢을 연립하여 풀면 $a=1$, $b=-6$

따라서 $P(x)=(x^2+x-3)(x-6)+11x-10$이므로

$P(6)=66-10=56$ 답 56

1-2 조건 (가)에서 $f(x)$를 x^3+1로 나눈 나머지를 ax^2+bx+c (a, b, c는 상수)라 하면

$f(x)=(x^3+1)(x+2)+ax^2+bx+c$

$=(x+1)(x^2-x+1)(x+2)+ax^2+bx+c$ …… ㉠

조건 (나)에 의하여 ax^2+bx+c를 x^2-x+1로 나눈 나머지가 $x-6$이므로

$ax^2+bx+c=a(x^2-x+1)+x-6$ …… ㉡

으로 놓을 수 있다.

㉡을 ㉠에 대입하면

$f(x)=(x+1)(x^2-x+1)(x+2)+a(x^2-x+1)+x-6$

$=(x^2-x+1)\{(x+1)(x+2)+a\}+x-6$

$=(x^2-x+1)(x^2+3x+a+2)+x-6$ …… ㉢

조건 (다)에 의하여 $f(1)=-2$이므로 ㉢에 $x=1$을 대입하면

$f(1)=1\times(a+6)-5=a+1=-2$

$\therefore a=-3$

$a=-3$을 ㉢에 대입하면

$f(x)=(x^2-x+1)(x^2+3x-1)+x-6$

$\therefore f(0)=1\times(-1)-6=-7$ 답 ④

대표문제 2 $P(1)=2P(2)=3P(3)=4P(4)=k$ (k는 상수)라 하면

$P(1)-k=0$, $2P(2)-k=0$, $3P(3)-k=0$, $4P(4)-k=0$

이므로 다항식 $xP(x)-k$는 $x-1$, $x-2$, $x-3$, $x-4$를 인수로 갖는다.

또, 다항식 $P(x)$는 x^3의 계수가 1인 삼차식이므로 $xP(x)-k$는 x^4의 계수가 1인 사차식이다.

$\therefore xP(x)-k=(x-1)(x-2)(x-3)(x-4)$

이때 $P(5)=0$이므로 위의 식의 양변에 $x=5$를 대입하면

$5P(5)-k=4\times3\times2\times1$ $\quad\therefore k=-24$

따라서 $xP(x)+24=(x-1)(x-2)(x-3)(x-4)$이므로 양변에 $x=7$을 대입하면

$7P(7)+24=6\times5\times4\times3$, $7P(7)=336$

$\therefore P(7)=48$ 답 48

2-1 $P(x)+10$을 x^2-4로 나누었을 때의 몫을 $ax+b$ (a, b는 상수, $a\neq0$)라 하면

$P(x)+10=(x^2-4)(ax+b)$ …… ㉠

한편, $P(x)-5$가 x^2-2x-3, 즉 $(x+1)(x-3)$으로 나누어떨어지므로

$P(-1)-5=0$, $P(3)-5=0$

$\therefore P(-1)=5$, $P(3)=5$

㉠의 양변에 $x=-1$을 대입하면

$P(-1)+10=-3(-a+b)$, $15=-3(-a+b)$

$\therefore a-b=5$ …… ㉡

㉠의 양변에 $x=3$을 대입하면

$P(3)+10=5(3a+b)$, $15=5(3a+b)$

$\therefore 3a+b=3$ …… ㉢

㉡, ㉢을 연립하여 풀면 $a=2$, $b=-3$

따라서 $P(x)=(x^2-4)(2x-3)-10$이므로 $P(x)$를 $x-5$로 나누었을 때의 나머지는

$P(5)=21\times7-10=137$ 답 ⑤

2-2 $f(x)$가 최고차항의 계수가 1인 삼차식이므로 조건 (나)에 의하여

$f(x)=(x-2)^2(x+a)+2(x-2)$ (a는 상수)

로 놓으면 조건 (가)에 의하여

$f(0)=4a-4=0$ $\quad\therefore a=1$

$\therefore f(x)=(x-2)^2(x+1)+2(x-2)$

$=(x-2)\{(x-2)(x+1)+2\}$

$=(x-2)(x^2-x)$

$=(x-1)\{x(x-2)\}$

따라서 $f(x)$를 $x-1$로 나눈 몫은 $Q(x)=x(x-2)$이므로

$Q(5)=5\times(5-2)=15$ 답 ⑤

대표문제 3 10^6-3^6

$=(10^3)^2-(3^3)^2$

$=(10^3+3^3)\times(10^3-3^3)$

$=(10+3)\times(10^2-10\times3+3^2)\times(10-3)\times(10^2+10\times3+3^2)$

$=7\times13\times79\times139$

따라서 두 자리 자연수는 13, 79, 91이므로 구하는 합은

$13+79+91=183$ 답 ②

3-1 $33=x$로 놓으면

$33\times(33+2)\times(33-4)-8\times33+32$

$=x(x+2)(x-4)-8x+32$

$=x(x+2)(x-4)-8(x-4)$

$=(x-4)(x^2+2x-8)$

$=(x-4)(x+4)(x-2)$

$=(33-4)\times(33+4)\times(33-2)$

$=29\times31\times37$

$\therefore p+q+r=29+31+37=97$ 답 97

3-2 $182\sqrt{182}=A$, $13\sqrt{13}=B$로 놓으면

$(182\sqrt{182}+13\sqrt{13})\times(182\sqrt{182}-13\sqrt{13})$

$=(A+B)(A-B)=A^2-B^2$

$=(182\sqrt{182})^2-(13\sqrt{13})^2=182^3-13^3$

$=(13\times14)^3-13^3=13^3\times14^3-13^3$

$=13^3\times(14^3-1)$

$=13^3\times(14-1)\times(14^2+14+1)=13^4\times211$

$\therefore m=211$ 답 ①

대표문제 4 $a^3-ab^2+ac^2+a^2b-b^3+bc^2+a^2c-cb^2+c^3$

$=a^2(a+b+c)-a(b^2-c^2)-b^2(b+c)+c^2(b+c)$

$=a^2(a+b+c)-a(b+c)(b-c)-(b+c)(b^2-c^2)$

$=a^2(a+b+c)-a(b+c)(b-c)-(b+c)^2(b-c)$

$=a^2(a+b+c)-(b+c)(b-c)(a+b+c)$

$=(a+b+c)(a^2-b^2+c^2)=0$

이때 $a+b+c\neq0$이므로 $a^2-b^2+c^2=0$

$\therefore b^2=a^2+c^2$

따라서 이 삼각형은 빗변의 길이가 b인 직각삼각형이므로 그 넓이는 $\frac{1}{2}ac$ 답 ③

(다른 풀이) $a^3-ab^2+ac^2+a^2b-b^3+bc^2+a^2c-cb^2+c^3$

$=a^2(a+b+c)-b^2(a+b+c)+c^2(a+b+c)$

$=(a+b+c)(a^2-b^2+c^2)$

4-1 $a(b-c)^2+b(c-a)^2+c(a-b)^2+8abc$

$=a(b^2-2bc+c^2)+b(c^2-2ca+a^2)+c(a^2-2ab+b^2)+8abc$

$=ab^2-2abc+ac^2+bc^2-2abc+a^2b+a^2c-2abc+b^2c+8abc$

$=ab^2+ac^2+bc^2+a^2b+a^2c+b^2c+2abc$

$=(b+c)a^2+(b^2+2bc+c^2)a+bc^2+b^2c$

$=(b+c)a^2+(b+c)^2a+bc(b+c)$

$=(b+c)\{a^2+(b+c)a+bc\}$

$=(b+c)(a+b)(a+c)=(a+b)(b+c)(c+a)$ 답 ①

4-2 $(x^2-x)(x^2+3x+2)-3=x(x-1)(x+1)(x+2)-3$

$=x(x+1)(x-1)(x+2)-3$

$=(x^2+x)(x^2+x-2)-3$

$=(x^2+x)^2-2(x^2+x)-3$

$x^2+x=X$로 놓으면

(주어진 식)$=X^2-2X-3=(X+1)(X-3)$

$=(x^2+x+1)(x^2+x-3)$

$\therefore a+b+c+d=1+1+1-3=0$ 답 ③

3STEP 만점 도전 하기

| 본문 20~21쪽 |

01 ④	02 63	03 ①	04 7	05 ②	06 11
07 ②	08 27	09 24	10 ⑤		

01 $f(x)$가 최고차항의 계수가 1인 이차식이므로

$f(x)=x^2+ax+b$ (a, b는 상수)로 놓으면

$f(x^2)=x^4+ax^2+b$

$f(x)f(-x)=(x^2+ax+b)(x^2-ax+b)$

$=(x^2+b)^2-(ax)^2$

$=x^4+2bx^2+b^2-a^2x^2$

$=x^4+(2b-a^2)x^2+b^2$

$f(x^2)=f(x)f(-x)$에서

$x^4+ax^2+b=x^4+(2b-a^2)x^2+b^2$

위의 식은 x에 대한 항등식이므로

$a=2b-a^2$, $b=b^2$

이때 $b=b^2$에서 $b^2-b=0$, $b(b-1)=0$

$\therefore b=0$ 또는 $b=1$

(i) $b=0$일 때

$a=-a^2$에서 $a^2+a=0$, $a(a+1)=0$

$\therefore a=-1$ 또는 $a=0$

따라서 $f(x)=x^2-x$ 또는 $f(x)=x^2$이므로

$f(1)=0$ 또는 $f(1)=1$

(ii) $b=1$일 때

$a=2-a^2$에서 $a^2+a-2=0$, $(a+2)(a-1)=0$

$\therefore a=-2$ 또는 $a=1$

따라서 $f(x)=x^2-2x+1$ 또는 $f(x)=x^2+x+1$이므로

$f(1)=0$ 또는 $f(1)=3$

(i), (ii)에 의하여 $f(1)$의 최댓값은 3이다. 답 ④

02 조건 (가)에서

$f(x)+g(x)$가 $x-1$로 나누어떨어지므로

$f(1)+g(1)=0$ …… ㉠

$f(x)-g(x)$가 $x-1$로 나누어떨어지므로

$f(1)-g(1)=0$ …… ㉡

㉠, ㉡을 연립하여 풀면 $f(1)=0$, $g(1)=0$

두 다항식 $f(x)$, $g(x)$는 $x-1$을 인수로 가지므로

$f(x)=(x-1)(x^2+ax+b)$ (a, b는 상수)

$g(x)=(x-1)(x^2+cx+d)$ (c, d는 상수)

로 놓으면

$f(x^2)=(x^2-1)(x^4+ax^2+b)$ …… ㉢

$g(x^2)=(x^2-1)(x^4+cx^2+d)$

$=(x+1)(x-1)(x^4+cx^2+d)$ …… ㉣

조건 (나)에서 $f(x^2)$이 x^2+1로 나누어떨어지므로 ㉢에서 x^4+ax^2+b가 x^2+1로 나누어떨어져야 한다.

$$\begin{array}{r|lll} & x^2+(a-1) & & \\ x^2+1 & x^4+ & ax^2+ & b \\ & x^4+ & x^2 & \\ \hline & & (a-1)x^2+ & b \\ & & (a-1)x^2+ & a-1 \\ \hline & & & b-a+1 \end{array}$$

즉, $x^4+ax^2+b=(x^2+1)(x^2+a-1)+b-a+1$이므로

$b-a+1=0 \quad \therefore b=a-1$

$\therefore f(x)=(x-1)(x^2+ax+a-1)$

$\quad =(x-1)(x+1)(x+a-1)$

또, 조건 (나)에서 $g(x^2)$이 x^3+1, 즉 $(x+1)(x^2-x+1)$로 나누어떨어지므로 ㉣에서 x^4+cx^2+d가 x^2-x+1로 나누어떨어져야 한다.

$$\begin{array}{r|l} & x^2+x+c \\ \hline x^2-x+1 & x^4 \quad + cx^2 \quad +d \\ & x^4-x^3+x^2 \\ \hline & x^3+(c-1)x^2 \\ & x^3-x^2+x \\ \hline & cx^2-x+d \\ & cx^2-cx+c \\ \hline & (c-1)x+(d-c) \end{array}$$

즉,

$x^4+cx^2+d=(x^2-x+1)(x^2+x+c)+(c-1)x+(d-c)$

이므로 $c-1=0$, $d-c=0 \quad \therefore c=1, d=1$

$\therefore g(x)=(x-1)(x^2+x+1)$

이때 $f(0)=-a+1$, $g(0)=-1$이므로 $f(0)g(0)=1$에서

$(-a+1)\times(-1)=1$, $a-1=1 \quad \therefore a=2$

따라서 $f(x)=(x-1)(x+1)^2$, $g(x)=(x-1)(x^2+x+1)$이므로 $f(x)g(x)$를 $x-2$로 나눈 나머지는

$f(2)g(2)=9\times7=63$

답 63

03 $8(x-1)P(x)=(x-8)P(2x)$ …… ㉠

㉠의 양변에 $x=1$을 대입하면 $P(2)=0$

㉠의 양변에 $x=8$을 대입하면 $P(8)=0$

따라서 $P(x)$는 $x-2$, $x-8$을 인수로 가지고, 다항식 $P(x)$가 최고차항의 계수가 1인 삼차식이므로

$P(x)=(x-2)(x-8)(x-k)$ (k는 상수) …… ㉡

로 놓을 수 있다.

이때

$P(2x)=(2x-2)(2x-8)(2x-k)$

$\quad =8(x-1)(x-4)\left(x-\frac{k}{2}\right)$ …… ㉢

이므로 ㉡, ㉢을 ㉠에 대입하면

$8(x-1)\times(x-2)(x-8)(x-k)$

$\quad =(x-8)\times8(x-1)(x-4)\left(x-\frac{k}{2}\right)$

위의 등식이 x에 대한 항등식이므로

$(x-2)(x-k)=(x-4)\left(x-\frac{k}{2}\right)$

$x^2-(k+2)x+2k=x^2-\left(\frac{k}{2}+4\right)x+2k$

$k+2=\frac{k}{2}+4$에서 $\frac{k}{2}=2 \quad \therefore k=4$

따라서 $P(x)=(x-2)(x-4)(x-8)$이므로 $P(2x)-P(x)$를 $x-3$으로 나눈 나머지는

$P(6)-P(3)=4\times2\times(-2)-1\times(-1)\times(-5)$

$\quad =-16-5=-21$

답 ①

04 $A◎B-A◎C$

$=(A^2-AB+B^2)-(A^2-AC+C^2)$

$=(-AB+AC)+(B^2-C^2)$

$=-A(B-C)+(B+C)(B-C)$

$=(B-C)(-A+B+C)$

$=\{(x^2+2)-3x\}\{-(x^2-3x+2)+(x^2+2)+3x\}$

$=(x^2-3x+2)\times6x$

$=6x^3-18x^2+12x$

이때

$$\begin{array}{r|l} & 6x-18 \\ \hline x^2+2 & 6x^3-18x^2+12x \\ & 6x^3 \quad +12x \\ \hline & -18x^2 \\ & -18x^2 \quad -36 \\ \hline & 36 \end{array}$$

즉, $6x^3-18x^2+12x=(x^2+2)(6x-18)+36$이므로

$\frac{A◎B-A◎C}{B}=\frac{6x^3-18x^2+12x}{x^2+2}$

$\quad =6x-18+\frac{36}{x^2+2}$

이 값이 정수이려면 $\frac{36}{x^2+2}$이 정수이어야 하므로 x^2+2가 36의 약수이어야 한다.

즉, $x^2+2\geq2$에서 $x^2+2=2, 3, 4, 6, 9, 12, 18, 36$이어야 하므로

$x^2=0, 1, 2, 4, 7, 10, 16, 34$

이때 x가 정수이므로 x는

$0, \pm1, \pm2, \pm4$

의 7개이다.

답 7

05 조건 (나)에서

$a(b^2+c^2-a^2)+b(c^2+a^2-b^2)=2c(a^2+b^2-c^2)$

$ab^2+ac^2-a^3+bc^2+a^2b-b^3=2a^2c+2b^2c-2c^3$

$2c^3+(a+b)c^2-2(a^2+b^2)c-(a^3-a^2b-ab^2+b^3)=0$

$2c^3+(a+b)c^2-2(a^2+b^2)c-\{a^2(a-b)-b^2(a-b)\}=0$

$2c^3+(a+b)c^2-2(a^2+b^2)c-(a-b)(a^2-b^2)=0$

$\therefore 2c^3+(a+b)c^2-2(a^2+b^2)c-(a-b)^2(a+b)=0$

…… ㉠

조건 (가)에서 $a+b=2c$이므로

$a^2+b^2=(a+b)^2-2ab$

$\quad =(2c)^2-2a(2c-a)$

$\quad =4c^2+2a^2-4ac$

$(a-b)^2=(a+b)^2-4ab$

$\quad =(2c)^2-4a(2c-a)$

$\quad =4c^2+4a^2-8ac$

이를 모두 ㉠에 대입하면

$2c^3+2c\times c^2-2(4c^2+2a^2-4ac)c-(4c^2+4a^2-8ac)\times2c=0$

$12c^3+12a^2c-24ac^2=0$

$12c(c^2-2ac+a^2)=0$

$12c(c-a)^2=0 \quad \therefore c=a\ (\because c>0)$

조건 (가)에 의하여 $b=c$

즉, $a=b=c$이므로 삼각형 ABC는 정삼각형이다.

이때 정삼각형 ABC에 내접하는 원의 넓이가 $\frac{4}{3}\pi$이므로 원의 반지름의 길이는 $\frac{2\sqrt{3}}{3}$이고, 삼각형 ABC의 넓이에서

$\frac{\sqrt{3}}{4}a^2=\frac{1}{2}\times\frac{2\sqrt{3}}{3}\times(a+a+a)$

$a^2=4a,\ a(a-4)=0$

$\therefore a=4\ (\because a>0)$

따라서 삼각형 ABC는 한 변의 길이가 4인 정삼각형이므로 그 넓이는

$\frac{\sqrt{3}}{4}\times 4^2=4\sqrt{3}$

답 ②

06 ax^3+b를 $ax+b$로 나눈 몫이 $Q_1(x)$, 나머지가 R_1이므로

$ax^3+b=(ax+b)Q_1(x)+R_1 \quad \cdots\cdots ㉠$

ax^4+b를 $ax+b$로 나눈 몫이 $Q_2(x)$, 나머지가 R_2이므로

$ax^4+b=(ax+b)Q_2(x)+R_2 \quad \cdots\cdots ㉡$

㉠, ㉡에 $x=-\frac{b}{a}$를 각각 대입하면

$R_1=a\times\left(-\frac{b}{a}\right)^3+b=-\frac{b^3}{a^2}+b$

$R_2=a\times\left(-\frac{b}{a}\right)^4+b=\frac{b^4}{a^3}+b$

이때 $R_1=R_2$이므로

$-\frac{b^3}{a^2}+b=\frac{b^4}{a^3}+b,\ -\frac{b^3}{a^2}=\frac{b^3}{a^2}\times\frac{b}{a}$

$\therefore b=-a\ (\because ab\neq 0)$

따라서 $Q_1(x)$는 ax^3-a를 $ax-a$로 나눈 몫이므로

$ax^3-a=a(x-1)(x^2+x+1)$

에서 $Q_1(x)=x^2+x+1$

또, $Q_2(x)$는 ax^4-a를 $ax-a$로 나눈 몫이므로

$ax^4-a=a(x-1)(x+1)(x^2+1)$

에서 $Q_2(x)=(x+1)(x^2+1)$

$\therefore Q_1(2)+Q_2(1)=(4+2+1)+(2\times 2)$

$=7+4=11$

답 11

07 조건 (가)에서 x^3+3x^2+4x+2를 $f(x)$로 나눈 나머지가 $g(x)$이고 $f(x)$가 이차다항식이므로 나머지 $g(x)$는 일차다항식 또는 상수이다.

조건 (나)에서 x^3+3x^2+4x+2를 $g(x)$로 나눈 나머지가 $f(x)-x^2-2x$이고 $g(x)$가 일차다항식 또는 상수이므로 $f(x)-x^2-2x$는 상수이다.

즉, $f(x)-x^2-2x=a$ (a는 상수)로 놓으면

$f(x)=x^2+2x+a$

이때 x^3+3x^2+4x+2를 $f(x)$로 나누면

$$\begin{array}{r|l} & x+1 \\ x^2+2x+a & x^3+3x^2+4x+2 \\ & x^3+2x^2+ax \\ \hline & x^2+(4-a)x+2 \\ & x^2+2x+a \\ \hline & (2-a)x+2-a \end{array}$$

이므로 $g(x)=(2-a)x+2-a \quad \cdots\cdots ㉠$

x^3+3x^2+4x+2를 $g(x)$로 나눈 몫을 $Q(x)$라 하면

$x^3+3x^2+4x+2=g(x)Q(x)+f(x)-x^2-2x$

즉, $x^3+3x^2+4x+2=g(x)Q(x)+a$

양변에 $x=-1$을 대입하면

$0=g(-1)Q(-1)+a$

㉠에서 $g(-1)=0$이므로 $a=0$

따라서 $g(x)=2x+2$이므로

$g(1)=2+2=4$

답 ②

08 조건 (가)에서 $P(1)=0$ 또는 $P(2)=0 \quad \cdots\cdots (*)$

조건 (나)에서 $P(x)\{P(x)-3\}$이 $x(x-3)$을 인수로 가지므로

$P(0)\{P(0)-3\}=0$이고 $P(3)\{P(3)-3\}=0$이다.

즉, '$P(0)=0$ 또는 $P(0)=3$'이고 '$P(3)=0$ 또는 $P(3)=3$'이다.

$(*)$을 다음과 같이 경우를 나누어 보자.

(i) $P(1)=0,\ P(2)=0$인 경우

$P(x)$가 이차다항식이므로

$P(x)=a(x-1)(x-2)$ ($a\neq 0$, a는 상수)로 놓으면

$P(0)=3,\ P(3)=3$이어야 하므로

$2a=3 \quad \therefore a=\frac{3}{2}$

$\therefore P(x)=\frac{3}{2}(x-1)(x-2)$

(ii) $P(1)=0,\ P(2)\neq 0$인 경우

㉠ $P(0)=0,\ P(3)=3$인 경우

$P(x)=ax(x-1)$ ($a\neq 0$, a는 상수)로 놓으면

$P(3)=3$에서 $6a=3 \quad \therefore a=\frac{1}{2}$

$\therefore P(x)=\frac{1}{2}x(x-1)$

㉡ $P(0)=3,\ P(3)=0$인 경우

$P(x)=a(x-1)(x-3)$ ($a\neq 0$, a는 상수)으로 놓으면

$P(0)=3$에서 $3a=3 \quad \therefore a=1$

$\therefore P(x)=(x-1)(x-3)$

㉢ $P(0)=3,\ P(3)=3$인 경우

$P(x)=ax(x-3)+3$ ($a\neq 0$, a는 상수)으로 놓으면

$P(1)=0$에서 $-2a+3=0 \quad \therefore a=\frac{3}{2}$

$\therefore P(x)=\frac{3}{2}x(x-3)+3$

이때 $P(2)=-3+3=0$이므로 $P(2)\neq 0$을 만족시키지 않는다.

(iii) $P(1)\neq 0$, $P(2)=0$인 경우

㉣ $P(0)=0$, $P(3)=3$인 경우

$P(x)=ax(x-2)$ ($a\neq 0$, a는 상수)로 놓으면

$P(3)=3$에서 $3a=3$ $\quad \therefore a=1$

$\therefore P(x)=x(x-2)$

㉤ $P(0)=3$, $P(3)=0$인 경우

$P(x)=a(x-2)(x-3)$ ($a\neq 0$, a는 상수)으로 놓으면

$P(0)=3$에서 $6a=3$ $\quad \therefore a=\frac{1}{2}$

$\therefore P(x)=\frac{1}{2}(x-2)(x-3)$

㉥ $P(0)=3$, $P(3)=3$인 경우

$P(x)=ax(x-3)+3$ ($a\neq 0$, a는 상수)으로 놓으면

$P(2)=0$에서 $-2a+3=0$ $\quad \therefore a=\frac{3}{2}$

$\therefore P(x)=\frac{3}{2}x(x-3)+3$

이때 $P(1)=-3+3=0$이므로 $P(1)\neq 0$을 만족시키지 않는다.

(i), (ii), (iii)에 의하여 $P(x)$는

$\frac{3}{2}(x-1)(x-2)$ 또는 $\frac{1}{2}x(x-1)$ 또는 $(x-1)(x-3)$

또는 $x(x-2)$ 또는 $\frac{1}{2}(x-2)(x-3)$

이므로

$$Q(x)=\frac{3}{2}(x-1)(x-2)+\frac{1}{2}x(x-1)+(x-1)(x-3)+x(x-2)+\frac{1}{2}(x-2)(x-3)$$

따라서 $Q(x)$를 $x-4$로 나누었을 때의 나머지는

$Q(4)=9+6+3+8+1=27$

답 27

09 $\sqrt{3}=x$로 놓으면

A 색종이 한 장의 넓이는 x^2

B 색종이 한 장의 넓이는 $2x$

C 색종이 한 장의 넓이는 1

이므로 A 색종이 5장, B 색종이 11장, C 색종이 8장을 모두 사용하여 겹치지 않게 빈틈없이 이어 붙여서 만든 직사각형의 넓이는

$5x^2+22x+8=(5x+2)(x+4)$

즉, 직사각형의 두 변의 길이는

$5x+2$, $x+4$

이므로 직사각형의 둘레의 길이는

$2\{(5x+2)+(x+4)\}=2(6x+6)=12x+12$

$=12+12\sqrt{3}$

따라서 $a=12$, $b=12$이므로

$a+b=12+12=24$

답 24

참고 색종이 24장의 넓이의 합 S는

$S=5\times(\sqrt{3}\times\sqrt{3})+11\times(2\times\sqrt{3})+8\times(1\times 1)$

$=5\times(\sqrt{3})^2+22\times\sqrt{3}+8$

$=(5\sqrt{3}+2)(\sqrt{3}+4)$

따라서 색종이 24장을 모두 사용하여 겹치지 않게 빈틈없이 이어 붙인 직사각형은 다음 그림과 같이 가로, 세로의 길이가 $5\sqrt{3}+2$, $\sqrt{3}+4$이다.

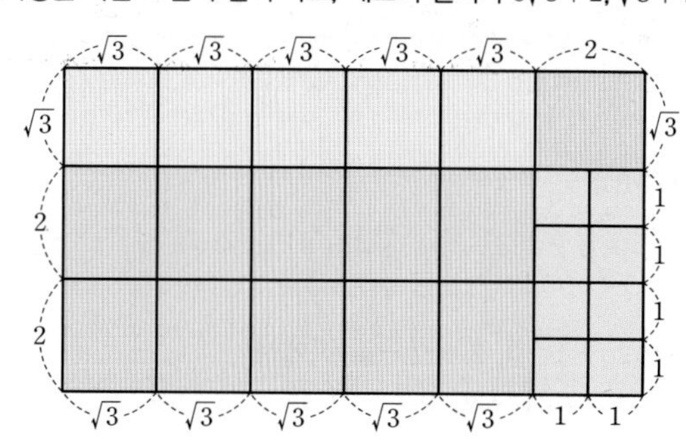

10 $\{P(x)\}^3+\{Q(x)\}^3=12x^4+24x^3+12x^2+16$에서

$\{P(x)+Q(x)\}^3-3P(x)Q(x)\{P(x)+Q(x)\}$

$=12x^4+24x^3+12x^2+16$

조건 (가)에서 $P(x)+Q(x)=4$이므로

$64-12P(x)Q(x)=12x^4+24x^3+12x^2+16$

$-12P(x)Q(x)=12x^4+24x^3+12x^2-48$

$\therefore P(x)Q(x)=-x^4-2x^3-x^2+4$

$=-(x-1)(x+2)(x^2+x+2)$

$=-(x^2+x-2)(x^2+x+2)$

이때 $P(x)$의 최고차항의 계수가 음수이고 $P(x)+Q(x)=4$이므로

$P(x)=-x^2-x+2$, $Q(x)=x^2+x+2$

$\therefore P(2)+Q(3)=(-4-2+2)+(9+3+2)$

$=10$

답 ⑤

다른 풀이 $P(x)=ax^2+bx+c$ ($a<0$)로 놓으면

조건 (가)에서 $Q(x)=4-(ax^2+bx+c)$이므로

$\{P(x)\}^3+\{Q(x)\}^3$

$=(ax^2+bx+c)^3+64-48(ax^2+bx+c)+12(ax^2+bx+c)^2-(ax^2+bx+c)^3$

$=12a^2x^4+24abx^3+(12b^2+24ac-48a)x^2+(24bc-48b)x+(12c^2-48c+64)$

$=12x^4+24x^3+12x^2+16$

즉, $12a^2=12$에서

$12(a+1)(a-1)=0$ $\quad \therefore a=-1$ ($\because a<0$)

$24ab=24$에서 $b=-1$

$12b^2+24ac-48a=12$에서

$12-24c+48=12$ $\quad \therefore c=2$

$\therefore P(x)=-x^2-x+2$,

$Q(x)=4-(-x^2-x+2)=x^2+x+2$

$\therefore P(2)+Q(3)=(-4-2+2)+(9+3+2)=10$

03강 복소수와 이차방정식

기본 다지기

| 본문 22쪽 |

1 ⑤ 2 108 3 ③ 4 ② 5 3

1 $a+2b+1=0$, $2a+b-4=0$에서
$a+2b=-1$, $2a+b=4$
두 식을 연립하여 풀면 $a=3$, $b=-2$
$\therefore a-b=3-(-2)=5$ 답 ⑤

2 $i=\sqrt{-1}$이므로 $i^2=-1$, $i^3=-i$, $i^4=1$
$i^{2n}=1$에서 $2n$은 4의 배수이므로 n은 2의 배수이다.
따라서 두 자리의 자연수 n의 최댓값은 98, 최솟값은 10이므로
$M=98$, $m=10$
$\therefore M+m=98+10=108$ 답 108

3 ① $\sqrt{2}\sqrt{-3}=\sqrt{2}\sqrt{3}i=\sqrt{6}i$
② $\sqrt{-2}\sqrt{-8}=\sqrt{2}i\times2\sqrt{2}i=4i^2=-4$
③ $\dfrac{\sqrt{27}}{\sqrt{-3}}=\dfrac{3\sqrt{3}}{\sqrt{3}i}=\dfrac{3}{i}=\dfrac{3i}{i^2}=-3i$
④ $\dfrac{\sqrt{-8}}{\sqrt{-2}}=\dfrac{2\sqrt{2}i}{\sqrt{2}i}=2$
⑤ $\dfrac{\sqrt{-12}}{\sqrt{3}}=\dfrac{2\sqrt{3}i}{\sqrt{3}}=2i$
따라서 옳지 않은 것은 ③이다. 답 ③

4 이차식 ax^2-4x+a가 완전제곱식으로 인수분해되려면 이차방정식 $ax^2-4x+a=0$의 판별식을 D라 할 때
$\dfrac{D}{4}=(-2)^2-a^2=0$, $a^2=4$
$\therefore a=-2$ 또는 $a=2$
따라서 모든 실수 a의 값의 곱은
$-2\times2=-4$ 답 ②

5 이차방정식 $x^2+nx+2=0$의 두 근이 α, β이므로 근과 계수의 관계에 의하여 $\alpha+\beta=-n$, $\alpha\beta=2$
이때 $\alpha^2+\beta^2=5$이므로 $(\alpha+\beta)^2-2\alpha\beta=5$
$n^2-4=5$, $n^2=9$ $\quad\therefore n=3$ ($\because$ n은 자연수) 답 3

1 STEP 필수 유형 다지기

| 본문 23~25쪽 |

01 ④ 02 ① 03 ④ 04 ① 05 20 06 ①
07 2023 08 ① 09 $1+2i$ 10 ⑤ 11 ① 12 ⑤
13 ④ 14 ① 15 ⑤ 16 ② 17 3 18 -6
19 ⑤ 20 3

01 ① 두 허수 i와 $2i$는 대소를 비교할 수 없다.
② 허수 $2-i$와 실수 2의 대소를 비교할 수 없다.
③ $1+2i$의 허수부분은 2이다.
⑤ 실수는 복소수이지만 i를 포함하지 않는다.
따라서 옳은 것은 ④이다. 답 ④

02 $2(x-2yi)-3(xi-y)=x+4y-3+5(3x+y)i$에서
$(2x+3y)+(-3x-4y)i=(x+4y-3)+(15x+5y)i$
복소수가 서로 같을 조건에 의하여
$2x+3y=x+4y-3$에서 $x-y=-3$ $\cdots\cdots$ ㉠
$-3x-4y=15x+5y$에서 $2x+y=0$ $\cdots\cdots$ ㉡
㉠, ㉡을 연립하여 풀면
$x=-1$, $y=2$
$\therefore x+y=-1+2=1$ 답 ①

03 $x^2+2x+4=0$에서 $x=-1\pm\sqrt{3}i$
즉, $z=-1+\sqrt{3}i$이므로 $\overline{z}=-1-\sqrt{3}i$
이때 $\overline{z}=(a+b)+(a-b)i$이므로
$a+b=-1$, $a-b=-\sqrt{3}$
두 식을 연립하여 풀면
$a=\dfrac{-1-\sqrt{3}}{2}$, $b=\dfrac{-1+\sqrt{3}}{2}$
$\therefore a^2+b^2=\left(\dfrac{-1-\sqrt{3}}{2}\right)^2+\left(\dfrac{-1+\sqrt{3}}{2}\right)^2$
$=\dfrac{4+2\sqrt{3}}{4}+\dfrac{4-2\sqrt{3}}{4}=2$ 답 ④

04 $\alpha+\beta=(1-2i)+(1+2i)=2$
$\alpha\beta=(1-2i)(1+2i)=1+4=5$
$\therefore \dfrac{\beta}{\alpha}+\dfrac{\alpha}{\beta}=\dfrac{\alpha^2+\beta^2}{\alpha\beta}=\dfrac{(\alpha+\beta)^2-2\alpha\beta}{\alpha\beta}$
$=\dfrac{2^2-2\times5}{5}=-\dfrac{6}{5}$ 답 ①

05 $\alpha^2=\left(\dfrac{1+i}{3i}\right)^2=\dfrac{2i}{-9}=-\dfrac{2}{9}i$, $\beta^2=\left(\dfrac{1-i}{3i}\right)^2=\dfrac{-2i}{-9}=\dfrac{2}{9}i$
$\therefore (9\alpha^2+4)(9\beta^2+4)=\left\{9\times\left(-\dfrac{2}{9}i\right)+4\right\}\left(9\times\dfrac{2}{9}i+4\right)$
$=(-2i+4)(2i+4)$
$=(4-2i)(4+2i)$
$=16-(-4)=20$ 답 20

06 $\dfrac{2}{1+i}=\dfrac{2(1-i)}{(1+i)(1-i)}=\dfrac{2(1-i)}{2}=1-i$,
$\dfrac{2}{1-i}=\dfrac{2(1+i)}{(1-i)(1+i)}=\dfrac{2(1+i)}{2}=1+i$이므로
$\left(\dfrac{2}{1+i}\right)^{100}=(1-i)^{100}=\{(1-i)^2\}^{50}$
$=(-2i)^{50}=(-2)^{50}\times(i^4)^{12}\times i^2$
$=-2^{50}$

$\left(\frac{2}{1-i}\right)^{100}=(1+i)^{100}=\{(1+i)^2\}^{50}$
$=(2i)^{50}=2^{50}\times(i^4)^{12}\times i^2$
$=-2^{50}$
$\therefore \left(\frac{2}{1+i}\right)^{100}+\left(\frac{2}{1-i}\right)^{100}=-2^{50}+(-2^{50})$
$=-2\times2^{50}=-2^{51}$

답 ①

Core 특강

복소수의 거듭제곱

i의 거듭제곱은 4개의 값 i, -1, $-i$, 1이 반복되어 나타난다.
즉, 음이 아닌 정수 k에 대하여
$i^{4k+1}=i$, $i^{4k+2}=-1$, $i^{4k+3}=-i$, $i^{4k+4}=1$
$(-i)^{4k+1}=-i$, $(-i)^{4k+2}=-1$, $(-i)^{4k+3}=i$, $(-i)^{4k+4}=1$

07 $z=\frac{1-i}{1+i}=\frac{(1-i)^2}{(1+i)(1-i)}=\frac{-2i}{2}=-i$이므로
$z^2=-1$, $z^3=i$, $z^4=1$ ······ ❶
$z+2z^2+3z^3+4z^4=-i-2+3i+4=2+2i$
$5z^5+6z^6+7z^7+8z^8=-5i-6+7i+8=2+2i$
$9z^9+10z^{10}+11z^{11}+12z^{12}=-9i-10+11i+12=2+2i$
⋮
$2017z^{2017}+2018z^{2018}+2019z^{2019}+2020z^{2020}$
$=-2017i-2018+2019i+2020$
$=2+2i$
$2021z^{2021}+2022z^{2022}=-2021i-2022$ ······ ❷
$\therefore z+2z^2+3z^3+\cdots+2022z^{2022}$
$=\underbrace{(2+2i)+(2+2i)+(2+2i)+\cdots+(2+2i)}_{505개}+(-2021i-2022)$
$=(2+2i)\times505+(-2021i-2022)$
$=1010+1010i-2021i-2022$
$=-1012-1011i$ ······ ❸
따라서 $a=-1012$, $b=-1011$이므로
$|a+b|=|-1012-1011|=2023$ ······ ❹

답 2023

단계	채점 기준	배점
❶	z, z^2, z^3, z^4의 값 구하기	30 %
❷	z, z^2, z^3, z^4의 값을 이용하여 $2+2i$로 나타낼 수 있는 식 정리하기	30 %
❸	주어진 식의 값 구하기	30 %
❹	$\lvert a+b\rvert$의 값 구하기	10 %

08 z^2이 음의 실수이려면 z가 순허수이어야 하므로
$z=(3-i)a-3(2i-4)=(3a+12)-(a+6)i$
에서 $3a+12=0$, $a+6\neq0$
$\therefore a=-4$
따라서 $z=-2i$이므로 $k=z^2=(-2i)^2=-4$
$\therefore a+k=-4+(-4)=-8$

답 ①

09 $z=x+yi$, $\omega=a+bi$ (x, y, a, b는 실수)라 하면
$(1-2i)z+\omega\overline{z}$
$=(1-2i)(x+yi)+(a+bi)(x-yi)$
$=(x+2y+ax+by)+(-2x+y+bx-ay)i$
이 값이 실수이려면 허수부분이 0이어야 하므로
$-2x+y+bx-ay=0$
$\therefore (-2+b)x+(1-a)y=0$
임의의 실수 x, y에 대하여 위의 등식이 성립하므로
$-2+b=0$, $1-a=0$ $\quad\therefore a=1$, $b=2$
$\therefore \omega=1+2i$

답 $1+2i$

다른 풀이 $(1-2i)z+\omega\overline{z}$가 실수이므로
$(1-2i)z+\omega\overline{z}=\overline{(1-2i)z+\omega\overline{z}}=(1+2i)\overline{z}+\overline{\omega}z$
$(1-2i)z-\overline{\omega}z=(1+2i)\overline{z}-\omega\overline{z}$
$\therefore (1-2i-\overline{\omega})z=(1+2i-\omega)\overline{z}$
임의의 복소수 z에 대하여 위의 등식이 성립하므로
$1-2i-\overline{\omega}=0$, $1+2i-\omega=0$
$\therefore \omega=1+2i$

10 두 실수 a, b에 대하여 $z=a+bi$라 하면 $\overline{z}=a-bi$
ㄱ. $z+\overline{z}=(a+bi)+(a-bi)=2a$
이때 a가 실수이므로 $z+\overline{z}$는 실수이다.
ㄴ. $z^2+\overline{z}^2=(a+bi)^2+(a-bi)^2$
$=(a^2-b^2)+2abi+(a^2-b^2)-2abi$
$=2(a^2-b^2)$
이때 a, b가 실수이므로 $z^2+\overline{z}^2$은 실수이다.
ㄷ. $z\overline{z}=(a+bi)(a-bi)=a^2+b^2$이므로 $z\overline{z}$는 실수이다.
$z^3+\overline{z}^3=(z+\overline{z})(z^2-z\overline{z}+\overline{z}^2)$
이때 ㄱ, ㄴ에서 $z+\overline{z}$, $z^2+\overline{z}^2$이 실수이고, $z\overline{z}$도 실수이므로 $z^3+\overline{z}^3$은 실수이다.
따라서 ㄱ, ㄴ, ㄷ 모두 항상 실수이다.

답 ⑤

11 $\frac{\sqrt{-4}\sqrt{-25}}{\sqrt{-1}}+\frac{\sqrt{36}}{\sqrt{-4}}+\sqrt{-3^2}+(\sqrt{-16})^2$
$=\frac{2i\times5i}{i}+\frac{6}{2i}+3i+(4i)^2=10i+\frac{3i}{i^2}+3i+16i^2$
$=10i-3i+3i-16=-16+10i$
따라서 $a=-16$, $b=10$이므로
$a+b=-16+10=-6$

답 ①

12 $ac<0$, $a>c$에서 $a>0$, $c<0$
$bc>0$에서 $c<0$이므로 $b<0$
ㄱ. $a>0$, $c<0$이므로 $\sqrt{a}\sqrt{c}=\sqrt{ac}$ (참)
ㄴ. $a>0$, $b<0$이므로 $\frac{\sqrt{a}}{\sqrt{b}}=-\sqrt{\frac{a}{b}}$ (참)
ㄷ. $a>0$, $b<0$에서 $ab<0$이고 $c<0$이므로
$\frac{\sqrt{c}}{\sqrt{a}\sqrt{b}}=\frac{\sqrt{c}}{\sqrt{ab}}=\sqrt{\frac{c}{ab}}$ (참)
따라서 ㄱ, ㄴ, ㄷ 모두 옳다.

답 ⑤

13 이차방정식 $x^2-2kx+k^2-2k+4=0$의 판별식을 D라 할 때, 이 이차방정식이 실근을 가지므로

$\frac{D}{4}=(-k)^2-(k^2-2k+4)\geq 0$

$2k-4\geq 0 \qquad \therefore k\geq 2$

따라서 실수 k의 최솟값은 2이다. 답 ④

14 이차방정식 $x^2-(k+3)x+k+3=0$의 판별식을 D라 할 때, 이 이차방정식이 중근을 가지므로

$D=\{-(k+3)\}^2-4(k+3)=0$

$(k+3)(k-1)=0$

$\therefore k=-3$ 또는 $k=1$

(i) $k=-3$일 때

주어진 이차방정식은 $x^2=0$이므로 $\alpha=0$

$\therefore k+\alpha=-3+0=-3$

(ii) $k=1$일 때

주어진 이차방정식은 $x^2-4x+4=0$이므로

$(x-2)^2=0 \qquad \therefore \alpha=2$

$\therefore k+\alpha=1+2=3$

(i), (ii)에 의하여 $k+\alpha$의 최댓값은 3, 최솟값은 -3이므로 최댓값과 최솟값의 곱은 -9이다. 답 ①

15 a, b, c가 삼각형 ABC의 세 변의 길이이므로

$a>0$, $b>0$, $c>0$

이차방정식 $x^2+2(a^2+b^2)x+a^2c^2+b^2c^2=0$의 판별식을 D라 할 때, 이 이차방정식이 중근을 가지므로

$\frac{D}{4}=(a^2+b^2)^2-(a^2c^2+b^2c^2)=0$

$(a^2+b^2)^2-c^2(a^2+b^2)=0$, $(a^2+b^2)(a^2+b^2-c^2)=0$

이때 $a^2+b^2>0$이므로

$a^2+b^2-c^2=0 \qquad \therefore a^2+b^2=c^2$

따라서 삼각형 ABC는 빗변의 길이가 c인 직각삼각형이다.

답 ⑤

16 이차방정식 $x^2-4x+8=0$의 두 근이 α, β이므로 근과 계수의 관계에 의하여 $\alpha+\beta=4$, $\alpha\beta=8$

$\therefore \frac{\beta^2+\beta}{\alpha}+\frac{\alpha^2+\alpha}{\beta}$

$=\frac{\beta(\beta^2+\beta)+\alpha(\alpha^2+\alpha)}{\alpha\beta}=\frac{(\alpha^3+\beta^3)+(\alpha^2+\beta^2)}{\alpha\beta}$

$=\frac{(\alpha+\beta)^3-3\alpha\beta(\alpha+\beta)+(\alpha+\beta)^2-2\alpha\beta}{\alpha\beta}$

$=\frac{4^3-3\times 8\times 4+4^2-2\times 8}{8}=-4$ 답 ②

17 이차방정식 $3x^2-6x-8k=0$의 두 근을 α, β라 하면 근과 계수의 관계에 의하여

$\alpha+\beta=2$, $\alpha\beta=-\frac{8}{3}k$

이때 $(\alpha-\beta)^2=(\alpha+\beta)^2-4\alpha\beta$이고, $|\alpha-\beta|=2k$이므로

$(2k)^2=2^2-4\times\left(-\frac{8}{3}k\right)$, $4k^2=4+\frac{32}{3}k$

$3k^2-8k-3=0$, $(3k+1)(k-3)=0$

$\therefore k=3\ (\because k\geq 0)$ 답 3

18 이차방정식 $x^2-(k+3)x+108=0$의 두 근을 α, $3\alpha\ (\alpha\neq 0)$로 놓으면 근과 계수의 관계에 의하여

$\alpha+3\alpha=k+3$, $\alpha\times 3\alpha=108$

$\therefore 4\alpha=k+3$, $3\alpha^2=108$ ……❶

$3\alpha^2=108$에서 $\alpha^2=36$

$\therefore \alpha=-6$ 또는 $\alpha=6$ ……❷

$\alpha=-6$이면 $-24=k+3 \qquad \therefore k=-27$

$\alpha=6$이면 $24=k+3 \qquad \therefore k=21$

따라서 모든 실수 k의 값의 합은

$-27+21=-6$ ……❸

답 -6

단계	채점 기준	배점
❶	이차방정식의 근과 계수의 관계를 이용하여 식 세우기	40 %
❷	주어진 이차방정식의 한 근 구하기	30 %
❸	모든 실수 k의 값의 합 구하기	30 %

19 a, b가 유리수이므로 이차방정식 $ax^2+bx+a+b+1=0$의 한 근이 $2+\sqrt{2}$이면 다른 한 근은 $2-\sqrt{2}$이다.

근과 계수의 관계에 의하여

$-\frac{b}{a}=(2+\sqrt{2})+(2-\sqrt{2})=4$

$\therefore b=-4a$ …… ㉠

$\frac{a+b+1}{a}=(2+\sqrt{2})(2-\sqrt{2})=2$

$\therefore b=a-1$ …… ㉡

㉠, ㉡을 연립하여 풀면 $a=\frac{1}{5}$, $b=-\frac{4}{5}$

따라서 a, b를 근으로 하고 최고차항의 계수가 25인 x에 대한 이차방정식은

$25\left(x-\frac{1}{5}\right)\left(x+\frac{4}{5}\right)=0$, $(5x-1)(5x+4)=0$

$25x^2+15x-4=0$

즉, $m=15$, $n=-4$이므로

$m+n=15+(-4)=11$ 답 ⑤

Core 특강

이차방정식의 작성

α, β를 두 근으로 하고 이차항의 계수가 a인 이차방정식은
$a(x-\alpha)(x-\beta)=0$, 즉 $a\{x^2-(\alpha+\beta)x+\alpha\beta\}=0$

20 a, b가 실수이므로 이차방정식 $x^2-(4a+2)x+b+3=0$의 한 근이 $a+bi$이면 다른 한 근은 $a-bi$이다.

근과 계수의 관계에 의하여

$4a+2=(a+bi)+(a-bi)=2a$

$\therefore a=-1$ ……… ❶

$b+3=(-1+bi)(-1-bi)=1+b^2$

$b^2-b-2=0,\ (b+1)(b-2)=0$

$\therefore b=-1$ 또는 $b=2$ ……… ❷

따라서 $a+b=-2$ 또는 $a+b=1$이므로

$M=1,\ m=-2$

$\therefore M-m=1-(-2)=3$ ……… ❸

답 3

단계	채점 기준	배점
❶	a의 값 구하기	40 %
❷	b의 값 구하기	40 %
❸	$M-m$의 값 구하기	20 %

2 STEP 출제 유형 PICK

| 본문 26~27쪽 |

대표 문제 1 ①	1-1 ②	1-2 27
대표 문제 2 ④	2-1 12	2-2 ⑤
대표 문제 3 ③	3-1 5	3-2 ②
대표 문제 4 16	4-1 20	4-2 ⑤

대표 문제 1 $z_1^2=\left(\frac{1-\sqrt{3}i}{2}\right)^2=\frac{-2-2\sqrt{3}i}{4}=\frac{-1-\sqrt{3}i}{2}$

$z_1^3=z_1^2\times z_1=\frac{-1-\sqrt{3}i}{2}\times\frac{1-\sqrt{3}i}{2}=\frac{-1-3}{4}=-1$

또, $z_2^2=\left(\frac{\sqrt{2}}{1-i}\right)^2=\frac{2}{-2i}=i$이므로

$z_2^4=(z_2^2)^2=i^2=-1$

이때 $z_1^n=z_2^n$에서 $(z_1^3)^{\frac{n}{3}}=(z_2^4)^{\frac{n}{4}}$, 즉 $(-1)^{\frac{n}{3}}=(-1)^{\frac{n}{4}}$을 만족시켜야 하므로 자연수 n은 3과 4의 공배수, 즉 12의 배수이면서 $\frac{n}{3}$, $\frac{n}{4}$의 값이 동시에 짝수가 되도록 하는 수이어야 한다.

따라서 두 자리의 자연수 n은 24, 48, 72, 96의 4개이다.

답 ①

1-1 $z^2=\left(\frac{\sqrt{3}-i}{2}\right)^2=\frac{2-2\sqrt{3}i}{4}=\frac{1-\sqrt{3}i}{2}$

$z^3=z^2\times z=\frac{1-\sqrt{3}i}{2}\times\frac{\sqrt{3}-i}{2}=\frac{-4i}{4}=-i$

$z^6=(z^3)^2=(-i)^2=-1$

$z^9=(z^3)^3=(-i)^3=i$

$z^{12}=(z^6)^2=(-1)^2=1$

즉, $z^n=i$를 만족시키는 자연수 n은

$n=12k+9$ (k는 음이 아닌 정수) 꼴이다.

따라서 가장 작은 세 자리의 자연수 n의 값은

$12\times8+9=105$

답 ②

1-2 $\alpha^2=\left(\frac{\sqrt{3}+i}{2}\right)^2=\frac{2+2\sqrt{3}i}{4}=\frac{1+\sqrt{3}i}{2}=\beta$이므로

$\alpha^m\beta^n=\alpha^m\times(\alpha^2)^n=\alpha^{m+2n}$

$\alpha^3=\alpha^2\times\alpha=\frac{1+\sqrt{3}i}{2}\times\frac{\sqrt{3}+i}{2}=\frac{4i}{4}=i$

$\alpha^{12}=(\alpha^3)^4=i^4=1$

따라서 $\alpha^{m+2n}=i$를 만족시키는 $m+2n$의 값은

$m+2n=12k+3$ (k는 음이 아닌 정수) 꼴이므로 $m+2n$이 될 수 있는 값은 3, 15, 27, 39, …이다.

그런데 m, n은 10 이하의 자연수이므로

$3\le m+2n\le 30$

따라서 $m+2n$의 최댓값은 27이다.

답 27

대표 문제 2 $z^2+4z=(a+bi)^2+4(a+bi)$

$=a^2+2abi-b^2+4a+4bi$

$=(a^2+4a-b^2)+2(a+2)bi$

이때 z^2+4z가 실수이므로 $2(a+2)b=0$

$\therefore a=-2$ ($\because b\neq0$)

ㄱ. z^2+4z가 실수이므로 $\overline{z^2+4z}$도 실수이다. (참)

ㄴ. $z=-2+bi$에서 $\bar{z}=-2-bi$이므로

$z+\bar{z}=-4$ (거짓)

ㄷ. $z\bar{z}=(-2+bi)(-2-bi)=4+b^2$

이때 b는 0이 아닌 실수이므로 $b^2>0$

$\therefore z\bar{z}=4+b^2>4$ (참)

따라서 옳은 것은 ㄱ, ㄷ이다.

답 ④

2-1 조건 (가)에 의하여 $\frac{\bar{z}}{z}$는 0이 아닌 실수이다. 그런데 z는 실수가 아니므로 z는 순허수이다.

$z=ai$ (a는 0이 아닌 실수)라 하면 조건 (나)에 의하여

$z-z^2-z^3=ai-(ai)^2-(ai)^3=ai+a^2+a^3i$

$=a^2+(a^3+a)i=9-30i$

$a^2=9$에서 $a=3$ 또는 $a=-3$

(i) $a=3$일 때, $a^3+a=27+3=30$

(ii) $a=-3$일 때, $a^3+a=-27+(-3)=-30$

이때 $a^3+a=-30$이므로 $a=-3$

따라서 $z=-3i$이므로

$2i(z-\bar{z})=2i\times(-3i-3i)=2i\times(-6i)=-12i^2=12$

답 12

2-2 $\bar{z}=a-bi$이므로 $iz=\bar{z}$에서

$i(a+bi)=a-bi$

$-b+ai=a-bi$

복소수가 서로 같을 조건에 의하여 $b=-a$

$\therefore z=a-ai,\ \bar{z}=a+ai$

ㄱ. $z+\bar{z}=(a-ai)+(a+ai)=2a=-2b$ (참)

ㄴ. $i\bar{z}=i(a+ai)=ai+ai^2=-a+ai$

$=-(a-ai)=-z$ (참)

ㄷ. $iz=\bar{z}$에서

$\frac{\bar{z}}{z}=i$, $\frac{z}{\bar{z}}=\frac{1}{i}=-i$

$\therefore \frac{\bar{z}}{z}+\frac{z}{\bar{z}}=i+(-i)=0$ (참)

따라서 ㄱ, ㄴ, ㄷ 모두 옳다. 답 ⑤

대표문제 **3** 이차방정식의 근과 계수의 관계에 의하여

$\alpha+\beta=3$, $\alpha\beta=-\frac{2}{3}k$

$|\alpha|+|\beta|=7$의 양변을 제곱하면

$|\alpha|^2+2|\alpha||\beta|+|\beta|^2=49$, $\alpha^2+2|\alpha\beta|+\beta^2=49$

$(\alpha+\beta)^2-2\alpha\beta+2|\alpha\beta|=49$

$3^2-2\times\left(-\frac{2}{3}k\right)+2\times\left|-\frac{2}{3}k\right|=49$

$k+|-k|=30$

이때 $k\le0$이면 $k+|-k|=0$이므로 $k>0$

따라서 $k+k=30$에서 $2k=30$이므로 $k=15$ 답 ③

(다른 풀이) 이차방정식의 근과 계수의 관계에 의하여

$\alpha+\beta=3$ …… ㉠

$\alpha\beta=-\frac{2}{3}k$ …… ㉡

이때 $|\alpha|+|\beta|=7$이므로 $\alpha<\beta$라 하면 $\alpha<0$, $\beta>0$

$\therefore -\alpha+\beta=7$ …… ㉢

㉠, ㉢을 연립하여 풀면 $\alpha=-2$, $\beta=5$

이것을 ㉡에 대입하면 $-10=-\frac{2}{3}k$ $\therefore k=15$

3-1 근과 계수의 관계에 의하여 두 근의 곱이 $-54<0$이므로 두 근의 부호는 다르다.

주어진 이차방정식의 두 근을 2α, -3α $(\alpha\ne0)$라 하면 근과 계수의 관계에 의하여

$2\alpha\times(-3\alpha)=-54$, $\alpha^2=9$

$\therefore \alpha=-3$ 또는 $\alpha=3$

$\alpha=-3$이면 두 근이 -6, 9이므로

$-(2k-5)=-6+9$, $2k-5=-3$ $\therefore k=1$

$\alpha=3$이면 두 근이 6, -9이므로

$-(2k-5)=6+(-9)$, $2k-5=3$ $\therefore k=4$

따라서 모든 실수 k의 값의 합은 $1+4=5$ 답 5

3-2 이차방정식 $x^2-px+p+3=0$의 한 허근이 α이므로

$\alpha^2-p\alpha+p+3=0$에서

$\alpha^2-p\alpha+p^2=p^2-p-3$

위의 식의 양변에 $\alpha+p$를 곱하면

$(\alpha+p)(\alpha^2-p\alpha+p^2)=(\alpha+p)(p^2-p-3)$

$\alpha^3+p^3=(p^2-p-3)\alpha+p^3-p^2-3p$

$\therefore \alpha^3=(p^2-p-3)\alpha-p^2-3p$

이때 α^3이 실수가 되어야 하므로 $p^2-p-3=0$

따라서 이차방정식의 근과 계수의 관계에 의하여 모든 실수 p의 값의 곱은 -3이다. 답 ②

대표문제 **4** $\overline{AE}=\alpha$, $\overline{AH}=\beta$라 하면

$\overline{PF}=12-\alpha$, $\overline{PG}=12-\beta$

직사각형 PFCG의 둘레의 길이가 32이므로

$2\{(12-\alpha)+(12-\beta)\}=32$, $24-(\alpha+\beta)=16$

$\therefore \alpha+\beta=8$

또, 직사각형 PFCG의 넓이가 60이므로

$(12-\alpha)(12-\beta)=60$, $144-12(\alpha+\beta)+\alpha\beta=60$

$144-12\times8+\alpha\beta=60$ $\therefore \alpha\beta=12$

따라서 두 선분 AE와 AH의 길이 α, β를 두 근으로 하고 이차항의 계수가 1인 이차방정식은 $x^2-8x+12=0$이므로

$2a=8$, $3b=12$에서 $a=4$, $b=4$

$\therefore ab=4\times4=16$ 답 16

4-1 처음 입장료를 a, 관객 수를 b라 하면 x % 인상한 입장료는

$a\left(1+\frac{x}{100}\right)$, $3x$ % 감소한 관객 수는 $b\left(1-\frac{3x}{100}\right)$

총수입이 52 % 감소하였으므로

$a\left(1+\frac{x}{100}\right)\times b\left(1-\frac{3x}{100}\right)=ab\left(1-\frac{52}{100}\right)$

$1-\frac{2}{100}x-\frac{3x^2}{10000}=\frac{48}{100}$

$3x^2+200x-5200=0$, $(x-20)(3x+260)=0$

$\therefore x=20$ $(\because x>0)$ 답 20

4-2 이차방정식 $x^2-4x+2=0$의 두 실근이 α, β이므로 근과 계수의 관계에 의하여

$\alpha+\beta=4$, $\alpha\beta=2$

직각삼각형 ABC에 내접하는 정사각형의 한 변의 길이를 k라 하고, 두 변 AB, AC 위에 있는 정사각형의 꼭짓점을 각각 D, E라 하자.

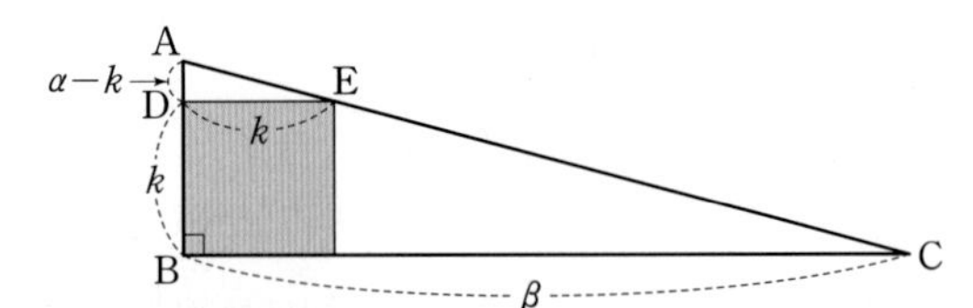

두 삼각형 ABC, ADE가 서로 닮음이므로

$\overline{AB}:\overline{BC}=\overline{AD}:\overline{DE}$에서

$\alpha:\beta=(\alpha-k):k$, $\alpha k=\beta(\alpha-k)$

$(\alpha+\beta)k=\alpha\beta$ $\therefore k=\frac{\alpha\beta}{\alpha+\beta}=\frac{2}{4}=\frac{1}{2}$

따라서 정사각형의 넓이는 $k^2=\left(\frac{1}{2}\right)^2=\frac{1}{4}$

둘레의 길이는 $4k=4\times\frac{1}{2}=2$

이므로 두 수 $\frac{1}{4}$, 2를 근으로 하고 최고차항의 계수가 4인 이차방정식은

$4\left(x-\frac{1}{4}\right)(x-2)=0$, $(4x-1)(x-2)=0$

$\therefore 4x^2-9x+2=0$

즉, $m=-9$, $n=2$이므로 $m+n=-9+2=-7$ 답 ⑤

참고 두 삼각형 ABC, ADE에서

∠A는 공통, ∠ABC=∠ADE=90°

이므로 △ABC∽△ADE (AA 닮음)

3STEP 만점 도전 하기

| 본문 28~29쪽 |

01 ③	02 ③	03 56	04 ①	05 17	06 24
07 150	08 ④	09 503	10 10	11 50	

01 $\left(\frac{1}{1+i}\right)^{2n}=\left\{\left(\frac{1}{1+i}\right)^2\right\}^n=\left(\frac{1}{2i}\right)^n=\left(-\frac{i}{2}\right)^n$

$\left(\frac{1}{1-i}\right)^{2n}=\left\{\left(\frac{1}{1-i}\right)^2\right\}^n=\left(\frac{1}{-2i}\right)^n=\left(\frac{i}{2}\right)^n$

이므로 주어진 등식은

$\left(-\frac{i}{2}\right)^n+\left(\frac{i}{2}\right)^n=\left(\frac{1}{2}\right)^{n-1}$

$\therefore (-i)^n+i^n=2$ …… ㉠

음이 아닌 정수 k에 대하여

(i) $n=4k+1$일 때

$(-i)^n+i^n=(-i)^{4k+1}+i^{4k+1}=-i+i=0$

(ii) $n=4k+2$일 때

$(-i)^n+i^n=(-i)^{4k+2}+i^{4k+2}=-1+(-1)=-2$

(iii) $n=4k+3$일 때

$(-i)^n+i^n=(-i)^{4k+3}+i^{4k+3}=i+(-i)=0$

(iv) $n=4k+4$일 때

$(-i)^n+i^n=(-i)^{4k+4}+i^{4k+4}=1+1=2$

(i)~(iv)에 의하여 ㉠을 만족시키는 경우는

$n=4k+4$ (단, k는 음이 아닌 정수)

즉, n이 4의 배수이어야 하므로 주어진 등식이 성립하도록 하는 100 이하의 자연수 n의 개수는 25이다. 답 ③

02 $z=a+bi$ (a, b는 실수이고, $b\neq0$)라 하자.

$\frac{z^2+1}{z}$이 실수이므로

$\frac{z^2+1}{z}=\overline{\left(\frac{z^2+1}{z}\right)}=\frac{\bar{z}^2+1}{\bar{z}}$

$z^2\bar{z}+\bar{z}=z\bar{z}^2+z$, $z^2\bar{z}-z\bar{z}^2+\bar{z}-z=0$

$z\bar{z}(z-\bar{z})-(z-\bar{z})=0$, $(z-\bar{z})(z\bar{z}-1)=0$

이때 z가 실수가 아닌 복소수이므로 $z\neq\bar{z}$

$\therefore z\bar{z}=1$ …… ㉠

즉, $(a+bi)(a-bi)=1$이므로

$a^2+b^2=1$ …… ㉡

또, $\frac{z^2}{z-1}$이 실수이므로

$\frac{z^2}{z-1}=\overline{\left(\frac{z^2}{z-1}\right)}=\frac{\bar{z}^2}{\bar{z}-1}$

$z^2\bar{z}-z^2=z\bar{z}^2-\bar{z}^2$, $z^2\bar{z}-z\bar{z}^2-z^2+\bar{z}^2=0$

$z\bar{z}(z-\bar{z})-(z+\bar{z})(z-\bar{z})=0$, $(z-\bar{z})(z\bar{z}-z-\bar{z})=0$

이때 z가 실수가 아닌 복소수이므로 $z\neq\bar{z}$

따라서 $z\bar{z}-z-\bar{z}=0$이므로 $z+\bar{z}=1$ ($\because$ ㉠)

즉, $(a+bi)+(a-bi)=1$이므로

$2a=1$ $\quad\therefore a=\frac{1}{2}$

$a=\frac{1}{2}$을 ㉡에 대입하면

$b^2=\frac{3}{4}$ $\quad\therefore b=\frac{\sqrt{3}}{2}$ 또는 $b=-\frac{\sqrt{3}}{2}$

$\therefore z=\frac{1}{2}+\frac{\sqrt{3}}{2}i$ 또는 $z=\frac{1}{2}-\frac{\sqrt{3}}{2}i$

따라서 $z-\frac{1}{2}=\pm\frac{\sqrt{3}}{2}i$이므로 양변을 제곱하면

$z^2-z+\frac{1}{4}=-\frac{3}{4}$

$\therefore z^2-z+1=0$ …… ㉢

$\therefore f(n)=z^n+(z-1)^n+(z^2+1)^n$

$=z^n+(z^2)^n+z^n$ ($\because$ ㉢)

$=z^{2n}+2z^n$ …… ㉣

한편, ㉢의 양변에 $z+1$을 곱하면

$(z+1)(z^2-z+1)=0$

$z^3+1=0$ $\quad\therefore z^3=-1$

㉣에서

$f(2)=z^4+2z^2=-z+2z^2=-z+2(z-1)=z-2$

$f(4)=z^8+2z^4=z^2-2z=(z-1)-2z=-(z+1)$

$\therefore f(2)\times f(4)=-(z-2)(z+1)$

$=-z^2+z+2=3$ ($\because$ ㉢) 답 ③

03 p가 실수이고, 이차방정식 $x^2-px+2p=0$의 한 허근이 α이므로 다른 한 근은 $\bar{\alpha}$이다.

따라서 이차방정식의 근과 계수의 관계에 의하여

$\alpha+\bar{\alpha}=p$, $\alpha\bar{\alpha}=2p$

$\alpha=a+bi$ (a, b는 실수, $b\neq0$)로 놓으면 $\bar{\alpha}=a-bi$이므로

$p=2a$, $2p=a^2+b^2$

$\therefore a=\frac{p}{2}$, $b^2=2p-a^2=2p-\frac{p^2}{4}$ …… ㉠

한편,

$\alpha^3=(a+bi)^3=a^3+3a^2bi-3ab^2-b^3i$

$=(a^3-3ab^2)+(3a^2b-b^3)i$

에서 α^3이 실수이므로

$3a^2b-b^3=0$, $b(3a^2-b^2)=0$

이때 $b\neq0$이므로 $3a^2-b^2=0$

$\therefore b^2=3a^2$ …… ㉡

㉠을 ㉡에 대입하면

$2p-\frac{p^2}{4}=3\times\frac{p^2}{4}$, $p^2-2p=0$, $p(p-2)=0$

$\therefore p=0$ 또는 $p=2$

$p=0$이면 $a=b=0$이므로 $\alpha=0$이 되어 주어진 방정식이 허근을 갖는다는 조건을 만족시키지 않는다.

$\therefore p=2$

한편, α가 방정식 $x^2-2x+4=0$의 한 근이므로

$\alpha^2-2\alpha+4=0$, 즉 $\alpha^2=2\alpha-4$

$\therefore \alpha^3=\alpha\times\alpha^2=\alpha(2\alpha-4)$
$=2\alpha^2-4\alpha=2(2\alpha-4)-4\alpha$
$=-8$
$\therefore p(\alpha^5-2\alpha^4+\alpha^2-2\alpha)=2\{\alpha^3(\alpha^2-2\alpha)+(\alpha^2-2\alpha)\}$
$=2(\alpha^2-2\alpha)(\alpha^3+1)$
$=2\times(-4)\times(-7)$
$=56$ 답 56

(다른 풀이) 이차방정식 $x^2-px+2p=0$의 한 허근이 α이므로
$\alpha^2-p\alpha+2p=0$에서 $\alpha^2=p\alpha-2p$
$\therefore \alpha^3=\alpha^2\times\alpha=p\alpha^2-2p\alpha=p(p\alpha-2p)-2p\alpha$
$=(p^2-2p)\alpha-2p^2$
이때 α^3이 실수이므로
$p-2p=0$, $p(p-2)=0$
$\therefore p=2$ ($\because p\neq0$)
(참고) $p=2$일 때, $\alpha=1\pm\sqrt{3}i$

04
이차방정식 $x^2+kx+1=0$의 두 근이 α, β이므로 근과 계수의 관계에 의하여
$\alpha+\beta=-k$, $\alpha\beta=1$
$\alpha\beta=1$에서 $\frac{1}{\beta}=\alpha$, $\frac{1}{\alpha}=\beta$이므로
조건 (가)에서 $f(\alpha)=\alpha$, $f(\beta)=\beta$
따라서 α, β는 이차방정식 $f(x)=x$, 즉 $f(x)-x=0$의 두 근이고, 이차식 $f(x)$의 최고차항의 계수가 1이므로
$f(x)-x=(x-\alpha)(x-\beta)$
$\therefore f(x)=x^2-(\alpha+\beta)x+\alpha\beta+x$
$=x^2+(k+1)x+1$
이차방정식 $f(x)=0$의 판별식을 D라 하면 조건 (나)에 의하여
$D=(k+1)^2-4=0$, $k^2+2k-3=0$
$(k+3)(k-1)=0$ $\therefore k=-3$ 또는 $k=1$
따라서 모든 실수 k의 값의 합은
$-3+1=-2$ 답 ①

05
$\overline{AB}=\alpha$, $\overline{BD}=\beta$라 하면 α, β는 이차방정식 $2x^2-10x+9=0$의 두 근이므로 근과 계수의 관계에 의하여

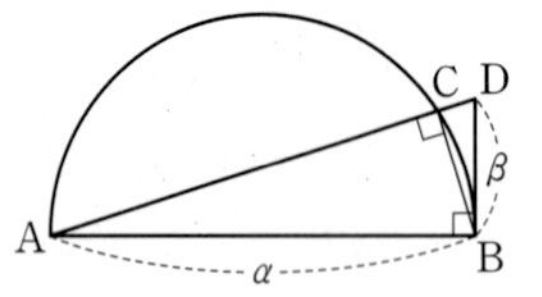

$\alpha+\beta=5$, $\alpha\beta=\frac{9}{2}$
삼각형 ABD가 $\angle B=90°$인 직각삼각형이므로
$\overline{AD}^2=\overline{AB}^2+\overline{BD}^2$
$=\alpha^2+\beta^2=(\alpha+\beta)^2-2\alpha\beta$
$=5^2-2\times\frac{9}{2}=16$
즉, $\overline{AD}=4$이므로 $\overline{AC}+\overline{CD}=4$ ······ ㉠
반원의 호에 대한 원주각의 크기는 90°이므로 선분 BC와 선분 AD는 서로 수직이다.
따라서 삼각형 ABD의 넓이에서
$\frac{1}{2}\times\overline{AB}\times\overline{BD}=\frac{1}{2}\times\overline{AD}\times\overline{BC}$
$\frac{1}{2}\alpha\beta=\frac{1}{2}\times4\times\overline{BC}$
$\therefore \overline{BC}=\frac{\alpha\beta}{4}=\frac{9}{2}\times\frac{1}{4}=\frac{9}{8}$
또, $\angle BAC=\angle CBD$에서 직각삼각형 ABC와 직각삼각형 BDC는 서로 닮음이므로
$\overline{AC}:\overline{BC}=\overline{BC}:\overline{CD}$
$\therefore \overline{AC}\times\overline{CD}=\overline{BC}^2=\frac{81}{64}$ ······ ㉡
$\overline{AC}$, $\overline{CD}$의 길이를 두 근으로 갖는 이차방정식은
$x^2-(\overline{AC}+\overline{CD})x+\overline{AC}\times\overline{CD}=0$이므로 ㉠, ㉡에 의하여
$x^2-4x+\frac{81}{64}=0$
따라서 $a=-4$, $b=\frac{81}{64}$이므로
$16(a+4b)=16\times\left(-4+4\times\frac{81}{64}\right)$
$=-64+81=17$ 답 17

06
$z_1=\frac{\sqrt{2}}{1+i}$로 놓으면
$z_1^2=\left(\frac{\sqrt{2}}{1+i}\right)^2=\frac{2}{2i}=-i$
$z_1^4=(z_1^2)^2=(-i)^2=-1$
$z_1^8=(z_1^4)^2=(-1)^2=1$
$z_2=\frac{\sqrt{3}+i}{2}$로 놓으면
$z_2^2=\left(\frac{\sqrt{3}+i}{2}\right)^2=\frac{2+2\sqrt{3}i}{4}=\frac{1+\sqrt{3}i}{2}$
$z_2^3=z_2^2\times z_2=\frac{1+\sqrt{3}i}{2}\times\frac{\sqrt{3}+i}{2}=\frac{4i}{4}=i$
$z_2^6=(z_2^3)^2=i^2=-1$
$z_2^{12}=(z_2^6)^2=(-1)^2=1$
$\left(\frac{\sqrt{2}}{1+i}\right)^n+\left(\frac{\sqrt{3}+i}{2}\right)^n=2$를 만족시키려면
$\left(\frac{\sqrt{2}}{1+i}\right)^n=1$, $\left(\frac{\sqrt{3}+i}{2}\right)^n=1$
이어야 하므로 자연수 n의 최솟값은 8과 12의 최소공배수인 24이다. 답 24

07
$\left\{i^n+\left(\frac{1}{i}\right)^{2n}\right\}^m=\{i^n+(-i)^{2n}\}^m=\{i^n+(-1)^n\}^m$
$f(n)=i^n+(-1)^n$으로 놓으면
(i) $n=4k-3$ (k는 자연수)일 때
$f(n)=i-1$이므로 $\{f(n)\}^2=-2i$
$\therefore \{f(n)\}^4=-2^2$, $\{f(n)\}^{12}=-2^6$, $\{f(n)\}^{20}=-2^{10}$, ⋯
따라서 조건을 만족시키는 50 이하의 자연수 m은
4, 12, 20, 28, 36, 44의 6개이다.
이때 n은 1, 5, 9, ⋯, 49의 13개이므로 순서쌍 (m, n)의 개수는
$6\times13=78$

(ii) $n=4k-1$ (k는 자연수)일 때

$f(n)=-i-1$이므로 $\{f(n)\}^2=2i$

$\therefore \{f(n)\}^4=-2^2,\ \{f(n)\}^{12}=-2^6,\ \{f(n)\}^{20}=-2^{10},\ \cdots$

따라서 조건을 만족시키는 50 이하의 자연수 m은

4, 12, 20, 28, 36, 44의 6개이다.

이때 n은 3, 7, 11, ⋯, 47의 12개이므로 순서쌍 (m, n)의 개수는

$6\times12=72$

(iii) $n=4k-2$, $n=4k$ (k는 자연수)일 때

$f(n)$은 0 또는 2이므로 $\{f(n)\}^m\geq0$

따라서 주어진 조건을 만족시키는 순서쌍 (m, n)은 존재하지 않는다.

(i), (ii), (iii)에 의하여 구하는 순서쌍 (m, n)의 개수는

$78+72=150$

답 150

08 $z+\overline{z}=-1$, $z\overline{z}=1$이므로 z, $\overline{z}$는 이차방정식 $x^2+x+1=0$의 두 근이다.

양변에 $x-1$을 곱하면

$x^3-1=0 \qquad \therefore x^3=1$

즉, $z^3=1$, $(\overline{z})^3=1$이므로

$\dfrac{\overline{z}}{z^5}+\dfrac{(\overline{z})^2}{z^4}+\dfrac{(\overline{z})^3}{z^3}+\dfrac{(\overline{z})^4}{z^2}+\dfrac{(\overline{z})^5}{z}$

$=\dfrac{\overline{z}}{z^2}+\dfrac{(\overline{z})^2}{z}+\dfrac{1}{1}+\dfrac{\overline{z}}{z^2}+\dfrac{(\overline{z})^2}{z}$

$=\dfrac{2\overline{z}}{z^2}+\dfrac{2\overline{z}^2}{z}+1$

$=\dfrac{2z\overline{z}}{z^3}+\dfrac{2(z\overline{z})^2}{z^3}+1$

$=2+2+1=5$

답 ④

(다른 풀이) $z=a+bi$ (a, b는 실수)로 놓으면 $\overline{z}=a-bi$

$z+\overline{z}=2a=-1$에서 $a=-\dfrac{1}{2}$

$z\overline{z}=a^2+b^2=1$에서 $b^2=\dfrac{3}{4} \qquad \therefore b=\pm\dfrac{\sqrt{3}}{2}$

따라서 $z=\dfrac{-1+\sqrt{3}i}{2}$라 하면

$z^2=\dfrac{-2+2\sqrt{3}i}{4}=\dfrac{-1-\sqrt{3}i}{2}$

$z^3=\dfrac{-1-\sqrt{3}i}{2}\times\dfrac{-1+\sqrt{3}i}{2}=\dfrac{1+3}{4}=1$

$z^6=(z^3)^2=1^2=1$

$z\overline{z}=1$에서 $\overline{z}=\dfrac{1}{z}$이므로

$\dfrac{\overline{z}}{z^5}+\dfrac{(\overline{z})^2}{z^4}+\dfrac{(\overline{z})^3}{z^3}+\dfrac{(\overline{z})^4}{z^2}+\dfrac{(\overline{z})^5}{z}$

$=\dfrac{1}{z^6}+\dfrac{1}{z^6}+\dfrac{1}{z^6}+\dfrac{1}{z^6}+\dfrac{1}{z^6}$

$=\dfrac{5}{z^6}=5$

09 $f(x)=0$의 두 근을 α, β라 하면

$\alpha+\beta=16$

$f(2020-8x)=0$의 두 근을 α', β'이라 하면

$2020-8\alpha'=\alpha$, $2020-8\beta'=\beta$

$\therefore \alpha'=\dfrac{2020-\alpha}{8}$, $\beta'=\dfrac{2020-\beta}{8}$

따라서 $f(2020-8x)=0$의 두 근의 합은

$\alpha'+\beta'=505-\dfrac{1}{8}(\alpha+\beta)=505-2=503$

답 503

10 α, β가 이차방정식 $x^2+x+1=0$의 두 근이므로

$\alpha^2+\alpha+1=0$, $\beta^2+\beta+1=0$

또, 이차방정식의 근과 계수의 관계에 의하여

$\alpha+\beta=-1$

이때 $\alpha+1=-\beta$이므로 $\alpha^2-\beta=0 \qquad \therefore \alpha^2=\beta$

마찬가지로 $\beta^2=\alpha$

$f(\alpha^2)=f(\beta)=-4\alpha=-4(-\beta-1)=4\beta+4$

$f(\beta^2)=f(\alpha)=-4\beta=-4(-\alpha-1)=4\alpha+4$

이므로

$f(\beta)-4\beta-4=0$, $f(\alpha)-4\alpha-4=0$

즉, 이차방정식 $f(x)-4x-4=0$의 두 근이 α, β이고

$f(x)$의 최고차항의 계수가 1이므로

$f(x)-4x-4=(x-\alpha)(x-\beta)=x^2+x+1$

$\therefore f(x)=x^2+5x+5$

따라서 $p=5$, $q=5$이므로

$p+q=5+5=10$

답 10

11 $\overline{OE}$와 $\overline{AD}$의 교점을 L이라 하고, $\overline{JL}=x$ $(x>0)$라 하면

$\triangle$EJI는 직각이등변삼각형이므로

$\overline{IJ}=2x$, $\overline{EL}=x$

$\therefore \triangle EJI=\dfrac{1}{2}\times2x\times x=x^2$

$\overline{AJ}=1-x$이므로 $\triangle AKJ=\dfrac{(1-x)^2}{2}$

$\triangle$AKJ의 넓이가 $\triangle$EJI의 넓이의 $\dfrac{3}{2}$배이므로

$\dfrac{(1-x)^2}{2}=\dfrac{3}{2}x^2$, $2x^2+2x-1=0$

$\therefore x=\dfrac{-1+\sqrt{3}}{2}$ $(\because x>0)$

한편, $\overline{OE}=\sqrt{2}k$이고,

$\overline{OE}=\overline{OL}+\overline{EL}=1+\dfrac{-1+\sqrt{3}}{2}=\dfrac{1+\sqrt{3}}{2}$이므로

$\sqrt{2}k=\dfrac{1+\sqrt{3}}{2} \qquad \therefore k=\dfrac{1+\sqrt{3}}{2\sqrt{2}}=\dfrac{\sqrt{2}+\sqrt{6}}{4}$

즉, $p=\dfrac{1}{4}$, $q=\dfrac{1}{4}$이므로

$100(p+q)=100\times\left(\dfrac{1}{4}+\dfrac{1}{4}\right)=50$

답 50

04강 이차방정식과 이차함수

기본 다지기

| 본문 30쪽 |

1 10	2 8	3 ②	4 6	5 ④

1 이차방정식 $2x^2+ax+b=0$의 두 근이 1, 2이므로 근과 계수의 관계에 의하여

$-\frac{a}{2}=1+2$, $\frac{b}{2}=1\times2$

따라서 $a=-6$, $b=4$이므로

$b-a=4-(-6)=10$ 답 10

2 이차함수 $y=2x^2+kx+k+2$의 그래프가 x축과 접하려면 이차방정식 $2x^2+kx+k+2=0$이 중근을 가져야 한다.

이차방정식 $2x^2+kx+k+2=0$의 판별식을 D라 하면

$D=k^2-4\times2(k+2)=0$ $\therefore k^2-8k-16=0$

따라서 근과 계수의 관계에 의하여 모든 실수 k의 값의 합은 8이다. 답 8

참고 이차방정식 $k^2-8k-16=0$의 판별식을 D_1이라 하면

$\frac{D_1}{4}=(-4)^2-(-16)=32>0$

이므로 이 이차방정식은 서로 다른 두 실근을 갖는다.

3 이차방정식 $3x^2-1=2x+k$, 즉 $3x^2-2x-k-1=0$의 판별식을 D라 하면

$\frac{D}{4}=(-1)^2-3(-k-1)>0$

$3k+4>0$ $\therefore k>-\frac{4}{3}$

따라서 정수 k의 최솟값은 -1이다. 답 ②

4 $y=x^2-6x+k=(x-3)^2+k-9$

이므로 이차함수 $y=x^2-6x+k$는 $x=3$에서 최솟값 $k-9$를 갖는다.

즉, $k-9=2k-11$이므로 $k=2$

따라서 $y=-\frac{1}{2}x^2+kx+2k$에서

$y=-\frac{1}{2}x^2+2x+4=-\frac{1}{2}(x-2)^2+6$

이므로 이차함수 $y=-\frac{1}{2}x^2+2x+4$는 $x=2$에서 최댓값 6을 갖는다. 답 6

5 $f(x)=x^2-2x+k$로 놓으면 $f(x)=(x-1)^2+k-1$

$-3\le x\le3$에서 함수 $f(x)$는 $x=1$일 때 최솟값 $k-1$을 가지므로 $k-1=5$ $\therefore k=6$

$\therefore f(x)=(x-1)^2+5$

따라서 최댓값은 $f(-3)=(-4)^2+5=21$ 답 ④

1 STEP 필수 유형 다지기

| 본문 31~33쪽 |

01 ③	02 3	03 ③	04 ②	05 ①	06 ②
07 ⑤	08 ②	09 $\frac{1}{32}$	10 ⑤	11 ①	12 ④
13 ②	14 ②	15 ④	16 ④	17 ⑤	18 10
19 120					

01 이차방정식 $-x^2+6x+a=0$의 한 근이 -3이므로

$-(-3)^2+6\times(-3)+a=0$ $\therefore a=27$

이차방정식 $-x^2+6x+27=0$에서

$x^2-6x-27=0$, $(x+3)(x-9)=0$

$\therefore x=-3$ 또는 $x=9$

따라서 $b=9$이므로 $a+b=27+9=36$ 답 ③

다른 풀이 이차방정식 $-x^2+6x+a=0$의 두 근이 -3, b이므로 근과 계수의 관계에 의하여

$-3+b=6$, $-3b=-a$ $\therefore b=9$, $a=27$

$\therefore a+b=27+9=36$

02 이차방정식 $x^2-kx-3=0$의 두 근을 α, β라 하면 근과 계수의 관계에 의하여

$\alpha+\beta=k$, $\alpha\beta=-3$ ❶

이때 주어진 이차함수의 그래프가 x축과 만나는 두 점 사이의 거리가 $\sqrt{21}$이므로

$|\alpha-\beta|=\sqrt{21}$ ❷

$(\alpha-\beta)^2=(\alpha+\beta)^2-4\alpha\beta$이므로

$(\sqrt{21})^2=k^2+12$, $k^2=9$

$\therefore k=3\ (\because k>0)$ ❸

답 3

단계	채점 기준	배점
❶	이차방정식 $x^2-kx-3=0$의 두 근을 α, β로 놓고 $\alpha+\beta$, $\alpha\beta$의 값 구하기	30 %
❷	두 점 사이의 거리가 $\sqrt{21}$임을 이용하여 식 세우기	30 %
❸	양수 k의 값 구하기	40 %

03 ㄱ. $y=ax^2+bx+c=a\left(x+\frac{b}{2a}\right)^2+c-\frac{b^2}{4a}$

이차함수 $y=ax^2+bx+c$의 그래프의 꼭짓점 $\left(-\frac{b}{2a}, c-\frac{b^2}{4a}\right)$이 제4사분면 위에 있으므로

$-\frac{b}{2a}>0$, $c-\frac{b^2}{4a}<0$

이때 $-\frac{b}{2a}>0$에서 $\frac{b}{a}<0$이므로 $ab<0$ (참)

ㄴ. $c<0$이면 이차함수 $y=ax^2+bx+c$의 그래프는 다음 그림과 같다. 즉, a의 부호가 반드시 양수인 것은 아니다. (거짓)

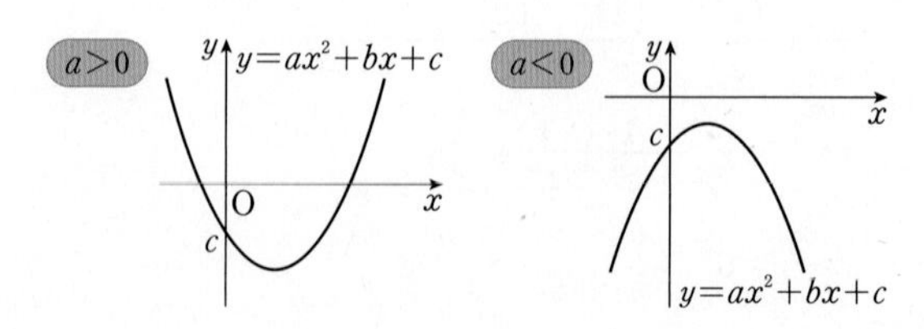

ㄷ. $c>0$이면 이차함수 $y=ax^2+bx+c$의 그래프는 오른쪽 그림과 같다.
즉, 이차함수 $y=ax^2+bx+c$의 그래프와 x축이 서로 다른 두 점에서 만나므로 이차방정식 $ax^2+bx+c=0$은 서로 다른 두 실근을 갖는다. (참)

따라서 옳은 것은 ㄱ, ㄷ이다. 답 ③

04 $x^2-4x+5=x+k$에서 $x^2-5x+5-k=0$

이 이차방정식의 판별식을 D_1이라 하면

$D_1=(-5)^2-4(5-k)<0$

$4k+5<0 \quad \therefore k<-\frac{5}{4}$ ...... ㉠

또, $-x^2+6x-12=x+k$에서 $x^2-5x+12+k=0$

이 이차방정식의 판별식을 D_2라 하면

$D_2=(-5)^2-4(12+k)<0$

$-4k-23<0 \quad \therefore k>-\frac{23}{4}$ ...... ㉡

㉠, ㉡에서 $-\frac{23}{4}<k<-\frac{5}{4}$이므로 정수 k의 값의 합은

$-5+(-4)+(-3)+(-2)=-14$ 답 ②

05 $x^2-4x+3=x-2$에서 $x^2-5x+5=0$

이때 두 점 A, B의 x좌표가 각각 a, c이므로 이차방정식의 근과 계수의 관계에 의하여

$a+c=5$, $ac=5$ ...... ㉠

또, 두 점 $\mathrm{A}(a, b)$, $\mathrm{B}(c, d)$가 직선 $y=x-2$ 위의 점이므로

$b=a-2$, $d=c-2$ ...... ㉡

㉠, ㉡에서

$$\begin{aligned}ab+cd&=a(a-2)+c(c-2)\\&=a^2+c^2-2(a+c)\\&=(a+c)^2-2ac-2(a+c)\\&=25-10-10=5\end{aligned}$$

답 ①

06 이차방정식 $ax^2+bx=-bx+c$, 즉 $ax^2+2bx-c=0$의 계수가 유리수이므로 한 근이 $1+\sqrt{2}$이면 다른 한 근은 $1-\sqrt{2}$이다.

이차방정식의 근과 계수의 관계에 의하여

$-\frac{2b}{a}=(1+\sqrt{2})+(1-\sqrt{2})=2 \quad \therefore b=-a$

$\frac{-c}{a}=(1+\sqrt{2})(1-\sqrt{2})=-1 \quad \therefore c=a$

$\therefore \frac{bc}{a^2}=\frac{-a^2}{a^2}=-1$ 답 ②

07 직선 $y=ax+b$의 기울기가 1이므로 $a=1$

직선 $y=x+b$가 이차함수 $y=x^2-3x+10$의 그래프에 접하므로 이차방정식 $x^2-3x+10=x+b$, 즉 $x^2-4x+10-b=0$의 판별식을 D라 하면

$\frac{D}{4}=(-2)^2-(10-b)=0 \quad \therefore b=6$

$\therefore ab=1\times6=6$ 답 ⑤

08 점 $(0, -2)$를 지나는 직선의 방정식을 $y=mx-2$라 하자.

이 직선이 이차함수 $y=2x^2-4x+1$의 그래프에 접하므로 이차방정식 $2x^2-4x+1=mx-2$, 즉 $2x^2-(m+4)x+3=0$의 판별식을 D라 하면

$D=\{-(m+4)\}^2-4\times2\times3=0$

$\therefore m^2+8m-8=0$

이 방정식의 두 근을 m_1, m_2라 하면 m_1, m_2는 두 직선의 기울기이므로 근과 계수의 관계에 의하여

$m_1+m_2=-8$ 답 ②

09 직선 l의 방정식을 $y=mx+n$이라 하자.

직선 $y=mx+n$이 이차함수 $y=(x+k)^2+k$의 그래프에 접하므로 이차방정식 $(x+k)^2+k=mx+n$, 즉 $x^2+(2k-m)x+k^2+k-n=0$의 판별식을 D라 하면

$D=(2k-m)^2-4(k^2+k-n)=0$

$\therefore 4(m+1)k-(m^2+4n)=0$ ---------- ❶

위의 식이 k의 값에 관계없이 항상 성립하므로

$m+1=0$, $m^2+4n=0$

$\therefore m=-1$, $n=-\frac{1}{4}$ ---------- ❷

따라서 직선 l의 방정식은

$y=-x-\frac{1}{4}$

이므로 구하는 넓이는

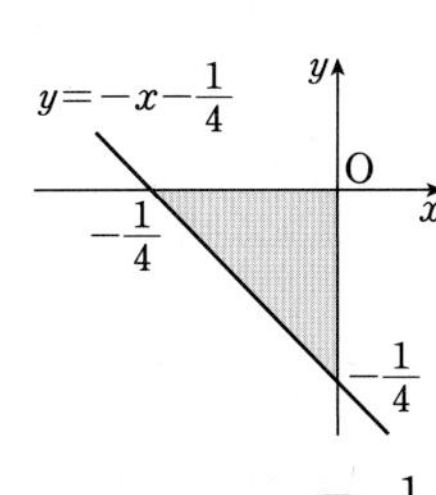

$\frac{1}{2}\times\frac{1}{4}\times\frac{1}{4}=\frac{1}{32}$ ---------- ❸

답 $\frac{1}{32}$

단계	채점 기준	배점
❶	직선 l의 방정식을 $y=mx+n$으로 놓고 등식 세우기	40 %
❷	m, n의 값 구하기	30 %
❸	직선 l과 x축 및 y축으로 둘러싸인 부분의 넓이 구하기	30 %

10 주어진 그림에서 $f(-3)=f(7)=0$이므로

$$\begin{aligned}f(x)&=-(x+3)(x-7)\\&=-x^2+4x+21\\&=-(x-2)^2+25\end{aligned}$$

따라서 함수 $f(x)$는 $x=2$일 때 최댓값 25를 갖는다. 답 ⑤

11 이차방정식 $x^2=ax+b$, 즉 $x^2-ax-b=0$의 판별식을 D_1이라 하면

$D_1=(-a)^2-4\times(-b)=0$

$\therefore a^2+4b=0$ ...... ㉠

또, 이차방정식 $x^2-4x+8=ax+b$, 즉 $x^2-(a+4)x+(8-b)=0$의 판별식을 D_2라 하면

$D_2=\{-(a+4)\}^2-4(8-b)=0$

$\therefore a^2+8a+4b-16=0$

이때 ㉠에서 $a^2+4b=0$이므로

$8a-16=0 \qquad \therefore a=2,\ b=-1\ (\because ㉠)$

따라서 이차함수 $y=x^2+ax+b$는

$y=x^2+2x-1=(x+1)^2-2$

이므로 $x=-1$에서 최솟값 -2를 갖는다.

답 ①

12 이차함수 $y=f(x)$의 그래프와 직선 $y=g(x)$가 만나는 두 점의 x좌표가 1, 10이므로

$f(1)=g(1),\ f(10)=g(10)$

이때 $h(x)=g(x)-f(x)$이므로

$h(1)=g(1)-f(1)=0$

$h(10)=g(10)-f(10)=0$

$f(x)$가 최고차항의 계수가 2인 이차함수이므로

$h(x)=-2(x-1)(x-10)$

$=-2(x^2-11x+10)$

$=-2\left(x-\frac{11}{2}\right)^2+\frac{81}{2}$

따라서 함수 $h(x)$는 $x=\frac{11}{2}$일 때 최댓값 $\frac{81}{2}$을 가지므로

$p=\frac{11}{2},\ q=\frac{81}{2}$

$\therefore p+q=\frac{11}{2}+\frac{81}{2}=46$

답 ④

13 $f(x)=2x^2+4x+k$

$=2(x+1)^2-2+k$

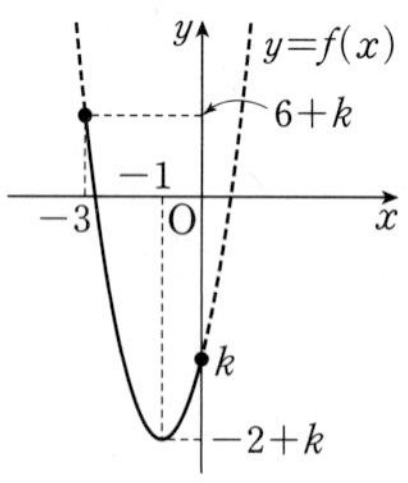

이므로 $-3\le x\le 0$에서 $y=f(x)$의 그래프는 오른쪽 그림과 같다.

함수 $f(x)$는 $x=-3$에서 최댓값 $6+k$를 가지므로

$6+k=2 \qquad \therefore k=-4$

따라서 $f(x)$의 최솟값은

$-2+k=-2+(-4)=-6$

답 ②

14 $x^2-y=1$에서 $y=x^2-1\ge -1$

$x^2=y+1$을 x^2+3y+y^2-1에 대입하면

$x^2+3y+y^2-1=y+1+3y+y^2-1$

$=y^2+4y=(y+2)^2-4$

따라서 $y\ge -1$일 때, x^2+3y+y^2-1은 $y=-1$에서 최소이고 최솟값은

$(-1+2)^2-4=-3$

답 ②

15 $f(x)=-x^2+2|x|+5$로 놓으면

(i) $-2\le x<0$일 때,

$f(x)=-x^2-2x+5=-(x+1)^2+6$

(ii) $0\le x\le 4$일 때,

$f(x)=-x^2+2x+5=-(x-1)^2+6$

(i), (ii)에 의하여 $-2\le x\le 4$일 때, $y=-x^2+2|x|+5$의 그래프는 오른쪽 그림과 같으므로 최댓값은

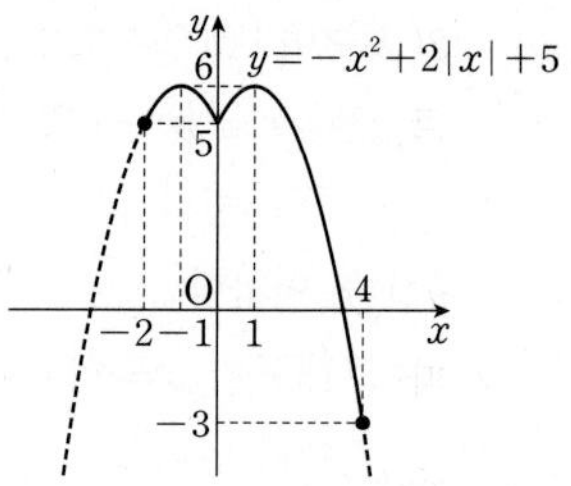

$f(-1)=f(1)=6$

최솟값은 $f(4)=-3$

따라서 최댓값과 최솟값의 합은

$6+(-3)=3$

답 ④

16 $x^2-4x+3=t$로 놓으면 $t=(x-2)^2-1$

$0\le x\le 5$에서 $t=(x-2)^2-1$은 $x=2$일 때 최솟값 -1을 갖고, $x=5$일 때 최댓값 8을 가지므로

$-1\le t\le 8$

따라서 주어진 함수는

$f(t)=t^2-2(t-3)+k$

$=t^2-2t+k+6$

$=(t-1)^2+k+5$

$-1\le t\le 8$에서 함수 $f(t)$는 $t=1$일 때 최솟값 $k+5$를 갖고, $t=8$일 때 최댓값 $k+54$를 갖는다.

이때 최댓값이 60이므로 $k+54=60 \qquad \therefore k=6$

따라서 최솟값은 $m=k+5=6+5=11$

$\therefore k+m=6+11=17$

답 ④

17 단팥빵 1개의 가격이 $(500+5x)$원일 때 하루 판매량은 $(400-2x)$개이므로 하루 판매 금액을 y원이라 하면

$y=(500+5x)(400-2x)$

$=-10x^2+1000x+200000$

$=-10(x-50)^2+225000$

따라서 $x=50$일 때 y가 최대이므로 하루 판매 금액이 최대일 때의 단팥빵 1개의 가격은

$500+5\times 50=750$(원)

답 ⑤

18 점 A의 좌표를 $(a,\ 0)\ (0<a<2)$이라 하면

$D(a,\ -a^2+4a)$

$\therefore \overline{AB}=4-2a,\ \overline{AD}=-a^2+4a$

직사각형 ABCD의 둘레의 길이를 $f(a)$라 하면

$f(a)=2(4-2a-a^2+4a)$

$=-2a^2+4a+8$

$=-2(a-1)^2+10$

이때 $0<a<2$이므로 $a=1$일 때 $f(a)$의 최댓값은 10이다.

따라서 직사각형 ABCD의 둘레의 길이의 최댓값은 10이다.

답 10

19 직사각형의 가로, 세로의 길이를 각각 $x,\ y\ (x>7,\ y>7)$라 하자.

이때 잘라 낸 직각삼각형의 빗변의 길이는 $\sqrt{3^2+4^2}=5$이므로

남은 부분의 둘레의 길이는

$2(x-7)+2(y-7)+4\times5=2x+2y-8$

즉, $2x+2y-8=40$이므로 $x+y=24$

$\therefore y=24-x$ ……… ❶

$y>7$이므로 $24-x>7$ $\quad\therefore x<17$

따라서 남은 부분의 넓이는

$xy-4\times\frac{1}{2}\times4\times3=x(24-x)-24$

$=-x^2+24x-24$

$=-(x-12)^2+120$ ……… ❷

$7<x<17$이므로 처음 직사각형의 가로의 길이 $x=12$일 때 남은 부분의 넓이의 최댓값은 120이다. ……… ❸

답 120

단계	채점 기준	배점
❶	남은 부분의 둘레의 길이를 이용하여 식 세우기	40 %
❷	남은 부분의 넓이를 가로 또는 세로의 길이에 대한 식으로 나타내기	50 %
❸	남은 부분의 넓이의 최댓값 구하기	10 %

2 STEP 출제 유형 PICK

| 본문 34~35쪽 |

대표 문제 ❶ ②	1-1 ①	1-2 2
대표 문제 ❷ ⑤	2-1 ③	2-2 ②
대표 문제 ❸ ⑤	3-1 ④	3-2 11
대표 문제 ❹ ③	4-1 12	4-2 750

대표 문제 1 이차방정식 $f(x)=0$의 두 근이 α, β이므로 방정식 $f(3x-4)=0$의 두 근은

$3x-4=\alpha$ 또는 $3x-4=\beta$

$\therefore x=\frac{\alpha+4}{3}$ 또는 $x=\frac{\beta+4}{3}$

따라서 구하는 모든 실근의 곱은

$\frac{\alpha+4}{3}\times\frac{\beta+4}{3}=\frac{1}{9}\{\alpha\beta+4(\alpha+\beta)+16\}$

$=\frac{1}{9}\left(-6+4\times\frac{13}{2}+16\right)=4$

답 ②

1-1 이차방정식 $f(x)=0$의 두 근이 -3, 1이므로 방정식 $f(2x+5)=0$의 두 근은

$2x+5=-3$ 또는 $2x+5=1$

$\therefore x=-4$ 또는 $x=-2$

따라서 구하는 두 근의 합은

$-4+(-2)=-6$

답 ①

1-2 이차함수 $y=f(x)$의 그래프가 x축과 만나는 두 점의 x좌표를 각각 $-4-\alpha$, $-4+\alpha$라 하면

방정식 $f(2-6x)=0$의 두 근은

$2-6x=-4-\alpha$ 또는 $2-6x=-4+\alpha$

$\therefore x=\frac{6+\alpha}{6}$ 또는 $x=\frac{6-\alpha}{6}$

따라서 구하는 두 근의 합은

$\frac{6+\alpha}{6}+\frac{6-\alpha}{6}=2$

답 2

대표 문제 2 $f(x)=x^2-8x+3a+1$로 놓으면 이차방정식 $f(x)=0$의 두 근이 모두 2보다 커야 하므로 이차함수 $y=f(x)$의 그래프는 오른쪽 그림과 같아야 한다.

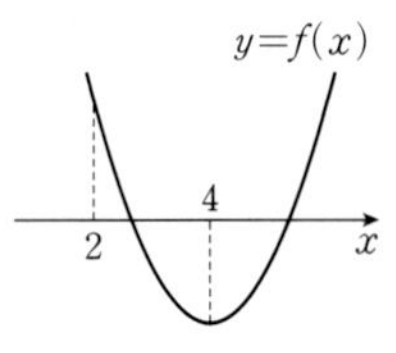

(i) 이차방정식 $f(x)=0$의 판별식을 D라 하면

$\frac{D}{4}=(-4)^2-(3a+1)\ge0$, $15-3a\ge0$

$\therefore a\le5$

(ii) $f(2)=4-16+3a+1>0$, $3a-11>0$

$\therefore a>\frac{11}{3}$

(i), (ii)에 의하여 $\frac{11}{3}<a\le5$

따라서 모든 정수 a의 값의 합은

$4+5=9$

답 ⑤

2-1 $f(x)=x^2-(3k-2)x+2k-9$로 놓으면 이차방정식 $f(x)=0$의 한 근은 -2보다 작고 다른 한 근은 1보다 커야 하므로 이차함수 $y=f(x)$의 그래프는 오른쪽 그림과 같아야 한다.

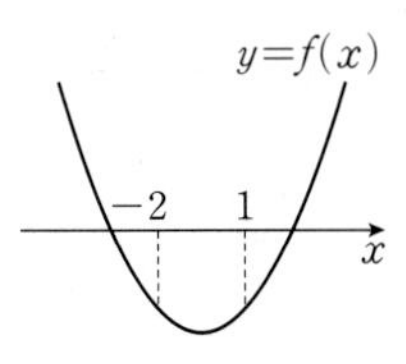

$f(-2)<0$에서 $8k-9<0$ $\quad\therefore k<\frac{9}{8}$

$f(1)<0$에서 $-k-6<0$ $\quad\therefore k>-6$

따라서 $-6<k<\frac{9}{8}$이므로 정수 k는

-5, -4, -3, -2, -1, 0, 1의 7개이다.

답 ③

2-2 $f(x)=x^2-2mx-3m-8$로 놓으면 이차방정식 $f(x)=0$의 두 근 중 적어도 하나가 양의 실수가 되려면 두 근 중 하나가 양의 실수이거나 두 근 모두 양의 실수이어야 한다.

(i) 두 근 중 한 근이 양의 실수인 경우

이차함수 $y=f(x)$의 그래프가 오른쪽 그림과 같아야 하므로

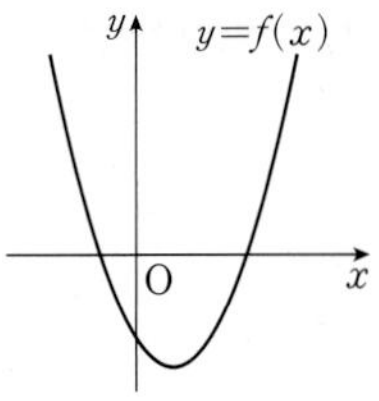

$f(0)=-3m-8<0$

$\therefore m>-\frac{8}{3}$

(ii) 두 근 모두 양의 실수인 경우

이차함수 $y=f(x)$의 그래프가 오른쪽 그림과 같아야 한다.

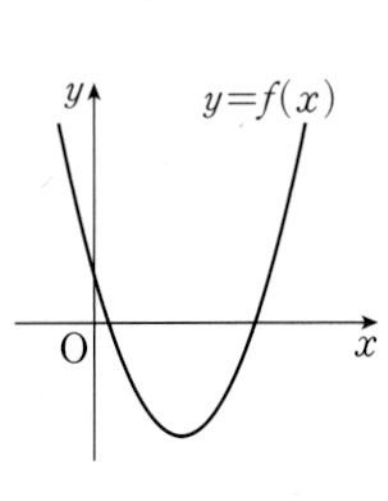

㉠ 이차방정식 $f(x)=0$의 판별식을 D라 하면

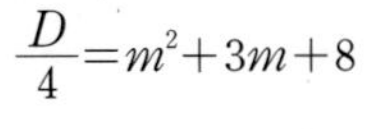

$\frac{D}{4}=m^2+3m+8$

$=\left(m+\frac{3}{2}\right)^2+\frac{23}{4}>0$

이므로 m의 값에 관계없이 항상 서로 다른 두 실근을 갖는다.

㉡ $f(0)=-3m-8>0 \qquad \therefore m<-\frac{8}{3}$

㉢ 이차함수 $y=f(x)$의 그래프의 축의 방정식이 $x=m$이므로 $m>0$

㉡, ㉢을 모두 만족시키는 m의 값은 존재하지 않는다.

(i), (ii)에 의하여 $m>-\frac{8}{3}$

따라서 정수 m의 최솟값은 -2이므로 $k=-2$

$\therefore k^2=(-2)^2=4$

답 ②

다른 풀이 $f(x)=x^2-2mx-3m-8$로 놓고, 이차방정식 $f(x)=0$의 판별식을 D라 하면

$\frac{D}{4}=(-m)^2-(-3m-8)=m^2+3m+8$

$=\left(m+\frac{3}{2}\right)^2+\frac{23}{4}>0$

따라서 $f(x)=0$은 항상 서로 다른 두 실근을 갖는다.

이때 $f(x)=0$의 두 실근 α, β가 모두 양수가 아니려면

$\alpha+\beta=2m<0$, $\alpha\beta=-3m-8\geq 0$

$m<0$, $m\leq -\frac{8}{3} \qquad \therefore m\leq -\frac{8}{3}$

따라서 $f(x)=0$의 두 근 중 적어도 한 근이 양수이려면

$m>-\frac{8}{3}$

대표문제 3 조건 (나)에서 이차함수 $f(x)$가 모든 실수 x에 대하여 $f(4)\leq f(x)$이므로 이차함수 $f(x)$는 $x=4$에서 최솟값을 갖는다.

따라서 $f(x)=a(x-4)^2+b\ (a>0)$로 놓으면 조건 (가)에서

$f(2)=4a+b=0 \qquad \therefore b=-4a$

$\therefore f(x)=a(x-4)^2-4a$

$0\leq x\leq 7$에서 함수 $y=f(x)$는 $x=0$일 때 최댓값 $12a$를 갖고, $x=4$일 때 최솟값 $-4a$를 가지므로 최댓값과 최솟값의 합은

$12a+(-4a)=8a=16 \qquad \therefore a=2$

따라서 $f(x)=2(x-4)^2-8$이므로

$f(7)=2\times 3^2-8=10$

답 ⑤

3-1 방정식 $f(x)=0$의 두 근이 -3과 5이므로

$f(x)=a(x+3)(x-5)\ (a\neq 0,\ a$는 상수$)$

로 놓으면

$f(x)=a(x+3)(x-5)=a(x^2-2x-15)$

$=a(x-1)^2-16a$

(i) $a>0$일 때

함수 $f(x)$는 $x=-6$에서 최댓값 $33a$를 가지므로

$33a=66 \qquad \therefore a=2$

(ii) $a<0$일 때

함수 $f(x)$는 $x=-4$에서 최댓값 $9a$를 가지므로

$9a=66 \qquad \therefore a=\frac{22}{3}$

이는 $a<0$이라는 조건을 만족시키지 않는다.

(i), (ii)에 의하여 $a=2$이므로 $f(x)=2(x+3)(x-5)$

$\therefore f(7)=2\times 10\times 2=40$

답 ④

3-2 $f(0)=f(4)$이므로 이차함수 $y=f(x)$의 그래프의 축의 방정식은 $x=2$

따라서 $f(x)=a(x-2)^2+b\ (a,\ b$는 상수, $a\neq 0)$로 놓으면 이차함수 $y=f(x)$의 그래프의 개형은 다음과 같다.

(i) $a>0$일 때

오른쪽 그림에서 $f(-1)>f(4)$이므로

$f(-1)+|f(4)|\neq 0$

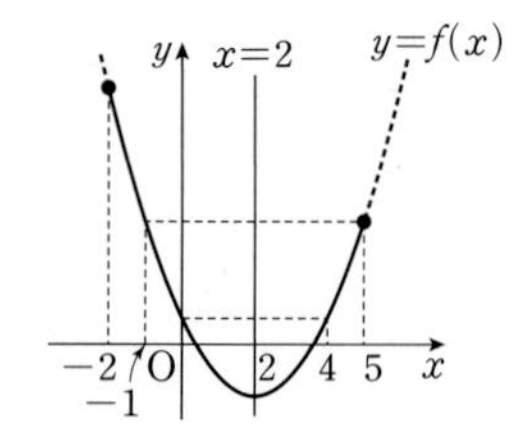

(ii) $a<0$일 때

오른쪽 그림에서 $f(-1)<f(4)$이므로 $f(-1)+|f(4)|=0$이려면

$f(-1)<0$, $f(4)>0$

이때 $f(-1)+f(4)=0$이므로

$(9a+b)+(4a+b)=0$

$\therefore 13a+2b=0 \qquad \cdots\cdots$ ㉠

또, $f(x)$는 $x=-2$에서 최소이므로

$f(-2)=16a+b=-19 \qquad \cdots\cdots$ ㉡

㉠, ㉡을 연립하여 풀면 $a=-2$, $b=13$

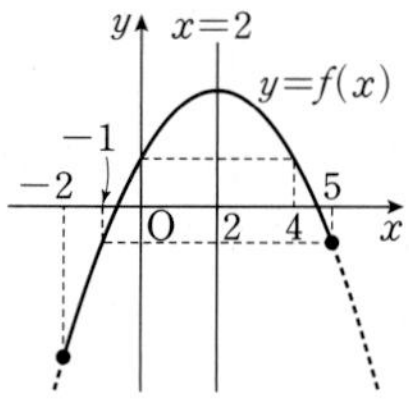

(i), (ii)에 의하여 $f(x)=-2(x-2)^2+13$이므로

$f(3)=-2\times 1^2+13=11$

답 11

대표문제 4 오른쪽 그림과 같이 점 P에서 변 AB에 내린 수선의 발을 D라 하고, $\overline{AD}=a\ (0<a<2)$라 하면 $\triangle ADP \backsim \triangle ABC$ (AA 닮음)이므로

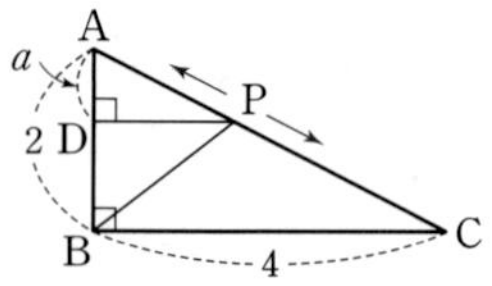

$\overline{AD}:\overline{AB}=\overline{DP}:\overline{BC}$

$a:2=\overline{DP}:4 \qquad \therefore \overline{DP}=2a$

또, $\overline{BD}=2-a$이므로

$\overline{PA}^2+\overline{PB}^2=\{a^2+(2a)^2\}+\{(2a)^2+(2-a)^2\}$

$=a^2+4a^2+4a^2+4-4a+a^2$

$=10a^2-4a+4=10\left(a-\frac{1}{5}\right)^2+\frac{18}{5}$

이때 $0<a<2$이므로 $a=\frac{1}{5}$일 때 구하는 최솟값은 $\frac{18}{5}$이다.

답 ③

4-1 $\overline{CE}=a$, $\overline{CF}=b$라 하면 $\triangle ADF \backsim \triangle ABC$ (AA 닮음)이므로

$\overline{AF}:\overline{AC}=\overline{DF}:\overline{BC}$, $(8-b):8=a:6$

$48-6b=8a \qquad \therefore b=8-\frac{4}{3}a$

이때 변의 길이는 양수이므로 $0<a<6$

따라서 직사각형 DECF의 넓이는

$ab=a\left(8-\frac{4}{3}a\right)=-\frac{4}{3}a^2+8a=-\frac{4}{3}(a-3)^2+12$

이때 $0<a<6$이므로 $a=3$일 때 구하는 넓이의 최댓값은 12이다. 답 12

4-2 직사각형 모양의 농장 X의 세로의 길이를 x m, 가로의 길이를 y m라 하자. 철망의 길이가 150 m이므로 사다리꼴 모양의 농장 Y의 평행한 두 변 중 긴 변의 길이는

$150-(2x+y)=150-2x-y\,(\text{m})$

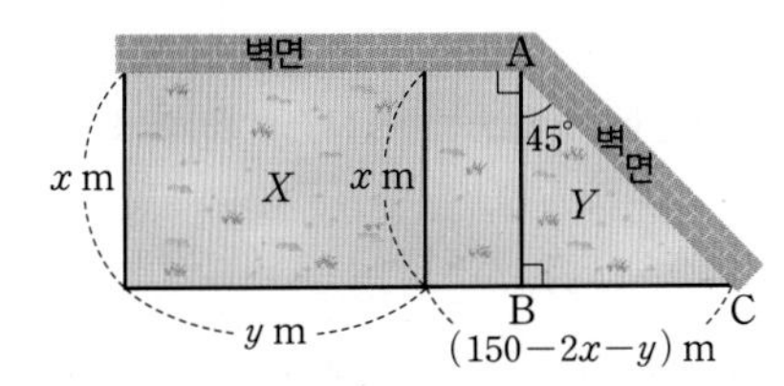

한편, 벽면의 꺽인 점 A에서 사다리꼴 모양의 농장 Y의 평행한 두 변 중 긴 변에 내린 수선의 발을 B라 하면 $\overline{\text{AB}}=x$ m이고, $\angle\text{CAB}=135°-90°=45°$이므로 $\overline{\text{BC}}=\overline{\text{AB}}=x$ m

따라서 사다리꼴 모양의 농장 Y의 평행한 두 변 중 짧은 변의 길이는

$(150-2x-y)-x=150-3x-y\,(\text{m})$

이므로 농장 Y의 넓이는

$\frac{1}{2}\times\{(150-3x-y)+(150-2x-y)\}\times x$

$=\frac{1}{2}x(300-5x-2y)\,(\text{m}^2)$

이때 농장 X의 넓이는 xy m^2이므로

$xy=2\times\frac{1}{2}x(300-5x-2y)$, $y=300-5x-2y$ ($\because x>0$)

$\therefore y=100-\frac{5}{3}x$

따라서 농장 Y의 넓이는

$\frac{1}{2}xy=\frac{1}{2}x\left(100-\frac{5}{3}x\right)=-\frac{5}{6}x^2+50x$

$=-\frac{5}{6}(x-30)^2+750$

이때 $x>0$, $y=100-\frac{5}{3}x>0$에서 $0<x<60$이므로 농장 Y의 넓이는 $x=30$일 때 최댓값 750 m^2를 갖는다.

$\therefore S=750$ 답 750

3STEP 만점 도전하기

| 본문 36~37쪽 |

01 ① 02 ② 03 ④ 04 15 05 ④ 06 45
07 60 08 ⑤ 09 ③

01 함수 $y=f(x)$의 그래프의 축을 직선 $x=k$ (k는 상수)라 하면

$\overline{\text{AB}}=2$에서

$\text{A}(k-1,\ 0)$, $\text{B}(k+1,\ 0)$

$\therefore f(x)$

$=a\{x-(k-1)\}\{x-(k+1)\}$

$=a(x^2-2kx+k^2-1)$ (단, $a\neq0$) …… ㉠

또, $\overline{\text{CD}}=4$에서 $\text{C}(k-2,\ 3)$, $\text{D}(k+2,\ 3)$이므로

$f(x)-3=a\{x-(k-2)\}\{x-(k+2)\}$

$\therefore f(x)=a\{x-(k-2)\}\{x-(k+2)\}+3$

$=a(x^2-2kx+k^2-4)+3$ …… ㉡

㉠, ㉡에서

$a(x^2-2kx+k^2-1)=a(x^2-2kx+k^2-4)+3$

$-a=-4a+3$ $\therefore a=1$

즉, $f(x)=x^2-2kx+k^2-1$이고, 함수 $y=f(x)$의 그래프와 직선 $y=-2x+4$가 접하므로 $x^2-2kx+k^2-1=-2x+4$에서

$x^2-2(k-1)x+k^2-5=0$ …… ㉢

이차방정식 ㉢의 판별식을 D라 하면

$\frac{D}{4}=(k-1)^2-(k^2-5)=0$

$(k^2-2k+1)-(k^2-5)=0$, $-2k+6=0$

$\therefore k=3$, $f(x)=x^2-6x+8$

㉢에 $k=3$을 대입하면

$x^2-4x+4=0$, $(x-2)^2=0$ $\therefore x=2$

따라서 $\text{C}(1,\ 3)$, $\text{D}(5,\ 3)$, $\text{E}(2,\ 0)$이므로 삼각형 CDE의 넓이는

$\frac{1}{2}\times4\times3=6$ 답 ①

02 함수 $y=h(k)$의 그래프에서

$$h(k)=\begin{cases}0 & (k<-1)\\ 2 & (k=-1)\\ 4 & \left(-1<k<\frac{5}{4}\right)\\ 3 & \left(k=\frac{5}{4}\right)\\ 4 & \left(k>\frac{5}{4}\right)\end{cases}$$

(i) $k=-1$일 때

방정식 $x^2=2x-1$, 즉 $x^2-2x+1=0$의 판별식을 D_1이라 하면

$\frac{D_1}{4}=(-1)^2-1=0$

즉, 함수 $y=f(x)$의 그래프와 직선 $y=2x-1$은 접한다.

이때 $h(-1)=2$이므로 함수 $y=g(x)$의 그래프와 직선 $y=2x-1$은 접해야 한다.

방정식 $x^2+ax+b=2x-1$, 즉 $x^2+(a-2)x+b+1=0$의 판별식을 D_2라 하면

$D_2=(a-2)^2-4(b+1)=0$

$\therefore a^2-4a-4b=0$ …… (＊)

(ii) $k=\frac{5}{4}$일 때

$-1<k<\frac{5}{4}$ 또는 $k>\frac{5}{4}$일 때는 $h(k)=4$이므로 함수 $y=f(x)$의 그래프와 직선 $y=2x+k$가 서로 다른 두 점에서 만나고 함수 $y=g(x)$의 그래프와 직선 $y=2x+k$가 이와는 다른 서로 다른 두 점에서 만난다.

이때 $h\left(\frac{5}{4}\right)=3$이므로 직선 $y=2x+\frac{5}{4}$는 두 함수 $y=f(x)$, $y=g(x)$의 그래프의 교점을 지남을 알 수 있다.

함수 $y=f(x)$의 그래프와 직선 $y=2x+\frac{5}{4}$의 교점의 x좌표는 $x^2=2x+\frac{5}{4}$에서

$4x^2-8x-5=0$, $(2x+1)(2x-5)=0$

$\therefore x=-\frac{1}{2}$ 또는 $x=\frac{5}{2}$

즉, 두 교점의 좌표는 $\left(-\frac{1}{2}, \frac{1}{4}\right)$, $\left(\frac{5}{2}, \frac{25}{4}\right)$이다.

㉠ 함수 $y=g(x)$의 그래프가 점 $\left(-\frac{1}{2}, \frac{1}{4}\right)$을 지날 때

$g\left(-\frac{1}{2}\right)=\frac{1}{4}$에서

$\frac{1}{4}-\frac{a}{2}+b=\frac{1}{4}$ $\quad\therefore b=\frac{a}{2}$

(＊)에서

$a^2-4a-4\times\frac{a}{2}=0$, $a^2-6a=0$

$a(a-6)=0$ $\quad\therefore a=0$ 또는 $a=6$

이는 $a<0$이라는 조건을 만족시키지 않는다.

㉡ 함수 $y=g(x)$의 그래프가 점 $\left(\frac{5}{2}, \frac{25}{4}\right)$를 지날 때

$g\left(\frac{5}{2}\right)=\frac{25}{4}$에서

$\frac{25}{4}+\frac{5}{2}a+b=\frac{25}{4}$ $\quad\therefore b=-\frac{5}{2}a$

(＊)에서

$a^2-4a-4\times\left(-\frac{5}{2}a\right)=0$, $a^2+6a=0$

$a(a+6)=0$ $\quad\therefore a=-6$ ($\because a<0$)

이때 $b=-\frac{5}{2}\times(-6)=15$

(ⅰ), (ⅱ)에 의하여 $g(x)=x^2-6x+15$이므로

$g(4)=4^2-6\times4+15=7$

답 ②

03 조건 ㈎에 의하여 두 점 A, B가 점 (3, 0)에 대하여 대칭이므로 양수 α에 대하여

$x_1=3-\alpha$, $x_2=3+\alpha$ $\quad\cdots\cdots$ ㉠

또, 두 점 A, B는 점 (3, 0)을 지나는 직선 위의 점이므로 직선 AB의 방정식을

$y=m(x-3)$ (m은 상수)

으로 놓으면 x_1, x_2는 x에 대한 방정식

$x^2-2x+k=m(x-3)$, 즉 $x^2-(m+2)x+k+3m=0$

의 두 실근이다.

이차방정식의 근과 계수의 관계 및 ㉠에 의하여

$m+2=(3-\alpha)+(3+\alpha)$ $\quad\therefore m=4$

즉, x_1, x_2는 방정식 $x^2-6x+k+12=0$의 근이다.

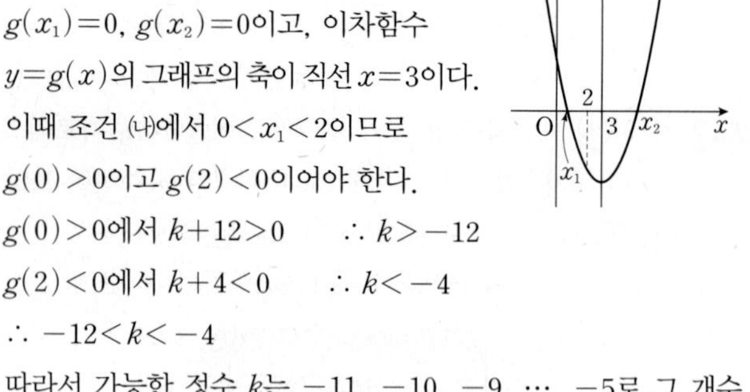

$g(x)=x^2-6x+k+12$로 놓으면

$g(x_1)=0$, $g(x_2)=0$이고, 이차함수 $y=g(x)$의 그래프의 축이 직선 $x=3$이다.

이때 조건 ㈏에서 $0<x_1<2$이므로

$g(0)>0$이고 $g(2)<0$이어야 한다.

$g(0)>0$에서 $k+12>0$ $\quad\therefore k>-12$

$g(2)<0$에서 $k+4<0$ $\quad\therefore k<-4$

$\therefore -12<k<-4$

따라서 가능한 정수 k는 $-11, -10, -9, \cdots, -5$로 그 개수는 7이다.

답 ④

04 함수 $y=f(x)$의 그래프는 오른쪽 그림과 같다.

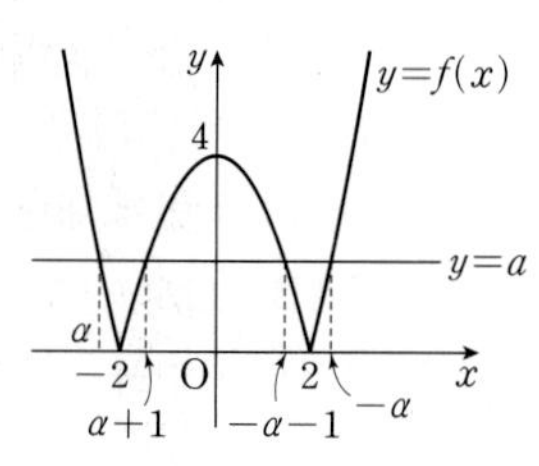

오른쪽 그림과 같이 실수 a $(0<a<4)$에 대하여 $x<0$에서 직선 $y=a$와 함수 $y=f(x)$의 그래프가 만나는 두 점 사이의 거리가 1일 때, 두 점의 x좌표를 α, $\alpha+1$이라 하자. 이때 함수 $f(x)$의 그래프는 y축에 대하여 대칭이므로 $x>0$에서 직선 $y=a$와 함수 $y=f(x)$의 그래프가 만나는 두 점의 x좌표는 $-\alpha-1$, $-\alpha$이다.

(ⅰ) $t<\alpha$일 때

$t\le x\le t+1$에서 함수 $f(x)$는 $x=t$에서 최대이므로

$g(t)=f(t)$

(ⅱ) $\alpha\le t<-1$일 때

$t\le x\le t+1$에서 함수 $f(x)$는 $x=t+1$에서 최대이므로

$g(t)=f(t+1)$

(ⅲ) $-1\le t<0$일 때

$t\le x\le t+1$에서 함수 $f(x)$는 $x=0$에서 최대이므로

$g(t)=f(0)=4$

(ⅳ) $0\le t<-\alpha-1$일 때

$t\le x\le t+1$에서 함수 $f(x)$는 $x=t$일 때 최대이므로

$g(t)=f(t)$

(ⅴ) $t\ge-\alpha-1$일 때

$t\le x\le t+1$에서 함수 $f(x)$는 $x=t+1$일 때 최대이므로

$g(t)=f(t+1)$

(ⅰ)~(ⅴ)에 의하여 함수 $y=g(t)$의 그래프는 오른쪽 그림과 같다.

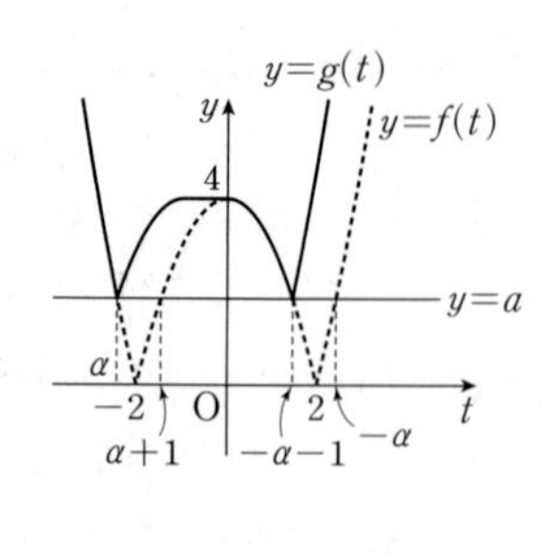

$f(\alpha)=f(\alpha+1)$에서

$\alpha^2-4=4-(\alpha+1)^2$

$2\alpha^2+2\alpha-7=0$

$\therefore \alpha=\frac{-1-\sqrt{15}}{2}$ ($\because \alpha<0$)

$-3\le t\le3$에서

$g(-3)=f(-3)=5$, $g(\alpha)=f(\alpha)=\frac{\sqrt{15}}{2}$, $g(3)=f(4)=12$

이므로 $M=12$, $m=\frac{\sqrt{15}}{2}$

따라서 $M\times m=6\sqrt{15}$이므로

$k=15$ 답 15

05 이차함수 $y=f(x)$의 그래프의 축이 y축이 되도록 $y=f(x)$의 그래프를 x축의 방향으로 평행이동한 그래프의 함수식을 $y=g(x)$라 하자.

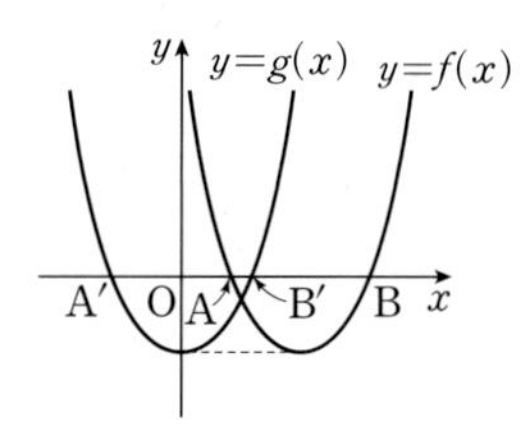

오른쪽 그림과 같이 이차함수 $y=g(x)$의 그래프가 x축과 만나는 서로 다른 두 점을 A′, B′이라 하면 $\overline{A'B'}=\overline{AB}=l$이므로

$A'\left(-\frac{l}{2},\ 0\right)$, $B'\left(\frac{l}{2},\ 0\right)$

$\therefore g(x)=a\left(x+\frac{l}{2}\right)\left(x-\frac{l}{2}\right)$ (단, $a\neq 0$)

이차함수 $y=g(x)$의 그래프가 점 $\left(\frac{l+1}{2},\ 1\right)$을 지나므로

$1=a\left(\frac{l+1}{2}+\frac{l}{2}\right)\left(\frac{l+1}{2}-\frac{l}{2}\right)$

$\therefore a\left(l+\frac{1}{2}\right)=2$ ...... ㉠

또, 이차함수 $y=g(x)$의 그래프가 점 $\left(\frac{l+3}{2},\ 4\right)$를 지나므로

$4=a\left(\frac{l+3}{2}+\frac{l}{2}\right)\left(\frac{l+3}{2}-\frac{l}{2}\right)$

$\therefore a\left(l+\frac{3}{2}\right)=\frac{8}{3}$ ...... ㉡

$a\neq 0$이므로 ㉠÷㉡을 하면

$\frac{l+\frac{1}{2}}{l+\frac{3}{2}}=\frac{2}{\frac{8}{3}}$, $\frac{8}{3}l+\frac{4}{3}=2l+3$

$\frac{2}{3}l=\frac{5}{3}$ $\quad\therefore l=\frac{5}{2}$ 답 ④

06 $h(x)$

$=\begin{cases} x^2+2x+1 & (x\le -2 \text{ 또는 } x\ge 1) \\ -x^2+5 & (-2<x<1) \end{cases}$

이므로 $y=h(x)$의 그래프는 오른쪽 그림과 같다.

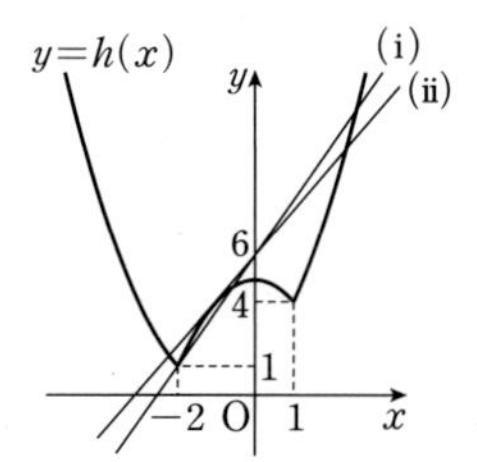

(i) 직선 $y=mx+6$이 점 $(-2,\ 1)$을 지나는 경우

$1=-2m+6$ $\quad\therefore m=\frac{5}{2}$

(ii) 직선 $y=mx+6$이 함수 $y=g(x)$의 그래프에 접하는 경우 이차방정식 $-x^2+5=mx+6$, 즉 $x^2+mx+1=0$의 판별식을 D라 하면

$D=m^2-4=0$, $(m+2)(m-2)=0$

$\therefore m=2$ ($\because m>0$)

(i), (ii)에 의하여 $m=\frac{5}{2}$ 또는 $m=2$이므로

$S=\frac{5}{2}+2=\frac{9}{2}$

$\therefore 10S=10\times\frac{9}{2}=45$ 답 45

07 $f(x)=-x^2+px-q=-\left(x-\frac{p}{2}\right)^2+\frac{p^2}{4}-q$

조건 (가)에서 함수 $y=f(x)$의 그래프가 x축에 접하므로

$\frac{p^2}{4}-q=0$ $\quad\therefore q=\frac{p^2}{4}$

$\therefore f(x)=-\left(x-\frac{p}{2}\right)^2$

한편, $y=f(x)$의 그래프의 꼭짓점의 x좌표가 $\frac{p}{2}$이므로 조건 (나)에 의하여 $-p\le x\le p$에서 $f(x)$의 최솟값은

$f(-p)=-\frac{9p^2}{4}=-54$ $\quad\therefore p^2=24$

따라서 $q=\frac{p^2}{4}=\frac{24}{4}=6$이므로

$p^2+q^2=24+36=60$ 답 60

08 ㄱ. $a=1$일 때

$f(x)=(x-1)^2-1=x^2-2x$

$g(x)=-(x-2)^2+4+b=-x^2+4x+b$

조건 (가)에서 방정식 $x^2-2x=-x^2+4x+b$, 즉 $2x^2-6x-b=0$은 서로 다른 두 실근 α, β를 갖는다.

조건 (나)에서 $\beta=\alpha+2$이므로 이차방정식의 근과 계수의 관계에 의하여

$\alpha+(\alpha+2)=3$, $\alpha(\alpha+2)=-\frac{b}{2}$

$\alpha+(\alpha+2)=3$에서 $2\alpha=1$ $\quad\therefore \alpha=\frac{1}{2}$

$\alpha(\alpha+2)=-\frac{b}{2}$에서 $-\frac{b}{2}=\frac{1}{2}\times\frac{5}{2}$

$\therefore b=-\frac{5}{2}$ (참)

ㄴ. $f(x)=(x-a)^2-a^2$의 최솟값은 $f(a)$이므로

$f(\alpha)\ge f(a)$ $\quad\therefore -f(\alpha)\le -f(a)$ ...... ㉠

$g(x)=-(x-2a)^2+4a^2+b$의 최댓값은 $g(2a)$이므로

$g(\beta)\le g(2a)$ ...... ㉡

㉠+㉡을 하면 $g(\beta)-f(\alpha)\le g(2a)-f(a)$

이때 $f(\alpha)=g(\alpha)$, $f(\beta)=g(\beta)$이므로

$f(\beta)-g(\alpha)\le g(2a)-f(a)$ (참)

ㄷ. $g(\beta)=f(\alpha)+5a^2+b$이면 $g(\beta)-f(\alpha)=5a^2+b$

ㄴ에 의하여

$g(\beta)-f(\alpha)=f(\beta)-g(\alpha)\le g(2a)-f(a)=5a^2+b$

이므로 $\beta=2a$, $\alpha=a$

조건 (나)에서 $\beta=\alpha+2$이므로

$2a=a+2$ $\quad\therefore a=2$

ㄱ에서 $\alpha\beta=-\frac{b}{2}$이므로 $b=-2\alpha\beta=-4a^2=-16$ (참)

따라서 ㄱ, ㄴ, ㄷ 모두 옳다. 답 ⑤

다른 풀이 ㄱ. 방정식 $f(x)=g(x)$에서 $2x^2-6ax-b=0$의 두 근이 α, β이므로 근과 계수의 관계에 의하여

$\alpha+\beta=3a$, $\alpha\beta=-\frac{b}{2}$

$(\beta-\alpha)^2=(\alpha+\beta)^2-4\alpha\beta$이므로

$2^2=(3a)^2-4\times\left(-\frac{b}{2}\right)$, $9a^2+2b=4$ ······ ㉠

$a=1$을 ㉠에 대입하면 $9+2b=4$ $\quad\therefore b=-\frac{5}{2}$ (참)

ㄴ. $f(x)=(x-a)^2-a^2$이므로 $f(x)$의 최솟값은

$f(a)=-a^2$

$g(x)=-(x-2a)^2+4a^2+b$이므로 $g(x)$의 최댓값은

$g(2a)=4a^2+b$

조건 ㈎에 의하여 $f(\alpha)=g(\alpha)$, $f(\beta)=g(\beta)$이므로

두 이차함수 $y=f(x)$, $y=g(x)$의 그래프는 서로 다른 두 점에서 만난다.

두 이차함수 $y=f(x)$, $y=g(x)$의 그래프가 서로 다른 두 점에서 만나므로 $g(2a)>f(a)$

(i) $a<0$인 경우

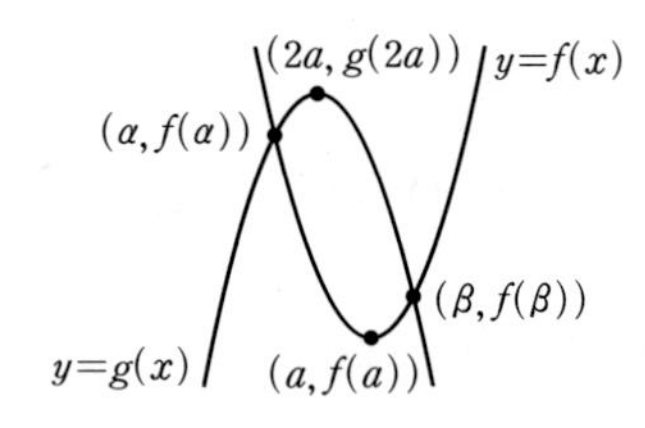

$f(\beta)-g(\alpha)=f(\beta)-f(\alpha)<g(2a)-f(a)$

(ii) $a=0$인 경우

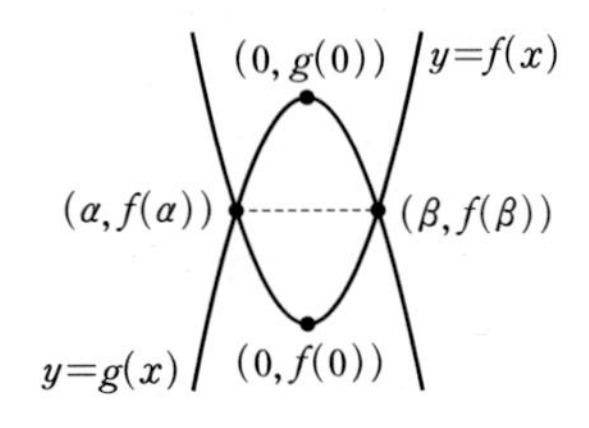

$f(\beta)-g(\alpha)=f(\beta)-f(\alpha)<g(2a)-f(a)$

(iii) $a>0$인 경우

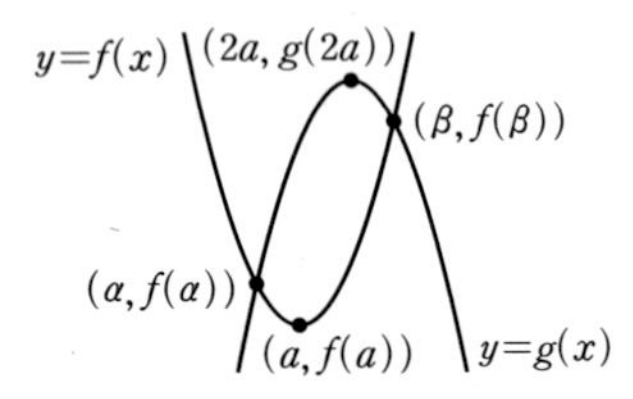

$f(\beta)-g(\alpha)=f(\beta)-f(\alpha)\le g(2a)-f(a)$

(i), (ii), (iii)에 의하여 주어진 부등식은 성립한다. (참)

ㄷ. $g(\beta)=f(\alpha)+5a^2+b$에서 $g(\beta)=f(\beta)$이므로

$f(\beta)-f(\alpha)=5a^2+b$

$g(2a)-f(a)=4a^2+b-(-a^2)=5a^2+b$이므로

$f(\beta)-f(\alpha)=g(2a)-f(a)$ ······ ㉡

㉡을 만족시키기 위해서는 두 이차함수의 그래프의 교점은 두 이차함수의 그래프의 꼭짓점이어야 하고, ㄴ에 의하여 $a>0$이므로

$a<2a$에서

$\alpha=a$, $\beta=2a$

$\beta-\alpha=a$이므로

$a=2$

$\therefore f(x)=(x-2)^2-4$,

$g(x)=-(x-4)^2+b+16$

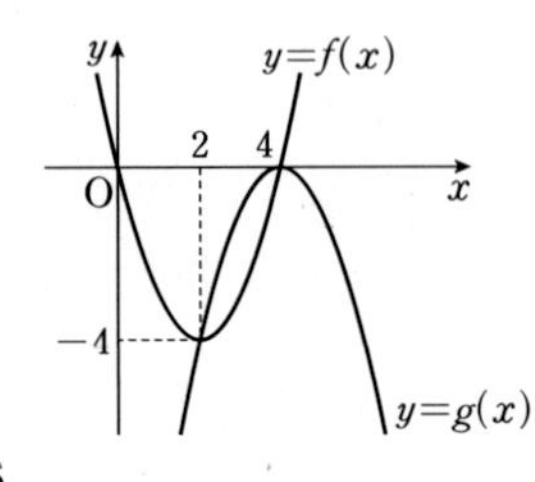

이차함수 $y=g(x)$의 그래프가 이차함수 $y=f(x)$의 그래프의 꼭짓점 $(2, -4)$를 지나야 하므로

$-4=-(-2)^2+b+16$

$\therefore b=-16$ (참)

09 $f(x)=-x^2+11x-10$

$=-\left(x-\frac{11}{2}\right)^2+\frac{81}{4}$

이므로 이차함수 $y=f(x)$의 그래프의 축은 직선 $x=\frac{11}{2}$이다.

한편, 점 $A(t, -t+10)$을 지나고 y축에 평행한 직선이 이차함수 $y=f(x)$의 그래프와 만나는 점 B의 좌표는

$B(t, -t^2+11t-10)$

$2<t<10$일 때 점 B가 점 A보다 위쪽에 있으므로

$\overline{AB}=-t^2+11t-10-(-t+10)$

$=-t^2+12t-20$

(i) $2<t<\frac{11}{2}$일 때

오른쪽 그림과 같이 점 A가 포물선의 축의 왼쪽에 위치하므로

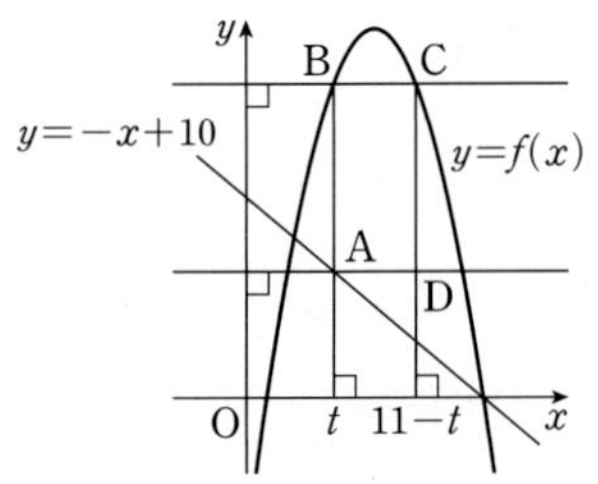

$\overline{BC}=2\times\left(\frac{11}{2}-t\right)$

$=11-2t$

따라서 직사각형 BADC의 둘레의 길이는

$2\{(-t^2+12t-20)+(11-2t)\}$

$=2(-t^2+10t-9)$

$=-2(t-5)^2+32$

이므로 $t=5$일 때 최댓값은 32이다.

(ii) $\frac{11}{2}<t<10$일 때

오른쪽 그림과 같이 점 A가 포물선의 축의 오른쪽에 위치하므로

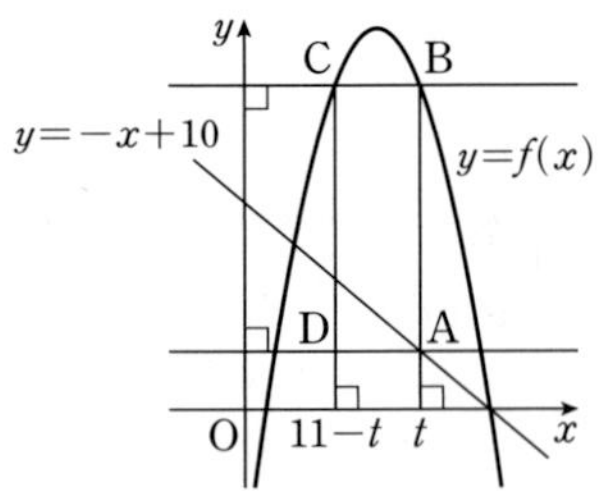

$\overline{BC}=2\times\left(t-\frac{11}{2}\right)$

$=2t-11$

따라서 직사각형 ABCD의 둘레의 길이는

$2\{(-t^2+12t-20)+(2t-11)\}$

$=2(-t^2+14t-31)$

$=-2(t-7)^2+36$

이므로 $t=7$일 때 최댓값은 36이다.

(i), (ii)에 의하여 직사각형의 둘레의 길이의 최댓값은 36이다.

답 ③

05강 여러 가지 방정식

기본 다지기 | 본문 38쪽 |

1 (1) $x=\pm 2i$ 또는 $x=\pm 2$ (2) $x=\pm\sqrt{3}i$ 또는 $x=\pm 1$

(3) $x=1$ 또는 $x=\dfrac{3\pm\sqrt{21}}{2}$

2 1 3 ① 4 ④

5 (1) $\begin{cases} x=-1 \\ y=0 \end{cases}$ 또는 $\begin{cases} x=0 \\ y=1 \end{cases}$

(2) $\begin{cases} x=-\sqrt{3} \\ y=\sqrt{3} \end{cases}$ 또는 $\begin{cases} x=\sqrt{3} \\ y=-\sqrt{3} \end{cases}$ 또는 $\begin{cases} x=-1 \\ y=-1 \end{cases}$ 또는 $\begin{cases} x=1 \\ y=1 \end{cases}$

1 (1) $x^4-16=0$의 좌변을 인수분해하면

$(x^2+4)(x^2-4)=0$

$(x+2i)(x-2i)(x+2)(x-2)=0$

$\therefore x=\pm 2i$ 또는 $x=\pm 2$

(2) $x^2=t$로 놓으면 $t^2+2t-3=0$, $(t+3)(t-1)=0$

$\therefore t=-3$ 또는 $t=1$

따라서 $x^2=-3$ 또는 $x^2=1$이므로

$x=\pm\sqrt{3}i$ 또는 $x=\pm 1$

(3) $f(x)=x^3-4x^2+3$으로 놓으면 $f(1)=0$이므로 오른쪽 조립제법에서

1	1	−4	0	3
		1	−3	−3
	1	−3	−3	0

$f(x)=(x-1)(x^2-3x-3)$

따라서 $f(x)=0$에서

$x=1$ 또는 $x=\dfrac{3\pm\sqrt{21}}{2}$

답 (1) $x=\pm 2i$ 또는 $x=\pm 2$

(2) $x=\pm\sqrt{3}i$ 또는 $x=\pm 1$

(3) $x=1$ 또는 $x=\dfrac{3\pm\sqrt{21}}{2}$

2 삼차방정식의 근과 계수의 관계에 의하여

$\alpha+\beta+\gamma=-1$, $\alpha\beta+\beta\gamma+\gamma\alpha=0$

$\therefore \alpha^2+\beta^2+\gamma^2=(\alpha+\beta+\gamma)^2-2(\alpha\beta+\beta\gamma+\gamma\alpha)$

$=(-1)^2-2\times 0=1$ 답 1

3 주어진 삼차방정식의 계수가 실수이므로 한 허근이 i이면 $-i$도 근이다. 나머지 한 근을 α라 하면 삼차방정식의 근과 계수의 관계에 의하여

$i+(-i)+\alpha=1$ $\therefore \alpha=1$

따라서 주어진 방정식의 실근은 $x=1$이다. 답 ①

다른 풀이 주어진 삼차방정식의 한 근이 i이므로

$i^3-i^2+ai+b=0$ $\therefore (b+1)+(a-1)i=0$

이때 a, b가 실수이므로

$b+1=0$, $a-1=0$

$\therefore a=1$, $b=-1$

따라서 주어진 방정식은 $x^3-x^2+x-1=0$이므로

오른쪽 조립제법에서

1	1	−1	1	−1
		1	0	1
	1	0	1	0

$(x-1)(x^2+1)=0$

$\therefore x=1$ 또는 $x=\pm i$

즉, 주어진 방정식의 실근은 $x=1$이다.

4 $x^3=1$의 한 허근이 ω이므로 $\omega^3=1$

$x^3-1=0$에서 $(x-1)(x^2+x+1)=0$

이차방정식 $x^2+x+1=0$의 한 허근이 ω이므로 $\omega^2+\omega+1=0$

$\therefore \omega^4+\omega^2+1=\omega^3\times\omega+\omega^2+1=\omega^2+\omega+1=0$ 답 ④

5 (1) $\begin{cases} y=x+1 & \cdots\cdots ㉠ \\ x^2+y^2=1 & \cdots\cdots ㉡ \end{cases}$

㉠을 ㉡에 대입하면

$x^2+(x+1)^2=1$, $2x^2+2x+1=1$

$2x(x+1)=0$ $\therefore x=-1$ 또는 $x=0$

$x=-1$일 때 $y=0$이고, $x=0$일 때 $y=1$이므로 주어진 연립방정식의 해는

$\begin{cases} x=-1 \\ y=0 \end{cases}$ 또는 $\begin{cases} x=0 \\ y=1 \end{cases}$

(2) $\begin{cases} x^2-y^2=0 & \cdots\cdots ㉠ \\ x^2+xy+y^2=3 & \cdots\cdots ㉡ \end{cases}$

㉠의 좌변을 인수분해하면 $(x+y)(x-y)=0$이므로

$x+y=0$ 또는 $x-y=0$

$\therefore y=-x$ 또는 $y=x$

(i) $y=-x$를 ㉡에 대입하여 정리하면

$x^2=3$ $\therefore x=\pm\sqrt{3}$

즉, $x=-\sqrt{3}$일 때 $y=\sqrt{3}$, $x=\sqrt{3}$일 때 $y=-\sqrt{3}$

(ii) $y=x$를 ㉡에 대입하여 정리하면

$3x^2=3$, $x^2=1$ $\therefore x=\pm 1$

즉, $x=-1$일 때 $y=-1$, $x=1$일 때 $y=1$

(i), (ii)에 의하여 주어진 연립방정식의 해는

$\begin{cases} x=-\sqrt{3} \\ y=\sqrt{3} \end{cases}$ 또는 $\begin{cases} x=\sqrt{3} \\ y=-\sqrt{3} \end{cases}$ 또는 $\begin{cases} x=-1 \\ y=-1 \end{cases}$ 또는 $\begin{cases} x=1 \\ y=1 \end{cases}$

답 (1) $\begin{cases} x=-1 \\ y=0 \end{cases}$ 또는 $\begin{cases} x=0 \\ y=1 \end{cases}$

(2) $\begin{cases} x=-\sqrt{3} \\ y=\sqrt{3} \end{cases}$ 또는 $\begin{cases} x=\sqrt{3} \\ y=-\sqrt{3} \end{cases}$ 또는 $\begin{cases} x=-1 \\ y=-1 \end{cases}$ 또는 $\begin{cases} x=1 \\ y=1 \end{cases}$

1 STEP 필수 유형 다지기 | 본문 39~41쪽 |

01 4	02 ①	03 ⑤	04 −8	05 ⑤	06 ③
07 ②	08 $k>\frac{1}{2}$	09 ②	10 ⑤	11 ⑤	12 ①
13 ④	14 ⑤	15 −4	16 ②	17 ④	18 2
19 ④	20 ④	21 ②			

01 $f(x)=x^3-4x^2+x+6$으로 놓으면 $f(-1)=0$이므로 오른쪽 조립제법에서

-1	1	-4	1	6
		-1	5	-6
	1	-5	6	0

$f(x)=(x+1)(x^2-5x+6)$

$\quad=(x+1)(x-2)(x-3)$

$f(x)=0$에서 $x=-1$ 또는 $x=2$ 또는 $x=3$

따라서 $\alpha=3$, $\beta=-1$이므로

$\alpha-\beta=3-(-1)=4$

답 4

02 $f(x)=x^3-x-6$으로 놓으면 $f(2)=0$이므로 오른쪽 조립제법에서 $f(x)=(x-2)(x^2+2x+3)$

2	1	0	-1	-6
		2	4	6
	1	2	3	0

즉, 주어진 방정식은 $(x-2)(x^2+2x+3)=0$

이때 두 허근 α, β는 이차방정식 $x^2+2x+3=0$의 근이므로 이차방정식의 근과 계수의 관계에 의하여

$\alpha+\beta=-2$, $\alpha\beta=3$

$\therefore \alpha^2+\beta^2=(\alpha+\beta)^2-2\alpha\beta$

$\quad=(-2)^2-2\times3=-2$

답 ①

03 $x^2-3x=t$로 놓으면

$t^2-2t-8=0$, $(t+2)(t-4)=0$

$t=x^2-3x$이므로 $(x^2-3x+2)(x^2-3x-4)=0$

$(x-1)(x-2)(x+1)(x-4)=0$

$\therefore x=-1$ 또는 $x=1$ 또는 $x=2$ 또는 $x=4$

따라서 모든 실근의 합은 $-1+1+2+4=6$

답 ⑤

04 $x(x-1)(x+1)(x+2)=15$에서

$\{x(x+1)\}\{(x-1)(x+2)\}=15$

$(x^2+x)(x^2+x-2)=15$

$x^2+x=t$로 놓으면

$t(t-2)=15$, $t^2-2t-15=0$

$(t+3)(t-5)=0$

$t=x^2+x$이므로

$(x^2+x+3)(x^2+x-5)=0$

$\therefore x^2+x+3=0$ 또는 $x^2+x-5=0$ ············ ❶

(i) $x^2+x+3=0$의 판별식을 D_1이라 하면

$D_1=1^2-4\times1\times3=-11<0$

따라서 이차방정식 $x^2+x+3=0$의 두 근이 γ, δ이므로 이차방정식의 근과 계수의 관계에 의하여

$\gamma\delta=3$ ············ ❷

(ii) $x^2+x-5=0$의 판별식을 D_2라 하면

$D_2=1^2-4\times1\times(-5)=21>0$

따라서 이차방정식 $x^2+x-5=0$의 두 근이 α, β이므로 이차방정식의 근과 계수의 관계에 의하여

$\alpha\beta=-5$ ············ ❸

(i), (ii)에 의하여

$\alpha\beta-\gamma\delta=-5-3=-8$ ············ ❹

답 -8

단계	채점 기준	배점
❶	두 이차방정식으로 변형하기	30 %
❷	$\gamma\delta$의 값 구하기	30 %
❸	$\alpha\beta$의 값 구하기	30 %
❹	$\alpha\beta-\gamma\delta$의 값 구하기	10 %

05 $x^4-18x^2+1=0$에서

$(x^4-2x^2+1)-16x^2=0$, $(x^2-1)^2-(4x)^2=0$

$(x^2+4x-1)(x^2-4x-1)=0$

$x^2+4x-1=0$ 또는 $x^2-4x-1=0$

$\therefore x=-2\pm\sqrt{5}$ 또는 $x=2\pm\sqrt{5}$

따라서 양수인 근의 합은

$(-2+\sqrt{5})+(2+\sqrt{5})=2\sqrt{5}$

답 ⑤

06 $x\neq0$이므로 주어진 방정식의 양변을 x^2으로 나누면

$x^2-2x+2-\dfrac{2}{x}+\dfrac{1}{x^2}=0$

$\left(x+\dfrac{1}{x}\right)^2-2\left(x+\dfrac{1}{x}\right)=0$

이때 $x+\dfrac{1}{x}=t$로 놓으면

$t^2-2t=0$, $t(t-2)=0$ $\quad\therefore t=0$ 또는 $t=2$

(i) $t=0$일 때, $x+\dfrac{1}{x}=0$에서

$x^2=-1$ $\quad\therefore x=\pm i$

(ii) $t=2$일 때, $x+\dfrac{1}{x}=2$에서

$x^2-2x+1=0$, $(x-1)^2=0$ $\quad\therefore x=1$

(i), (ii)에 의하여 $\alpha=-i$ 또는 $\alpha=i$이므로

$\alpha+\dfrac{1}{\alpha}=0$

답 ③

07 $f(x)=x^3+(1-k^2)x-k$로 놓으면 $f(k)=0$이므로 오른쪽 조립제법에서

k	1	0	$1-k^2$	$-k$
		k	k^2	k
	1	k	1	0

$f(x)=(x-k)(x^2+kx+1)$

이때 방정식 $f(x)=0$의 근이 모두 실수가 되려면 이차방정식 $x^2+kx+1=0$이 실근을 가져야 한다.

이차방정식 $x^2+kx+1=0$의 판별식을 D라 하면

$D=k^2-4\geq0$ $\quad\therefore k^2\geq4$

따라서 자연수 k의 최솟값은 2이다.

답 ②

08 $f(x)=x^3+(2-k)x^2-2k^2$으로 놓으면 $f(k)=0$이므로 오른쪽 조립제법에서

k	1	$2-k$	0	$-2k^2$
		k	$2k$	$2k^2$
	1	2	$2k$	0

$f(x)=(x-k)(x^2+2x+2k)$ ············ ❶

이때 k가 실수이므로 방정식 $f(x)=0$이 허근을 가지려면 이차방정식 $x^2+2x+2k=0$이 허근을 가져야 한다.

따라서 이차방정식 $x^2+2x+2k=0$의 판별식을 D라 하면

$\frac{D}{4}=1^2-2k<0$ $\therefore k>\frac{1}{2}$ ❷

답 $k>\frac{1}{2}$

단계	채점 기준	배점
❶	주어진 삼차방정식의 좌변 인수분해하기	40 %
❷	k의 값의 범위 구하기	60 %

09 $f(x)=x^3-ax^2+4a-8$로 놓으면

$f(2)=8-4a+4a-8=0$

2	1	$-a$	0	$4a-8$
		2	$4-2a$	$8-4a$
	1	$2-a$	$4-2a$	0

이므로 오른쪽 조립제법에서

$f(x)=(x-2)\{x^2+(2-a)x+4-2a\}$

이때 방정식 $f(x)=0$이 중근을 가지려면

(i) 방정식 $x^2+(2-a)x+4-2a=0$이 $x=2$를 근으로 가질 때,

$4+(2-a)\times2+4-2a=0$에서

$-4a+12=0$ $\therefore a=3$

(ii) 방정식 $x^2+(2-a)x+4-2a=0$이 중근을 가질 때,

이 이차방정식의 판별식을 D라 하면

$D=(2-a)^2-4(4-2a)=0$

$a^2+4a-12=0$, $(a+6)(a-2)=0$

$\therefore a=-6$ 또는 $a=2$

(i), (ii)에 의하여 구하는 a의 값의 합은

$3+(-6)+2=-1$ 답 ②

10 삼차방정식 $x^3+2x^2+4x+3=0$의 세 근이 α, β, γ이므로 삼차방정식의 근과 계수의 관계에 의하여

$\alpha+\beta+\gamma=-2$, $\alpha\beta+\beta\gamma+\gamma\alpha=4$, $\alpha\beta\gamma=-3$

$\therefore (1+\alpha)(1+\beta)(1+\gamma)$

$=1+(\alpha+\beta+\gamma)+(\alpha\beta+\beta\gamma+\gamma\alpha)+\alpha\beta\gamma$

$=1+(-2)+4+(-3)=0$ 답 ⑤

11 삼차방정식 $x^3+kx^2-4=0$의 근을 $x=\alpha$ (중근), $x=\beta$라 하면 중근인 α가 실수이므로 β도 반드시 실수이다.

삼차방정식의 근과 계수의 관계에 의하여

$2\alpha+\beta=-k$, $\alpha^2+2\alpha\beta=0$, $\alpha^2\beta=4$

$\alpha^2+2\alpha\beta=0$에서 $\alpha(\alpha+2\beta)=0$

이때 $\alpha^2\beta=4$에서 $\alpha\neq0$이므로 $\alpha+2\beta=0$

$\therefore \alpha=-2\beta$ …… ㉠

㉠을 $\alpha^2\beta=4$에 대입하면 $(-2\beta)^2\times\beta=4$

$\beta^3=1$ $\therefore \beta=1$ ($\because \beta$는 실수)

$\beta=1$을 ㉠에 대입하면 $\alpha=-2$

$\therefore k=-(2\alpha+\beta)=-\{2\times(-2)+1\}=3$

따라서 $f(x)=x^3+3x^2-4$이므로

$f(k)=f(3)=3^3+3\times3^2-4=50$ 답 ⑤

12 삼차방정식 $x^3-x^2+2x-1=0$의 세 근이 α, β, γ이므로 삼차방정식의 근과 계수의 관계에 의하여

$\alpha+\beta+\gamma=1$, $\alpha\beta+\beta\gamma+\gamma\alpha=2$, $\alpha\beta\gamma=1$

세 수 $\alpha\beta$, $\beta\gamma$, $\gamma\alpha$를 근으로 하고 x^3의 계수가 1인 삼차방정식이 $f(x)=0$이므로

$f(x)=(x-\alpha\beta)(x-\beta\gamma)(x-\gamma\alpha)$

$=x^3-(\alpha\beta+\beta\gamma+\gamma\alpha)x^2+\alpha\beta\gamma(\alpha+\beta+\gamma)x-(\alpha\beta\gamma)^2$

$=x^3-2x^2+x-1$

$\therefore f(2)=2^3-2\times2^2+2-1=1$ 답 ①

13 $f(-2)=f(1)=f(3)=2$에서

$f(-2)-2=f(1)-2=f(3)-2=0$

이므로 삼차방정식 $f(x)-2=0$의 세 근이 -2, 1, 3이다.

이때 -2, 1, 3을 세 근으로 하고 x^3의 계수가 1인 삼차방정식은

$x^3-(-2+1+3)x^2+\{(-2)\times1+1\times3+3\times(-2)\}x$
$-(-2)\times1\times3=0$

$\therefore x^3-2x^2-5x+6=0$

즉, $f(x)-2=x^3-2x^2-5x+6$이므로

$f(x)=x^3-2x^2-5x+8$

따라서 삼차방정식의 근과 계수의 관계에 의하여 방정식 $f(x)=0$의 모든 근의 곱은 -8이다. 답 ④

14 주어진 삼차방정식의 계수가 실수이므로 한 근이 $2+i$이면 $2-i$도 근이다. 나머지 한 근이 α이므로 삼차방정식의 근과 계수의 관계에 의하여

$(2+i)+(2-i)+\alpha=5$ $\therefore \alpha=1$

$(2+i)(2-i)+(2-i)\times1+(2+i)\times1=a$ $\therefore a=9$

$(2+i)\times(2-i)\times1=-b$ $\therefore b=-5$

$\therefore a+b+\alpha=9+(-5)+1=5$ 답 ⑤

15 주어진 삼차방정식의 계수가 모두 유리수이므로 한 근이 $1-\sqrt{2}$이면 $1+\sqrt{2}$도 근이다. ❶

즉, 방정식 $f(x)=0$의 근이 -1, $1-\sqrt{2}$, $1+\sqrt{2}$이고,

$-1+(1-\sqrt{2})+(1+\sqrt{2})=1$

$-(1-\sqrt{2})+(1-\sqrt{2})(1+\sqrt{2})-(1+\sqrt{2})=-3$

$-(1-\sqrt{2})(1+\sqrt{2})=1$

이므로 -1, $1-\sqrt{2}$, $1+\sqrt{2}$를 근으로 하고 x^3의 계수가 1인 삼차방정식은 $x^3-x^2-3x-1=0$

$\therefore f(x)=x^3-x^2-3x-1$ ❷

$\therefore f(1)=1-1-3-1=-4$ ❸

답 -4

단계	채점 기준	배점
❶	나머지 한 근 구하기	20 %
❷	$f(x)$ 구하기	60 %
❸	$f(1)$의 값 구하기	20 %

16 $x^3-1=0$의 한 허근이 ω이므로 $\omega^3=1$

$x^3-1=0$에서 $(x-1)(x^2+x+1)=0$

이차방정식 $x^2+x+1=0$의 한 허근이 ω이므로

$\omega^2+\omega+1=0$

$\therefore \omega^2+\dfrac{1}{\omega^2}=\dfrac{\omega^4+1}{\omega^2}=\dfrac{\omega+1}{-\omega-1}=-1$ 답 ②

(다른 풀이) $\omega^2+\omega+1=0$에서 $\omega\neq0$이므로 이 식의 양변을 ω로 나누면

$\omega+1+\dfrac{1}{\omega}=0 \qquad \therefore \omega+\dfrac{1}{\omega}=-1$

$\therefore \omega^2+\dfrac{1}{\omega^2}=\left(\omega+\dfrac{1}{\omega}\right)^2-2$

$=(-1)^2-2=-1$

17 삼차방정식 $x^3+1=0$의 한 허근이 ω이므로 $\omega^3=-1$

$\therefore 1+\dfrac{1}{\omega}+\dfrac{1}{\omega^2}+\dfrac{1}{\omega^3}+\cdots+\dfrac{1}{\omega^{30}}$

$=1+\left(\dfrac{1}{\omega}+\dfrac{1}{\omega^2}-1+\dfrac{1}{-\omega}+\dfrac{1}{-\omega^2}+1\right)$

$+\left(\dfrac{1}{\omega}+\dfrac{1}{\omega^2}-1+\dfrac{1}{-\omega}+\dfrac{1}{-\omega^2}+1\right)$

$+\cdots+\left(\dfrac{1}{\omega}+\dfrac{1}{\omega^2}-1+\dfrac{1}{-\omega}+\dfrac{1}{-\omega^2}+1\right)$

$=1$ 답 ④

Core 특강

방정식 $x^3=-1$의 허근의 성질

방정식 $x^3=-1$의 한 허근을 ω라 하면 다음이 성립한다.

(단, $\overline{\omega}$는 ω의 켤레복소수이다.)

(1) $\omega^3=-1$, $\overline{\omega}^3=-1$

(2) $\omega^2-\omega+1=0$, $\overline{\omega}^2-\overline{\omega}+1=0$

(3) $\omega+\overline{\omega}=1$, $\omega\overline{\omega}=1$

(4) $\omega^2=-\overline{\omega}$, $\overline{\omega}^2=-\omega$

18 삼차방정식 $x^3=1$, 즉 $x^3-1=0$에서

$(x-1)(x^2+x+1)=0$

이차방정식 $x^2+x+1=0$의 한 허근이 ω이므로 다른 한 근은 $\overline{\omega}$이다.

따라서 이차방정식의 근과 계수의 관계에 의하여

$\omega+\overline{\omega}=-1$, $\omega\overline{\omega}=1$ ❶

또, ω, $\overline{\omega}$는 $x^3=1$의 허근이므로

$\omega^3=1$, $\overline{\omega}^3=1$ ❷

$\therefore \dfrac{\overline{\omega}}{\omega^2}+\dfrac{\omega}{\overline{\omega}^2}=\dfrac{\overline{\omega}^3+\omega^3}{(\omega\overline{\omega})^2}=\dfrac{1+1}{1^2}=2$ ❸

답 2

단계	채점 기준	배점
❶	$\omega+\overline{\omega}$, $\omega\overline{\omega}$의 값 구하기	40 %
❷	$\omega^3=1$, $\overline{\omega}^3=1$임을 알기	30 %
❸	$\dfrac{\overline{\omega}}{\omega^2}+\dfrac{\omega}{\overline{\omega}^2}$의 값 구하기	30 %

19 $\begin{cases} x-y=4 & \cdots\cdots ㉠ \\ x^2-xy+y^2=12 & \cdots\cdots ㉡ \end{cases}$

㉠에서 $x=y+4$ ⋯⋯ ㉢

㉢을 ㉡에 대입하면

$(y+4)^2-y(y+4)+y^2=12$

$y^2+4y+4=0$, $(y+2)^2=0 \qquad \therefore y=-2$

$y=-2$를 ㉢에 대입하면 $x=2$

따라서 $\alpha=2$, $\beta=-2$이므로

$|\alpha|+|\beta|=2+2=4$ 답 ④

20 $\begin{cases} x+y=k & \cdots\cdots ㉠ \\ x^2+y^2=2 & \cdots\cdots ㉡ \end{cases}$

㉠에서 $y=-x+k$ ⋯⋯ ㉢

㉢을 ㉡에 대입하면 $x^2+(-x+k)^2=2$

$\therefore 2x^2-2kx+k^2-2=0$

이때 주어진 연립방정식이 오직 한 쌍의 해를 가지려면 위의 이차방정식이 중근을 가져야 하므로 판별식을 D라 하면

$\dfrac{D}{4}=(-k)^2-2(k^2-2)=0$, $k^2-2k^2+4=0$

$k^2=4 \qquad \therefore k=\pm2$

따라서 모든 실수 k의 값의 곱은

$2\times(-2)=-4$ 답 ④

21 $\begin{cases} 2x^2-3xy+y^2=0 & \cdots\cdots ㉠ \\ x^2+y^2=20 & \cdots\cdots ㉡ \end{cases}$

㉠의 좌변을 인수분해하면 $(2x-y)(x-y)=0$

$2x-y=0$ 또는 $x-y=0$

$\therefore y=2x$ 또는 $y=x$

(i) $y=2x$를 ㉡에 대입하여 정리하면

$5x^2=20$, $x^2=4 \qquad \therefore x=\pm2$

즉, $x=-2$일 때 $y=-4$, $x=2$일 때 $y=4$

(ii) $y=x$를 ㉡에 대입하여 정리하면

$2x^2=20$, $x^2=10 \qquad \therefore x=\pm\sqrt{10}$

즉, $x=-\sqrt{10}$일 때 $y=-\sqrt{10}$, $x=\sqrt{10}$일 때 $y=\sqrt{10}$

x, y는 정수이므로 (i), (ii)에 의하여 $xy=8$ 답 ②

2 STEP 출제 유형 PICK

| 본문 42~43쪽 |

대표 문제 ❶ ㄱ, ㄷ	1-1 30	1-2 ⑤
대표 문제 ❷ ⑤	2-1 13	2-2 ⑤
대표 문제 ❸ ③	3-1 ①	3-2 ②
대표 문제 ❹ ②	4-1 35	4-2 ④

대표문제 ❶ $x^3+1=0$에서 $(x+1)(x^2-x+1)=0$

이차방정식 $x^2-x+1=0$의 한 허근이 ω이므로 다른 한 근은 $\overline{\omega}$이다.

ㄱ. 이차방정식의 근과 계수의 관계에 의하여

$\omega+\overline{\omega}=1$, $\omega\overline{\omega}=1 \qquad \therefore \omega+\overline{\omega}=\omega\overline{\omega}$ (참)

ㄴ. $\frac{1}{\omega-1}+\frac{1}{\overline{\omega}-1}=\frac{(\overline{\omega}-1)+(\omega-1)}{(\omega-1)(\overline{\omega}-1)}$

$=\frac{(\omega+\overline{\omega})-2}{\omega\overline{\omega}-(\omega+\overline{\omega})+1}$

$=\frac{1-2}{1-1+1}=-1$ (거짓)

ㄷ. ω는 방정식 $x^3+1=0$의 한 허근이므로

$\omega^3+1=0 \qquad \therefore \omega^3=-1$

또, ω는 방정식 $x^2-x+1=0$의 한 허근이므로

$\omega^2-\omega+1=0$

$\therefore (1-\omega)(1-\omega^2)(1-\omega^3)(1-\omega^4)(1-\omega^5)$

$=2(1-\omega)(1-\omega^2)(1+\omega)(1+\omega^2)$

$=2(1-\omega^2)(1-\omega^4)$

$=2(1-\omega^2)(1+\omega)$

$=2(1+\omega-\omega^2-\omega^3)$

$=2\times(1+1+1)=6$ (참)

따라서 옳은 것은 ㄱ, ㄷ이다. 답 ㄱ, ㄷ

1-1 삼차방정식 $x^3=1$, 즉 $x^3-1=0$에서 $(x-1)(x^2+x+1)=0$이므로 ω는 이차방정식 $x^2+x+1=0$의 한 허근이다.

$\therefore \omega^2+\omega+1=0$

또, ω는 방정식 $x^3=1$의 한 허근이므로 $\omega^3=1$

$f(1)=\frac{1}{\omega+1}=-\frac{1}{\omega^2}$

$f(2)=\frac{1}{\omega^2+1}=-\frac{1}{\omega}$

$f(3)=\frac{1}{\omega^3+1}=\frac{1}{2}$

$f(4)=\frac{1}{\omega^4+1}=\frac{1}{\omega+1}=f(1)$

$f(5)=\frac{1}{\omega^5+1}=\frac{1}{\omega^2+1}=f(2)$

$f(6)=\frac{1}{\omega^6+1}=\frac{1}{\omega^3+1}=f(3)$

$\vdots$

$f(1)+f(2)+f(3)=-\frac{1}{\omega^2}-\frac{1}{\omega}+\frac{1}{2}=-\frac{1+\omega}{\omega^2}+\frac{1}{2}$

$=-\frac{-\omega^2}{\omega^2}+\frac{1}{2}=1+\frac{1}{2}=\frac{3}{2}$

$\therefore f(1)+f(2)+f(3)+\cdots+f(60)=\frac{3}{2}\times 20=30$ 답 30

1-2 ㄱ. $x^3=1$의 한 허근이 ω이므로 $\overline{\omega}$도 근이다.

$\therefore \overline{\omega}^3=1$ (참)

ㄴ. 삼차방정식 $x^3=1$, 즉 $x^3-1=0$에서

$(x-1)(x^2+x+1)=0$

이차방정식 $x^2+x+1=0$의 한 허근이 ω이므로

$\omega^2+\omega+1=0$

$\therefore \frac{1}{\omega}+\left(\frac{1}{\omega}\right)^2=\frac{1}{\omega}+\frac{1}{\omega^2}=\frac{\omega+1}{\omega^2}=\frac{-\omega^2}{\omega^2}=-1$

또, 이차방정식 $x^2+x+1=0$의 다른 한 근이 $\overline{\omega}$이므로

$\overline{\omega}^2+\overline{\omega}+1=0$

$\therefore \frac{1}{\overline{\omega}}+\left(\frac{1}{\overline{\omega}}\right)^2=\frac{1}{\overline{\omega}}+\frac{1}{\overline{\omega}^2}=\frac{\overline{\omega}+1}{\overline{\omega}^2}=\frac{-\overline{\omega}^2}{\overline{\omega}^2}=-1$

$\therefore \frac{1}{\omega}+\left(\frac{1}{\omega}\right)^2=\frac{1}{\overline{\omega}}+\left(\frac{1}{\overline{\omega}}\right)^2$ (참)

ㄷ. ㄴ에서 $(-\omega-1)^n=(\omega^2)^n=\omega^{2n}$

ω, $\overline{\omega}$는 이차방정식 $x^2+x+1=0$의 근이므로

$\omega+\overline{\omega}=-1$, $\omega\overline{\omega}=1$

$\therefore \left(\frac{\overline{\omega}}{\omega+\overline{\omega}}\right)^n=(-\overline{\omega})^n=\left(-\frac{1}{\omega}\right)^n$

$=(-\omega^2)^n \ (\because \omega^3=1)$

$=(-1)^n\times\omega^{2n}$

따라서 $(-\omega-1)^n=\left(\frac{\overline{\omega}}{\omega+\overline{\omega}}\right)^n$에서

$\omega^{2n}=(-1)^n\times\omega^{2n} \qquad \therefore 1=(-1)^n$

즉, 자연수 n은 짝수이어야 하므로 100 이하의 자연수 n의 개수는 50이다. (참)

따라서 ㄱ, ㄴ, ㄷ 모두 옳다. 답 ⑤

대표문제 2 $x^2=t\ (t\ge 0)$로 놓으면 주어진 사차방정식은

$t^2+at+a^4-18a^2+2b^2+8b+89=0 \qquad \cdots\cdots$ ㉠

주어진 사차방정식이 서로 다른 두 실근과 하나의 중근을 가지려면 이차방정식 ㉠이 양의 실근과 0을 근으로 가져야 한다.

이차방정식의 근과 계수의 관계에 의하여

(두 근의 합)$=-a>0 \qquad \therefore a<0$

(두 근의 곱)$=a^4-18a^2+2b^2+8b+89=0$

$(a^4-18a^2+81)+2(b^2+4b+4)=0$

$(a^2-9)^2+2(b+2)^2=0$

a, b는 실수이므로 $a^2=9$, $b+2=0$

$\therefore a=-3,\ b=-2\ (\because a<0)$

$\therefore ab=(-3)\times(-2)=6$ 답 ⑤

2-1 $x^2=t\ (t\ge 0)$로 놓으면 주어진 사차방정식은

$t^2-7t+k-4=0 \qquad \cdots\cdots$ ㉠

주어진 사차방정식의 모든 근이 실수가 되려면 이차방정식 ㉠이 음이 아닌 두 실근을 가져야 한다.

방정식 ㉠의 판별식을 D라 하면

$D=(-7)^2-4(k-4)\ge 0 \qquad \therefore k\le\frac{65}{4} \qquad \cdots\cdots$ ㉡

이차방정식의 근과 계수의 관계에 의하여

(두 근의 곱)$=k-4\ge 0 \qquad \therefore k\ge 4 \qquad \cdots\cdots$ ㉢

㉡, ㉢에 의하여 $4\le k\le\frac{65}{4}$

따라서 정수 k는 4, 5, 6, $\cdots$, 16의 13개이다. 답 13

2-2 ㄱ. $x^4+(3-2a)x^2+a^2-3a-10=0$에서 $a=1$이면

$x^4+x^2-12=0$, $(x^2+4)(x^2-3)=0$

$\therefore x=\pm 2i$ 또는 $x=\pm\sqrt{3}$

따라서 모든 실근의 곱은

$\sqrt{3}\times(-\sqrt{3})=-3$ (참)

ㄴ. $x^4+(3-2a)x^2+a^2-3a-10=0$에서

$x^4+(3-2a)x^2+(a+2)(a-5)=0$

$\{x^2-(a+2)\}\{x^2-(a-5)\}=0$

$\therefore x^2=a+2$ 또는 $x^2=a-5$ ...... ㉠

이때 a는 실수이므로 $a-5<a+2$

주어진 사차방정식이 실근과 허근을 모두 가지므로

$a-5<0,\ a+2\ge0$ $\therefore -2\le a<5$

즉, 주어진 사차방정식의 실근은

$x=\sqrt{a+2}$ 또는 $x=-\sqrt{a+2}$

이고, 모든 실근의 곱이 -4이면

$\sqrt{a+2}\times(-\sqrt{a+2})=-4$

$a+2=4$ $\therefore a=2$

㉠에서 허근을 갖는 이차방정식은 $x^2=-3$

$\therefore x=\sqrt{3}i$ 또는 $x=-\sqrt{3}i$

따라서 모든 허근의 곱은

$\sqrt{3}i\times(-\sqrt{3}i)=3$ (참)

ㄷ. ㄴ에서 $-2\le a<5$이므로 $0\le a+2<7$

주어진 사차방정식이 정수인 근을 가지려면 $a+2$의 값이 0이거나 7보다 작은 제곱수이어야 한다.

$a+2=0$일 때, $a=-2$

$a+2=1$일 때, $a=-1$

$a+2=4$일 때, $a=2$

즉, 구하는 모든 실수 a의 값의 합은

$-2+(-1)+2=-1$ (참)

따라서 ㄱ, ㄴ, ㄷ 모두 옳다. 답 ⑤

대표문제 3 주어진 이차방정식의 두 근을 $\alpha,\ \beta\ (\alpha\le\beta)$라 하면 이차방정식의 근과 계수의 관계에 의하여

$\alpha+\beta=p-2$ ...... ㉠

$\alpha\beta=3p-1$ ...... ㉡

㉠에서 $p=\alpha+\beta+2$ ...... ㉢

㉢을 ㉡에 대입하면 $\alpha\beta=3(\alpha+\beta+2)-1$

$\alpha\beta-3\alpha-3\beta=5,\ \alpha(\beta-3)-3(\beta-3)=14$

$\therefore (\alpha-3)(\beta-3)=14$

이때 $\alpha,\ \beta$가 모두 정수이므로 $\alpha-3,\ \beta-3$도 모두 정수이다.

(i) $\alpha-3=-14,\ \beta-3=-1$일 때

$\alpha=-11,\ \beta=2$

㉢에 대입하면 $p=-7$

(ii) $\alpha-3=-7,\ \beta-3=-2$일 때

$\alpha=-4,\ \beta=1$

㉢에 대입하면 $p=-1$

(iii) $\alpha-3=1,\ \beta-3=14$일 때

$\alpha=4,\ \beta=17$

㉢에 대입하면 $p=23$

(iv) $\alpha-3=2,\ \beta-3=7$일 때

$\alpha=5,\ \beta=10$

㉢에 대입하면 $p=17$

(i)~(iv)에 의하여 모든 실수 p의 값의 합은

$-7+(-1)+23+17=32$ 답 ③

3-1 $x^2+2xy+2y^2+8x-2y+41=0$을 x에 대하여 내림차순으로 정리하면

$x^2+2(y+4)x+2y^2-2y+41=0$ ...... ㉠

x는 실수이므로 ㉠의 판별식을 D라 하면

$\dfrac{D}{4}=(y+4)^2-(2y^2-2y+41)\ge0$

$y^2-10y+25\le0,\ (y-5)^2\le0$

이때 y는 실수이므로

$y-5=0$ $\therefore y=5$

$y=5$를 ㉠에 대입하면 $x^2+18x+81=0$

$(x+9)^2=0$ $\therefore x=-9$

$\therefore xy=-9\times5=-45$ 답 ①

3-2 $xy+x+y-1=0$에서

$x(y+1)+(y+1)-2=0$

$\therefore (x+1)(y+1)=2$

이때 $x,\ y$가 정수이므로 $x+1,\ y+1$도 모두 정수이다.

즉, $x+1,\ y+1$의 값을 표로 나타내면 다음과 같다.

$x+1$	1	2	-1	-2
$y+1$	2	1	-2	-1

이를 만족시키는 정수 $x,\ y$의 순서쌍 $(x,\ y)$는 $(0,\ 1),\ (1,\ 0),\ (-2,\ -3),\ (-3,\ -2)$이므로 이를 좌표평면 위에 나타내면 오른쪽 그림과 같다.

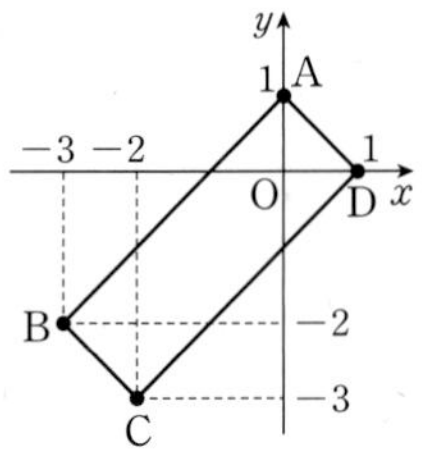

따라서 네 점을 꼭짓점으로 하는 사각형 ABCD는 직사각형이고

$\overline{AD}=\sqrt{(0-1)^2+(1-0)^2}=\sqrt{2}$

$\overline{AB}=\sqrt{(-3-0)^2+(-2-1)^2}=3\sqrt{2}$

이므로 구하는 넓이는

$\sqrt{2}\times3\sqrt{2}=6$ 답 ②

대표문제 4 삼차방정식 $f(x)=0$의 세 근을 $\alpha,\ \beta,\ \gamma$라 하면 방정식 $f(3x-2)=0$의 세 근은

$3x-2=\alpha$ 또는 $3x-2=\beta$ 또는 $3x-2=\gamma$

$\therefore x=\dfrac{\alpha+2}{3}$ 또는 $x=\dfrac{\beta+2}{3}$ 또는 $x=\dfrac{\gamma+2}{3}$

이때 방정식 $f(3x-2)=0$의 세 근의 합은 16이므로

$\dfrac{\alpha+2}{3}+\dfrac{\beta+2}{3}+\dfrac{\gamma+2}{3}=16$

$\therefore \alpha+\beta+\gamma=42$

방정식 $f(5x-6)=0$의 세 근은

$5x-6=\alpha$ 또는 $5x-6=\beta$ 또는 $5x-6=\gamma$

$\therefore x=\dfrac{\alpha+6}{5}$ 또는 $x=\dfrac{\beta+6}{5}$ 또는 $x=\dfrac{\gamma+6}{5}$

따라서 방정식 $f(5x-6)=0$의 세 근의 합은

$$\frac{\alpha+6}{5}+\frac{\beta+6}{5}+\frac{\gamma+6}{5}=\frac{(\alpha+\beta+\gamma)+18}{5}$$

$$=\frac{42+18}{5}=12$$

답 ②

(다른 풀이) 삼차방정식 $f(3x-2)=0$의 서로 다른 세 근을 α, β, γ라 하면 $\alpha+\beta+\gamma=16$이고,

$f(3x-2)=a(x-\alpha)(x-\beta)(x-\gamma)\ (a\neq0)$

$3x-2=t$로 놓으면 $x=\frac{t+2}{3}$이므로

$$f(t)=a\left(\frac{t+2}{3}-\alpha\right)\left(\frac{t+2}{3}-\beta\right)\left(\frac{t+2}{3}-\gamma\right)$$

$$=\frac{a}{27}(t+2-3\alpha)(t+2-3\beta)(t+2-3\gamma)$$

위의 식에 $t=5x-6$을 대입하면

$$f(5x-6)=\frac{a}{27}(5x-4-3\alpha)(5x-4-3\beta)(5x-4-3\gamma)$$

따라서 삼차방정식 $f(5x-6)=0$의 세 근은

$\frac{3\alpha+4}{5}$, $\frac{3\beta+4}{5}$, $\frac{3\gamma+4}{5}$

이므로 서로 다른 세 근의 합은

$$\frac{3\alpha+4}{5}+\frac{3\beta+4}{5}+\frac{3\gamma+4}{5}=\frac{3(\alpha+\beta+\gamma)+12}{5}$$

$$=\frac{3\times16+12}{5}=12$$

4-1 삼차방정식 $f(x)=0$의 세 근을 α, β, γ라 하면 삼차방정식의 근과 계수의 관계에 의하여

$\alpha+\beta+\gamma=2$, $\alpha\beta+\beta\gamma+\gamma\alpha=-7$, $\alpha\beta\gamma=-6$

또, 방정식 $f(4x+3)=0$의 세 근은

$4x+3=\alpha$ 또는 $4x+3=\beta$ 또는 $4x+3=\gamma$

$\therefore x=\frac{\alpha-3}{4}$ 또는 $x=\frac{\beta-3}{4}$ 또는 $x=\frac{\gamma-3}{4}$

따라서 구하는 세 근의 곱은

$$\frac{\alpha-3}{4}\times\frac{\beta-3}{4}\times\frac{\gamma-3}{4}$$

$$=\frac{\alpha\beta\gamma-3(\alpha\beta+\beta\gamma+\gamma\alpha)+9(\alpha+\beta+\gamma)-27}{64}$$

$$=\frac{-6-3\times(-7)+9\times2-27}{64}$$

$$=\frac{6}{64}=\frac{3}{32}$$

따라서 $p=32$, $q=3$이므로

$p+q=32+3=35$

답 35

4-2 방정식 $f(x)=0$의 계수가 실수이므로 $1-2i$가 근이면 $1+2i$도 근이다. 나머지 한 근을 α라 하면 방정식 $f(2x-3)=0$의 세 근은

$2x-3=\alpha$ 또는 $2x-3=1+2i$ 또는 $2x-3=1-2i$

$\therefore x=\frac{\alpha+3}{2}$ 또는 $x=2+i$ 또는 $x=2-i$

이때 방정식 $f(2x-3)=0$의 세 근의 곱이 20이므로

$$\frac{\alpha+3}{2}\times(2+i)(2-i)=20$$

$\frac{\alpha+3}{2}=4$ $\quad\therefore \alpha=5$

x^3의 계수가 1이고 세 근이 5, $1+2i$, $1-2i$인 삼차방정식은

$$x^3-\{5+(1+2i)+(1-2i)\}x^2$$
$$+\{5\times(1+2i)+(1+2i)(1-2i)+5(1-2i)\}x$$
$$-5(1+2i)(1-2i)=0$$

$\therefore x^3-7x^2+15x-25=0$

따라서 $f(x)=x^3-7x^2+15x-25$이므로

$f(2)=2^3-7\times2^2+15\times2-25=-15$

답 ④

(다른 풀이) $f(x)=0$의 세 근을 $1+2i$, $1-2i$, α (α는 실수)라 하면

$f(x)=(x-1-2i)(x-1+2i)(x-\alpha)$ ...... ㉠

$\therefore f(2x-3)=(2x-4-2i)(2x-4+2i)(2x-3-\alpha)$

따라서 방정식 $f(2x-3)=0$에서

$2x-4-2i=0$ 또는 $2x-4+2i=0$ 또는 $2x-3-\alpha=0$

$\therefore x=2+i$ 또는 $x=2-i$ 또는 $x=\frac{\alpha+3}{2}$

이때 $f(2x-3)=0$의 세 근의 곱이 20이므로

$(2+i)(2-i)\times\frac{\alpha+3}{2}=20$, $\alpha+3=8$ $\quad\therefore \alpha=5$

따라서 ㉠에서 $f(x)=(x-1-2i)(x-1+2i)(x-5)$이므로

$f(2)=(1-2i)\times(1+2i)\times(-3)=-15$

3 STEP 만점 도전 하기

| 본문 44~45쪽 |

01 ②	**02** ①	**03** ③	**04** ④	**05** ①	**06** 16
07 ②	**08** ⑤	**09** 46			

01 $f(x)=x^3-3x^2+12x-10$에서

$f(1)=0$이므로 오른쪽 조립제법에서

1	1	−3	12	−10
		1	−2	10
	1	−2	10	0

$f(x)=(x-1)(x^2-2x+10)$

$f(x)=0$에서 $x=1$ 또는 $x=1\pm3i$

조건 ㈎에서 $f(a)=0$이므로 $x=a$는 방정식 $f(x)=0$의 실근이다.

$\therefore a=1$

조건 ㈏에서 z는 방정식 $f(x)=0$의 허근이므로

$z=1+3i$ 또는 $z=1-3i$

(i) $z=1+3i$일 때, $\overline{z}=1-3i$이므로

$(z-\overline{z})i=\{(1+3i)-(1-3i)\}i=6i^2=-6<0$

이는 조건 ㈏를 만족시키지 않는다.

(ii) $z=1-3i$일 때, $\overline{z}=1+3i$이므로

$(z-\overline{z})i=\{(1-3i)-(1+3i)\}i=-6i^2=6>0$

(i), (ii)에 의하여 $z=1-3i$

따라서 $b=1$, $c=-3$이므로

$a+b+c=1+1+(-3)=-1$

답 ②

02 $\begin{cases} x^2y+xy^2=-12 & \cdots\cdots ㉠ \\ x^2+y^2+2xy-2x-2y=8 & \cdots\cdots ㉡ \end{cases}$

㉠에서 $xy(x+y)=-12$ ······ ㉢

㉡에서 $(x+y)^2-2(x+y)-8=0$

$x+y=t$로 놓으면 $t^2-2t-8=0$

$(t-4)(t+2)=0$ $\therefore t=4$ 또는 $t=-2$

$\therefore x+y=4$ 또는 $x+y=-2$

(i) $x+y=4$일 때

㉢에서 $4xy=-12$ $\therefore xy=-3$

$\therefore x^2(x-1)+y^2(y-1)$
$=(x^3+y^3)-(x^2+y^2)$
$=\{(x+y)^3-3xy(x+y)\}-\{(x+y)^2-2xy\}$
$=\{4^3-3\times(-3)\times4\}-\{4^2-2\times(-3)\}=78$

(ii) $x+y=-2$일 때

㉢에서 $-2xy=-12$ $\therefore xy=6$

$\therefore x^2(x-1)+y^2(y-1)$
$=(x^3+y^3)-(x^2+y^2)$
$=\{(x+y)^3-3xy(x+y)\}-\{(x+y)^2-2xy\}$
$=\{(-2)^3-3\times6\times(-2)\}-\{(-2)^2-2\times6\}=36$

(i), (ii)에 의하여 구하는 최솟값은 36이다. 답 ①

03 최고차항의 계수가 1인 이차함수 $f(x)$에 대하여 $y=f(x)$의 그래프가 x축과 서로 다른 두 점 $(1, 0)$, $(a, 0)$에서 만나므로

$f(x)=(x-1)(x-a)$ $(a\neq1)$

로 놓을 수 있다.

x에 대한 사차방정식 $(x^2-ax+2a)f(x)=0$에서

$(x^2-ax+2a)(x-1)(x-a)=0$ ······ (*)

(i) 이차방정식 $x^2-ax+2a=0$이 중근을 가질 때

이차방정식 $x^2-ax+2a=0$의 판별식을 D라 하면

$D=a^2-8a=0$, $a(a-8)=0$

$\therefore a=0$ 또는 $a=8$

㉠ $a=0$일 때

(*)에서 $x^3(x-1)=0$

$\therefore x=0$ 또는 $x=1$

즉, 사차방정식 $(x^2-ax+2a)f(x)=0$은 서로 다른 두 실근을 갖는다.

㉡ $a=8$일 때

(*)에서 $(x^2-8x+16)(x-1)(x-8)=0$

$(x-4)^2(x-1)(x-8)=0$

$\therefore x=1$ 또는 $x=4$ 또는 $x=8$

즉, 사차방정식 $(x^2-ax+2a)f(x)=0$은 서로 다른 세 실근을 갖는다.

㉠, ㉡에 의하여 $a=8$

(ii) $x=1$이 이차방정식 $x^2-ax+2a=0$의 근일 때

$1-a+2a=0$ $\therefore a=-1$

(*)에서 $(x^2+x-2)(x-1)(x+1)=0$

$(x-1)^2(x+2)(x+1)=0$

$\therefore x=-2$ 또는 $x=-1$ 또는 $x=1$

즉, 사차방정식 $(x^2-ax+2a)f(x)=0$은 서로 다른 세 실근을 갖는다.

(iii) $x=a$가 이차방정식 $x^2-ax+2a=0$의 근일 때,

$a^2-a^2+2a=0$ $\therefore a=0$

(i)에서 $a=0$이면 사차방정식 $(x^2-ax+2a)f(x)=0$은 서로 다른 두 실근을 갖는다.

(i), (ii), (iii)에 의하여 사차방정식 $(x^2-ax+2a)f(x)=0$이 서로 다른 세 실근을 가지려면

$a=8$ 또는 $a=-1$

따라서 모든 실수 a의 값의 합은 $8+(-1)=7$ 답 ③

04 방정식 $x^4+x^3+(1-n)x^2-nx-n=0$에서

$x^2(x^2+x+1)-n(x^2+x+1)=0$

$(x^2-n)(x^2+x+1)=0$

$\therefore x=-\sqrt{n}$ 또는 $x=\sqrt{n}$ 또는 $x^2+x+1=0$

이때 n은 50 이하의 자연수이므로 자연수인 근을 가지려면 n의 값은 1, 4, 9, 16, 25, 36, 49이어야 한다.

한편, α는 방정식 $x^2+x+1=0$의 근이므로

$\alpha^2+\alpha+1=0$

$x^2+x+1=0$의 양변에 $x-1$을 곱하면

$(x-1)(x^2+x+1)=0$, $x^3-1=0$

$\therefore x^3=1$

이때 α는 방정식 $x^3=1$의 한 허근이므로

$\alpha^3=1$

$\therefore n_1\alpha^{n_1}+n_2\alpha^{n_2}+n_3\alpha^{n_3}+\cdots+n_k\alpha^{n_k}$
$=\alpha+4\alpha^4+9\alpha^9+16\alpha^{16}+25\alpha^{25}+36\alpha^{36}+49\alpha^{49}$
$=\alpha+4\alpha+9+16\alpha+25\alpha+36+49\alpha$
$=95\alpha+45$

따라서 $p=95$, $q=45$이므로

$p-q=95-45=50$ 답 ④

05 $xy-px+2y-p=3p$에서 $x(y-p)+2(y-p)=2p$

$\therefore (x+2)(y-p)=2p$

이때 p는 3 이상의 소수이고 $x+2$, $y-p$가 모두 정수이므로 $x+2$와 $y-p$의 값을 표로 나타내면 다음과 같다.

$x+2$	1	2	p	$2p$	-1	-2	$-p$	$-2p$
$y-p$	$2p$	p	2	1	$-2p$	$-p$	-2	-1

따라서 x, y, $x+y$의 값을 표로 나타내면 다음과 같다.

x	-1	0	$p-2$	$2p-2$	-3	-4	$-p-2$	$-2p-2$
y	$3p$	$2p$	$p+2$	$p+1$	$-p$	0	$p-2$	$p-1$
$x+y$	$3p-1$	$2p$	$2p$	$3p-1$	$-p-3$	-4	-4	$-p-3$

이때 $x+y$의 최댓값이 $3p-1$이므로

$3p-1=50$ $\therefore p=17$

따라서 $x+y$의 최솟값은

$-p-3=-17-3=-20$ 답 ①

06 $P(x)+x$가 이차다항식이므로

$(x-a)(x+a)(x^2+5)+9$

도 이차다항식의 완전제곱식이어야 한다.

$(x-a)(x+a)(x^2+5)+9$

$=(x^2-a^2)(x^2+5)+9$

$=x^4+(5-a^2)x^2-5a^2+9$ …… ㉠

$x^2=t$로 놓으면 ㉠은

$t^2+(5-a^2)t-5a^2+9$

위의 식이 완전제곱식이 되려면 t에 대한 이차방정식

$t^2+(5-a^2)t-5a^2+9=0$

의 판별식을 D라 할 때

$D=(5-a^2)^2-4(-5a^2+9)=0$

$a^4+10a^2-11=0$, $(a^2+11)(a^2-1)=0$

$(a^2+11)(a+1)(a-1)=0$

$\therefore a=1$ ($\because a>0$)

즉, $\{P(x)+x\}^2=(x^2+2)^2$이므로

$P(x)+x=x^2+2$ 또는 $P(x)+x=-x^2-2$

$\therefore P(x)=x^2-x+2$ 또는 $P(x)=-x^2-x-2$

이때 $P(x)$의 이차항의 계수가 음수이므로

$P(x)=-x^2-x-2$

$\therefore \{P(a)\}^2=\{P(1)\}^2=(-4)^2=16$ 답 16

다른 풀이 $\{P(x)+x\}^2=(x^2-a^2)(x^2+5)+9$

$=x^4+(5-a^2)x^2-5a^2+9$

한편, $P(x)$의 최고차항의 계수가 음수이므로

$P(x)+x=-x^2+px+q$ (p, q는 상수)로 놓을 수 있다.

$(-x^2+px+q)^2=x^4-2px^3+(p^2-2q)x^2+2pqx+q^2$

$=x^4+(5-a^2)x^2-5a^2+9$

이므로

$-2p=0$ $\therefore p=0$ …… ㉠

$p^2-2q=5-a^2$에서 $a^2=2q+5$ ($\because$ ㉠) …… ㉡

$q^2=-5a^2+9$에서 $q^2=-5(2q+5)+9$ ($\because$ ㉡)

$q^2+10q+16=0$, $(q+8)(q+2)=0$

$\therefore q=-8$ 또는 $q=-2$

(i) $q=-8$일 때

$a^2=-16+5=-11$

이를 만족시키는 실수 a는 존재하지 않는다.

(ii) $q=-2$일 때

$a^2=-4+5=1$

$\therefore a=1$ ($\because a>0$)

따라서 $P(x)+x=-x^2-2$, 즉 $P(x)=-x^2-x-2$이므로

$\{P(a)\}^2=\{P(1)\}^2=(-4)^2=16$

07 $\overline{AC}=2\overline{P_1C}=2a$, $\overline{CB}=2\overline{CP_2}=2b$이고,

$\overline{AB}=\overline{AC}+\overline{CB}$이므로

$6=2a+2b$

$\therefore a+b=3$ …… ㉠

다음 그림과 같이 두 반원 O_1과 O_2의 교점을 P_3이라 하면 반원에 대한 원주각의 크기는 $90°$이므로 삼각형 $P_1P_2P_3$은 $\angle P_1P_3P_2=90°$인 직각삼각형이다.

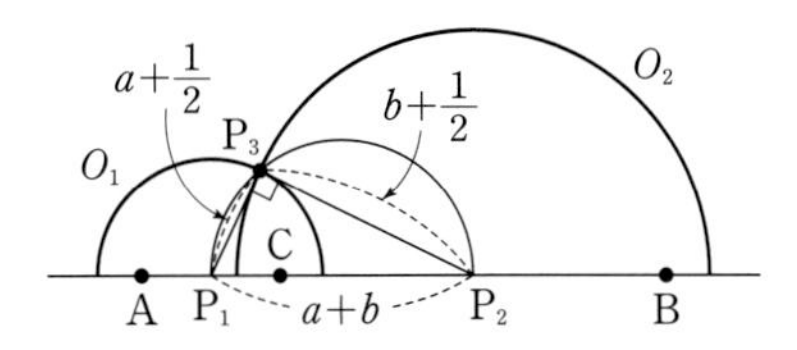

$\overline{P_1P_3}=a+\frac{1}{2}$, $\overline{P_2P_3}=b+\frac{1}{2}$, $\overline{P_1P_2}=a+b$이므로 피타고라스 정리에 의하여

$(a+b)^2=\left(a+\frac{1}{2}\right)^2+\left(b+\frac{1}{2}\right)^2$

$a^2+2ab+b^2=a^2+a+\frac{1}{4}+b^2+b+\frac{1}{4}$

$2ab=a+b+\frac{1}{2}=3+\frac{1}{2}=\frac{7}{2}$ ($\because$ ㉠)

$\therefore ab=\frac{7}{4}$ 답 ②

08 ㄱ. $f(1)=1+(2a-1)+(b^2-2a)-b^2=0$이므로 인수정리에 의하여 $f(x)$는 $x-1$을 인수로 갖는다. (참)

ㄴ. ㄱ에서 $f(1)=0$이므로 다음 조립제법에서

$f(x)=(x-1)(x^2+2ax+b^2)$

1	1	$2a-1$	b^2-2a	$-b^2$
		1	$2a$	b^2
	1	$2a$	b^2	0

이차방정식 $x^2+2ax+b^2=0$의 판별식을 D라 하면

$\frac{D}{4}=a^2-b^2=(a+b)(a-b)$

이때 $a<b<0$이면 $a+b<0$, $a-b<0$이므로 $D>0$

따라서 이차방정식 $x^2+2ax+b^2=0$은 항상 서로 다른 두 실근을 가지므로 삼차방정식 $f(x)=0$이 서로 다른 두 실근을 가지려면 이차방정식 $x^2+2ax+b^2=0$이 $x=1$을 근으로 가져야 한다.

$\therefore 1+2a+b^2=0$

예를 들어 $a=-2$, $b=-\sqrt{3}$이면 $a<b<0$이고

$f(x)=(x-1)(x^2-4x+3)=(x-1)^2(x-3)$

이므로 방정식 $f(x)=0$의 서로 다른 실근의 개수는 2가 되도록 하는 실수 a, b가 존재한다. (참)

ㄷ. 방정식 $f(x)=0$이 서로 다른 세 실근을 가지려면 이차방정식 $x^2+2ax+b^2=0$이 1이 아닌 서로 다른 두 실근을 가져야 한다.

이차방정식의 근과 계수의 관계에 의하여 $x^2+2ax+b^2=0$의 서로 다른 두 실근의 합이 $-2a$이므로 삼차방정식 $f(x)=0$의 서로 다른 세 실근의 합은

$1+(-2a)=7$ $\therefore a=-3$

방정식 $x^2+2ax+b^2=0$의 판별식을 D라 하면

$\frac{D}{4}=a^2-b^2>0$이어야 하므로 $b^2<a^2=9$

또, $x=1$이 방정식 $x^2+2ax+b^2=0$의 근이 아니어야 하므로 $1+2a+b^2\neq0$, 즉 $b^2\neq5$

그러므로 두 정수 a, b의 순서쌍 (a, b)는

$(-3, -2)$, $(-3, -1)$, $(-3, 0)$, $(-3, 1)$, $(-3, 2)$

의 5개이다. (참)

따라서 ㄱ, ㄴ, ㄷ 모두 옳다.

답 ⑤

09 $f(x)=ax^3+2bx^2+4bx+8a$로 놓으면 $f(-2)=0$이므로 다음 조립제법에서

$f(x)=(x+2)\{ax^2-2(a-b)x+4a\}$

$$\begin{array}{r|cccc} -2 & a & 2b & 4b & 8a \\ & & -2a & -4b+4a & -8a \\ \hline & a & 2b-2a & 4a & 0 \end{array}$$

따라서 삼차방정식 $f(x)=0$은 $x=-2$를 근으로 갖는다.

주어진 삼차방정식이 서로 다른 세 정수를 근으로 가지므로 이차방정식 $ax^2-2(a-b)x+4a=0$의 -2가 아닌 서로 다른 두 정수인 근을 α, β $(\alpha>\beta)$라 할 때, 이차방정식의 근과 계수의 관계에 의하여

$\alpha\beta=\frac{4a}{a}=4$

α, β는 정수이므로 $\alpha=4$, $\beta=1$ 또는 $\alpha=-1$, $\beta=-4$

따라서 $\frac{2(a-b)}{a}=1+4$ 또는 $\frac{2(a-b)}{a}=-1-4$이므로

$2a-2b=5a$ 또는 $2a-2b=-5a$

$\therefore b=-\frac{3}{2}a$ 또는 $b=\frac{7}{2}a$ $(a\neq0)$

(i) $b=-\frac{3}{2}a$일 때

$|b|\leq50$이므로 $\left|-\frac{3}{2}a\right|\leq50$

$-50\leq-\frac{3}{2}a\leq50$　　$\therefore -\frac{100}{3}\leq a\leq\frac{100}{3}$

또, b가 정수가 되려면 a는 0이 아닌 2의 배수이어야 하므로 순서쌍 (a, b)는

$(-32, 48)$, $(-30, 45)$, $\cdots$, $(-2, 3)$, $(2, -3)$, $(4, -6)$, $\cdots$, $(32, -48)$

의 32개이다.

(ii) $b=\frac{7}{2}a$일 때

$|b|\leq50$이므로 $\left|\frac{7}{2}a\right|\leq50$

$-50\leq\frac{7}{2}a\leq50$　　$\therefore -\frac{100}{7}\leq a\leq\frac{100}{7}$

또, b가 정수가 되려면 a는 0이 아닌 2의 배수이어야 하므로 순서쌍 (a, b)는

$(-14, -49)$, $(-12, -42)$, $\cdots$, $(-2, -7)$, $(2, 7)$, $(4, 14)$, $\cdots$, $(14, 49)$

의 14개이다.

(i), (ii)에 의하여 구하는 순서쌍 (a, b)의 개수는

$32+14=46$

답 46

06강 여러 가지 부등식

⊕기본 다지기　　| 본문 46쪽 |

1 ③　**2** $\frac{13}{2}$　**3** $-3<x<4$

4 (1) $-4<x<3$ (2) $x\leq1$ 또는 $x\geq2$ (3) $x\neq2$인 모든 실수 (4) 해는 없다.

5 ③

1 $\begin{cases} 5x-1\leq3x+1 & \cdots\cdots ㉠ \\ 3x\geq x-2 & \cdots\cdots ㉡ \end{cases}$

㉠에서 $2x\leq2$　　$\therefore x\leq1$

㉡에서 $2x\geq-2$　　$\therefore x\geq-1$

$\therefore -1\leq x\leq1$

따라서 $a=-1$, $b=1$이므로

$a+b=-1+1=0$

답 ③

2 부등식 $|3-x|\leq10-x$에서

(i) $x\leq3$일 때

$3-x\geq0$이므로 $3-x\leq10-x$

이 부등식은 항상 성립하므로 $x\leq3$

(ii) $x>3$일 때

$3-x<0$이므로 $-(3-x)\leq10-x$

$2x\leq13$　　$\therefore x\leq\frac{13}{2}$

그런데 $x>3$이므로 $3<x\leq\frac{13}{2}$

(i), (ii)에 의하여 부등식의 해는 $x\leq\frac{13}{2}$

따라서 x의 최댓값은 $\frac{13}{2}$이다.

답 $\frac{13}{2}$

3 $|x+1|+|x-2|<7$에서

(i) $x<-1$일 때

$-(x+1)-(x-2)<7$에서

$-2x+1<7$　　$\therefore x>-3$

그런데 $x<-1$이므로 $-3<x<-1$

(ii) $-1\leq x<2$일 때

$x+1-(x-2)<7$이 항상 성립하므로 $-1\leq x<2$

(iii) $x\geq2$일 때

$x+1+x-2<7$에서

$2x-1<7$　　$\therefore x<4$

그런데 $x\geq2$이므로 $2\leq x<4$

(i), (ii), (iii)에 의하여 $-3<x<4$

답 $-3<x<4$

4 (1) $x^2+x-12<0$에서 $(x+4)(x-3)<0$

$\therefore -4<x<3$

(2) $x^2-3x+2\geq0$에서 $(x-1)(x-2)\geq0$

$\therefore x\leq1$ 또는 $x\geq2$

(3) $x^2-4x+4>0$에서 $(x-2)^2>0$

$\therefore x\neq2$인 모든 실수

(4) $x^2+2x+2=(x+1)^2+1>0$

이므로 해는 없다.

답 (1) $-4<x<3$ (2) $x\leq1$ 또는 $x\geq2$ (3) $x\neq2$인 모든 실수 (4) 해는 없다.

5 $\begin{cases}4x-3\leq x^2 & \cdots\cdots ㉠\\ x^2<2x+15 & \cdots\cdots ㉡\end{cases}$

㉠에서 $x^2-4x+3\geq0$, $(x-1)(x-3)\geq0$

$\therefore x\leq1$ 또는 $x\geq3$ ...... ㉢

㉡에서 $x^2-2x-15<0$, $(x+3)(x-5)<0$

$\therefore -3<x<5$ ...... ㉣

㉢, ㉣의 공통 범위를 구하면 $-3<x\leq1$ 또는 $3\leq x<5$

따라서 정수 x는 -2, -1, 0, 1, 3, 4의 6개이다. 답 ③

1 STEP 필수 유형 다지기

| 본문 47~49쪽 |

01 ⑤	02 14	03 ①	04 4	05 ③	06 12
07 ④	08 5	09 ②	10 ⑤	11 ④	12 20
13 ②	14 ②	15 ①	16 12	17 3	18 ⑤
19 4	20 13	21 ②			

01 $2x+1\leq x+a$에서 $x\leq a-1$

$3x+b\geq2x-2$에서 $x\geq-b-2$

주어진 연립부등식의 해가 $-1\leq x\leq2$이므로

$a-1=2$, $-b-2=-1$

따라서 $a=3$, $b=-1$이므로

$a+b=3+(-1)=2$

답 ⑤

02 $\frac{2x-1}{3}\geq x-2$에서 $2x-1\geq3x-6$ $\therefore x\leq5$ .... ❶

$x+3<2x+5$에서 $x>-2$ .... ❷

연립부등식의 해는 $-2<x\leq5$ .... ❸

따라서 모든 정수 x의 값의 합은

$-1+0+1+2+3+4+5=14$ .... ❹

답 14

단계	채점 기준	배점
❶	부등식 $\frac{2x-1}{3}\geq x-2$의 해 구하기	40 %
❷	부등식 $x+3<2x+5$의 해 구하기	30 %
❸	연립부등식의 해 구하기	20 %
❹	모든 정수 x의 값의 합 구하기	10 %

03 $3x+a<2x+b$에서 $x<b-a$

$x+1\leq2x+b$에서 $x\geq1-b$

이 연립부등식의 해가 $-1\leq x<3$이므로

$1-b=-1$, $b-a=3$

위의 식을 연립하여 풀면 $a=-1$, $b=2$

부등식 $3x-1<x+1\leq2x+2$에서

$\begin{cases}3x-1<x+1 & \cdots\cdots ㉠\\ x+1\leq2x+2 & \cdots\cdots ㉡\end{cases}$

㉠에서 $x<1$

㉡에서 $x\geq-1$

따라서 주어진 부등식의 해는 $-1\leq x<1$ 답 ①

04 $2x+3<3x+2<2x+2a-5$에서

$\begin{cases}2x+3<3x+2 & \cdots\cdots ㉠\\ 3x+2<2x+2a-5 & \cdots\cdots ㉡\end{cases}$

㉠에서 $x>1$

㉡에서 $x<2a-7$

주어진 부등식이 해를 갖지 않으려면 오른쪽 그림과 같아야 하므로

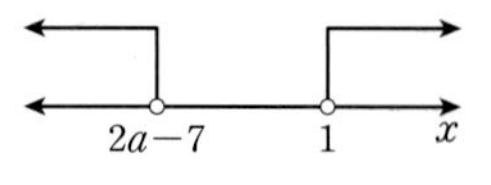

$2a-7\leq1$ $\therefore a\leq4$

따라서 자연수 a는 1, 2, 3, 4의 4개이다. 답 4

05 $5-4x\geq1-3x$에서 $x\leq4$ ...... ㉠

$5x+a>2(x-2)$에서 $5x+a>2x-4$, $3x>-(a+4)$

$\therefore x>-\frac{a+4}{3}$ ...... ㉡

㉠, ㉡을 동시에 만족시키는 정수 x가 5개이려면 오른쪽 그림과 같아야 하므로

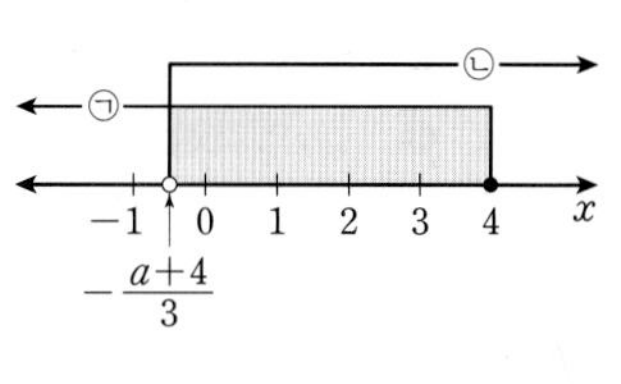

$-1\leq-\frac{a+4}{3}<0$

$0<a+4\leq3$ $\therefore -4<a\leq-1$

따라서 정수 a의 최댓값은 -1이다. 답 ③

Core 특강

연립부등식의 정수인 해가 n개이면

① 각 부등식의 해를 수직선 위에 나타낸다.

② 공통부분에 n개의 정수가 포함되도록 하는 미지수의 값의 범위를 구한다.

06 $|x-a|\leq2$에서 $-2\leq x-a\leq2$

$\therefore a-2\leq x\leq a+2$

a가 자연수이므로 모든 정수 x의 값의 합은

$(a-2)+(a-1)+a+(a+1)+(a+2)=5a$

따라서 $5a=60$이므로 $a=12$ 답 12

07 (i) $x\geq3$일 때, $x-3\geq0$이므로

$x-3\leq6-x$ $\therefore x\leq\frac{9}{2}$

그런데 $x\geq3$이므로 $3\leq x\leq\frac{9}{2}$

(ⅱ) $x<3$일 때, $x-3<0$이므로 $-x+3\le 6-x$

이 부등식은 항상 성립하므로 $x<3$

(ⅰ), (ⅱ)에 의하여 부등식의 해는 $x\le\frac{9}{2}$

따라서 부등식을 만족시키는 자연수 x는 1, 2, 3, 4의 4개이다.

답 ④

08 $|x-2|-|x-6|\le 2$에서

(ⅰ) $x<2$일 때

$-(x-2)+x-6\le 2$

이 부등식은 항상 성립하므로

$x<2$ ······❶

(ⅱ) $2\le x<6$일 때

$x-2+x-6\le 2$, $2x\le 10$ $\therefore x\le 5$

그런데 $2\le x<6$이므로 $2\le x\le 5$ ······❷

(ⅲ) $x\ge 6$일 때

$x-2-(x-6)\le 2$

이 부등식은 성립하지 않으므로 해는 없다. ······❸

(ⅰ), (ⅱ), (ⅲ)에 의하여 주어진 부등식의 해는 $x\le 5$

따라서 x의 최댓값은 5이다. ······❹

답 5

단계	채점 기준	배점
❶	$x<2$일 때의 x의 값의 범위 구하기	30 %
❷	$2\le x<6$일 때의 x의 값의 범위 구하기	30 %
❸	$x\ge 6$일 때의 x의 값의 범위 구하기	30 %
❹	x의 최댓값 구하기	10 %

09 해가 $-2<x<5$이고 x^2의 계수가 1인 이차부등식은

$(x+2)(x-5)<0$ $\therefore x^2-3x-10<0$

따라서 $a=-3$, $b=-10$이므로 $ax^2-bx-8\ge 0$에 대입하면

$-3x^2+10x-8\ge 0$, $3x^2-10x+8\le 0$

$(3x-4)(x-2)\le 0$

$\therefore \frac{4}{3}\le x\le 2$

답 ②

다른 풀이 이차방정식 $x^2+ax+b=0$의 두 근이 -2, 5이므로

이차방정식의 근과 계수의 관계에 의하여

$-2+5=-a$, $-2\times 5=b$ $\therefore a=-3$, $b=-10$

10 $f(x)<0$의 해가 $x<-1$ 또는 $x>3$이므로

$f(x)=a(x+1)(x-3)$ $(a<0)$이라 하면

$f(x-3)=a(x-3+1)(x-3-3)$

$=a(x-2)(x-6)$

부등식 $f(x-3)\ge 0$, 즉 $a(x-2)(x-6)\ge 0$에서

$(x-2)(x-6)\le 0$ ($\because a<0$)

$\therefore 2\le x\le 6$

따라서 모든 정수 x의 값의 합은

$2+3+4+5+6=20$

답 ⑤

11 이차부등식 $ax^2+(b-m)x+c-n<0$에서

$ax^2+bx+c<mx+n$

즉, 주어진 부등식의 해는 이차함수 $y=ax^2+bx+c$의 그래프가 직선 $y=mx+n$보다 아래쪽에 있는 x의 값의 범위이므로

$-3<x<2$

따라서 정수 x는 -2, -1, 0, 1의 4개이다.

답 ④

Core 특강

① 부등식 $f(x)>0$의 해

→ $y=f(x)$의 그래프가 x축보다 위쪽에 있는 x의 값의 범위

② 부등식 $f(x)>g(x)$의 해

→ $y=f(x)$의 그래프가 $y=g(x)$의 그래프보다 위쪽에 있는 x의 값의 범위

12 현재 이 인터넷 유료 사이트의 월 이용료를 a원, 회원 수를 b라 할 때, 월 매출액이 8 % 이상 증가해야 하므로

$a\left(1+\frac{x}{100}\right)\times b\left(1-\frac{0.5x}{100}\right)\ge ab\left(1+\frac{8}{100}\right)$ ······❶

$x^2-100x+1600\le 0$ ($\because a>0$, $b>0$)

$(x-20)(x-80)\le 0$

$\therefore 20\le x\le 80$ ······❷

따라서 x의 최솟값은 20이다. ······❸

답 20

단계	채점 기준	배점
❶	식 세우기	50 %
❷	x의 값의 범위 구하기	40 %
❸	x의 최솟값 구하기	10 %

13 A는 a를 a'으로, B는 b를 b'으로 잘못 보고 풀었다고 하자.

이때 이차부등식 $x^2+a'x+b\le 0$의 해가 $1\le x\le 6$이므로

$x^2+a'x+b=(x-1)(x-6)=x^2-7x+6$

$\therefore b=6$

또, 이차부등식 $x^2+ax+b'\le 0$의 해가 $1\le x\le 4$이므로

$x^2+ax+b'=(x-1)(x-4)=x^2-5x+4$

$\therefore a=-5$

즉, 처음 주어진 부등식은 $x^2-5x+6\le 0$이므로

$(x-2)(x-3)\le 0$ $\therefore 2\le x\le 3$

따라서 정수 x는 2, 3의 2개이다.

답 ②

14 이차함수 $y=x^2-2x-a+3$의 그래프에서 $y\le 0$인 x의 값이 오직 하나 존재하므로 이 함수의 그래프가 x축에 접해야 한다.

이차방정식 $x^2-2x-a+3=0$의 판별식을 D라 하면

$\frac{D}{4}=(-1)^2-(-a+3)=0$ $\therefore a=2$

답 ②

15 이차함수 $y=(a-6)x^2-4x+a-2$의 그래프가 위로 볼록하면서 x축과 접하거나 만나지 않아야 한다.

$a-6<0$에서 $a<6$ ······㉠

이차방정식 $(a-6)x^2-4x+a-2=0$의 판별식을 D라 하면

$\frac{D}{4}=(-2)^2-(a-6)(a-2)\le 0$

$a^2-8a+8\ge 0$

$\therefore a\le 4-2\sqrt{2}$ 또는 $a\ge 4+2\sqrt{2}$ ...... ㉡

㉠, ㉡에서 $a\le 4-2\sqrt{2}$

따라서 자연수 a는 1의 1개뿐이다. 답 ①

참고 이차부등식 $(a-6)x^2-4x+a-2>0$이 해를 갖지 않으면 $(a-6)x^2-4x+a-2\le 0$의 해가 모든 실수임을 이용하여 a의 값의 범위를 구할 수도 있다.

Core 특강

이차부등식이 해를 갖지 않을 조건

이차방정식 $ax^2+bx+c=0$의 판별식을 D라 할 때, 주어진 부등식을 만족시키는 x가 존재하지 않을 조건

(1) $ax^2+bx+c>0 \rightarrow a<0,\ D\le 0$

(2) $ax^2+bx+c\ge 0 \rightarrow a<0,\ D<0$

(3) $ax^2+bx+c<0 \rightarrow a>0,\ D\le 0$

(4) $ax^2+bx+c\le 0 \rightarrow a>0,\ D<0$

16 이차함수 $y=x^2+4x+6$의 그래프가 직선 $y=mx-3$보다 항상 위쪽에 있으려면 모든 실수 x에 대하여

$x^2+4x+6>mx-3$, 즉 $x^2+(4-m)x+9>0$

이 성립해야 한다.

이차방정식 $x^2+(4-m)x+9=0$의 판별식을 D라 하면

$D=(4-m)^2-36<0$, $m^2-8m-20<0$

$(m+2)(m-10)<0 \quad \therefore -2<m<10$

따라서 $a=-2$, $b=10$이므로

$b-a=10-(-2)=12$ 답 12

17 이차함수 $y=(a-1)x^2-2(a-1)x+(2a-4)$의 그래프가 아래로 볼록하고, x축과 접하거나 만나지 않아야 한다.

$a-1>0$에서 $a>1$ ...... ㉠

이차방정식 $(a-1)x^2-2(a-1)x+(2a-4)=0$의 판별식을 D라 하면

$\frac{D}{4}=(a-1)^2-(a-1)(2a-4)\le 0$

$-(a-1)(a-3)\le 0$, $(a-1)(a-3)\ge 0$

$\therefore a\le 1$ 또는 $a\ge 3$ ...... ㉡

㉠, ㉡에서 $a\ge 3$

따라서 정수 a의 최솟값은 3이다. 답 3

18 $2x^2+1<3x\le x+a$에서

$\begin{cases} 2x^2+1<3x & \cdots\cdots ㉠ \\ 3x\le x+a & \cdots\cdots ㉡ \end{cases}$

㉠에서 $2x^2-3x+1<0$, $(2x-1)(x-1)<0$

$\therefore \frac{1}{2}<x<1$ ...... ㉢

㉡에서 $2x\le a \quad \therefore x\le\frac{a}{2}$ ...... ㉣

주어진 부등식의 해가 $\frac{1}{2}<x<1$이려면 오른쪽 그림과 같아야 하므로

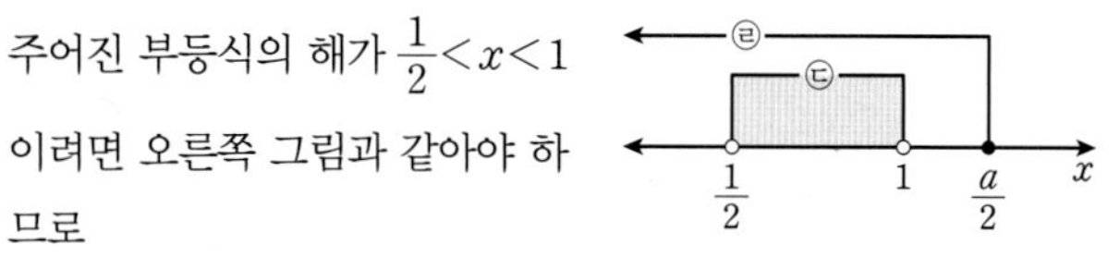

$\frac{a}{2}\ge 1 \quad \therefore a\ge 2$ 답 ⑤

19 $\begin{cases} |x-1|\ge 3 & \cdots\cdots ㉠ \\ 2x^2-11x+5<0 & \cdots\cdots ㉡ \end{cases}$

㉠에서 $x-1\le -3$ 또는 $x-1\ge 3$

$\therefore x\le -2$ 또는 $x\ge 4$ ...... ㉢

㉡에서 $(2x-1)(x-5)<0$

$\therefore \frac{1}{2}<x<5$ ...... ㉣

따라서 연립부등식의 해는 $4\le x<5$이므로 정수 x의 값은 4이다.

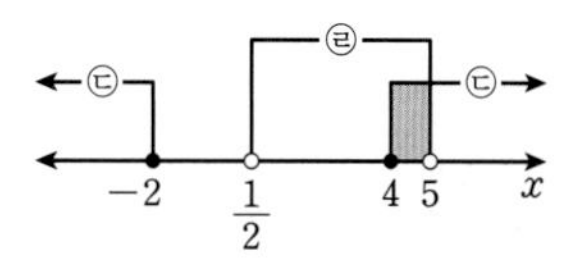

답 4

20 $\begin{cases} x^2-3x\ge 4 & \cdots\cdots ㉠ \\ (x-1)(x-a)<0 & \cdots\cdots ㉡ \end{cases}$

㉠에서 $x^2-3x-4\ge 0$, $(x+1)(x-4)\ge 0$

$\therefore x\le -1$ 또는 $x\ge 4$ ...... ㉢ ❶

㉡에서 $a=1$이면 ㉡의 해는 없으므로 $a\ne 1$

(i) $a<1$일 때, ㉡의 해는 $a<x<1$ ...... ㉣

㉢, ㉣을 동시에 만족시키는 정수 x가 4개이려면 오른쪽 그림과 같아야 하므로

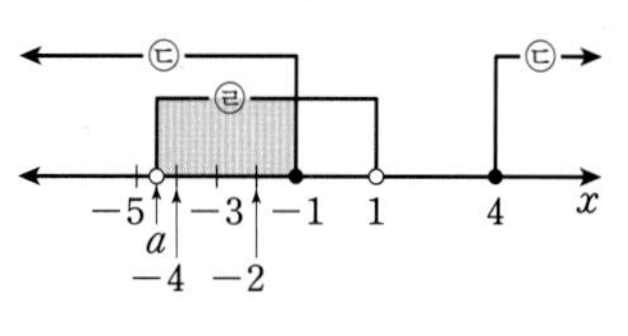

$-5\le a<-4$ ❷

(ii) $a>1$일 때, ㉡의 해는 $1<x<a$ ...... ㉤

㉢, ㉤을 동시에 만족시키는 정수 x가 4개이려면 오른쪽 그림과 같아야 하므로

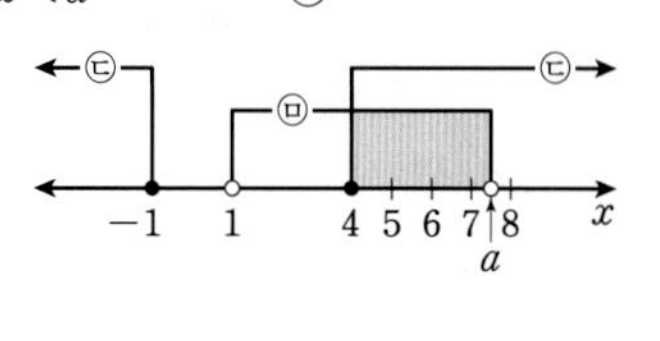

$7<a\le 8$ ❸

(i), (ii)에 의하여 $-5\le a<-4$ 또는 $7<a\le 8$

따라서 $M=8$, $m=-5$이므로

$M-m=8-(-5)=13$ ❹

답 13

단계	채점 기준	배점
❶	부등식 $x^2-3x\ge 4$의 해 구하기	20 %
❷	$a<1$일 때, 조건을 만족시키는 a의 값의 범위 구하기	30 %
❸	$a>1$일 때, 조건을 만족시키는 a의 값의 범위 구하기	30 %
❹	$M-m$의 값 구하기	20 %

21 $\begin{cases} x^2-5x-6\le 0 & \cdots\cdots ㉠ \\ x^2-3kx-4k^2>0 & \cdots\cdots ㉡ \end{cases}$

㉠에서 $(x+1)(x-6)\le 0$

$\therefore -1\le x\le 6$ …… ㉢

㉡에서 $(x+k)(x-4k)>0$

(i) $k<0$일 때, $x<4k$ 또는 $x>-k$ …… ㉣

㉢, ㉣을 동시에 만족시키는 해가 존재하려면 오른쪽 그림과 같아야 하므로

$4k>-1$ 또는 $-k<6$

즉, $k>-\frac{1}{4}$ 또는 $k>-6$이므로

$-6<k<0$ ($\because k<0$)

(ii) $k\ge 0$일 때, $x<-k$ 또는 $x>4k$ …… ㉤

㉢, ㉤을 동시에 만족시키는 해가 존재하려면 오른쪽 그림과 같아야 하므로

$-k>-1$ 또는 $4k<6$

즉, $k<1$ 또는 $k<\frac{3}{2}$이므로 $0\le k<\frac{3}{2}$ ($\because k\ge 0$)

(i), (ii)에 의하여 $-6<k<\frac{3}{2}$

따라서 정수 k는 $-5, -4, -3, \cdots, 1$의 7개이다. 답 ②

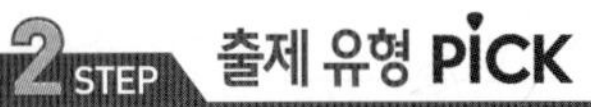

2 STEP 출제 유형 PICK

| 본문 50~51쪽 |

대표 문제 1 7	1-1 5	1-2 ⑤
대표 문제 2 -3	2-1 1	2-2 ④
대표 문제 3 ②	3-1 ③	3-2 2
대표 문제 4 12	4-1 ⑤	4-2 ②

대표 문제 1 부등식 $f(x)<0$의 해는 $-4<x<2$이므로 부등식 $f\left(\frac{x-k}{3}\right)<0$의 해는

$-4<\frac{x-k}{3}<2$ $\therefore k-12<x<k+6$

위의 부등식이 $k^2-k-15<x<k^2+4$와 일치하므로

$\begin{cases} k^2-k-15=k-12 & \cdots\cdots ㉠ \\ k^2+4=k+6 & \cdots\cdots ㉡ \end{cases}$

㉠에서 $k^2-2k-3=0$, $(k+1)(k-3)=0$

$\therefore k=-1$ 또는 $k=3$ …… ㉢

㉡에서 $k^2-k-2=0$, $(k+1)(k-2)=0$

$\therefore k=-1$ 또는 $k=2$ …… ㉣

㉢, ㉣에서 $k=-1$

따라서 부등식 $f(kx-5)\ge 0$, 즉 $f(-x-5)\ge 0$의 해는

$-x-5\le -4$ 또는 $-x-5\ge 2$

$\therefore x\le -7$ 또는 $x\ge -1$

즉, $a=-7$, $b=-1$이므로

$ab=(-7)\times(-1)=7$ 답 7

1-1 이차부등식 $f(x)\ge 0$의 해가 $-1\le x\le 3$이므로

$f(x)=a(x+1)(x-3)$ $(a<0)$으로 놓으면

$f(1-2x)=a(1-2x+1)(1-2x-3)$

$=a(2-2x)(-2-2x)$

$=4a(x+1)(x-1)$

이때 $f(5)=12a$이므로 $f(1-2x)\ge f(5)$에서

$4a(x+1)(x-1)\ge 12a$

$a<0$이므로 양변을 $4a$로 나누면

$x^2-1\le 3$, $x^2-4\le 0$, $(x+2)(x-2)\le 0$

$\therefore -2\le x\le 2$

따라서 정수 x는 $-2, -1, 0, 1, 2$의 5개이다. 답 5

1-2 조건 (가)에서 $\frac{1-x}{4}=t$로 놓으면 $x=1-4t$

부등식 $f\left(\frac{1-x}{4}\right)\le 0$의 해가 $-7\le x\le 9$이므로

$-7\le 1-4t\le 9$ $\therefore -2\le t\le 2$

즉, 부등식 $f(t)\le 0$의 해가 $-2\le t\le 2$이므로

$f(t)=k(t+2)(t-2)$ $(k>0)$에서

$f(x)=k(x+2)(x-2)=k(x^2-4)$ …… ㉠

로 놓을 수 있다.

조건 (나)에서 부등식 $f(x)\ge 2x-\frac{13}{3}$이 항상 성립하므로 이차부등식 $kx^2-2x-4k+\frac{13}{3}\ge 0$의 해는 모든 실수이다.

이차방정식 $kx^2-2x-4k+\frac{13}{3}=0$의 판별식을 D라 하면

$\frac{D}{4}=(-1)^2-k\left(-4k+\frac{13}{3}\right)\le 0$

$4k^2-\frac{13}{3}k+1\le 0$, $12k^2-13k+3\le 0$

$(3k-1)(4k-3)\le 0$

$\therefore \frac{1}{3}\le k\le\frac{3}{4}$

㉠에서 $f(3)=5k$이므로

$\frac{5}{3}\le f(3)\le\frac{15}{4}$

따라서 $M=\frac{15}{4}$, $m=\frac{5}{3}$이므로

$M-m=\frac{15}{4}-\frac{5}{3}=\frac{25}{12}$ 답 ⑤

다른 풀이 0이 아닌 실수 k와 상수 a, b에 대하여 $f(x)=k(x-a)(x-b)$ $(a>b)$로 놓자.

조건 (가)에서 $f\left(\frac{1-x}{4}\right)\le 0$이므로

$k\left(\frac{1-x}{4}-a\right)\left(\frac{1-x}{4}-b\right)\le 0$

$k\times\frac{1-4a-x}{4}\times\frac{1-4b-x}{4}\le 0$

즉, 부등식 $k(x+4a-1)(x+4b-1)\le 0$의 해가 $-7\le x\le 9$이므로 $k>0$

또, $-4a+1=-7$, $-4b+1=9$이므로 $a=2$, $b=-2$

$\therefore f(x)=k(x-2)(x+2)=k(x^2-4)$

대표문제 2 부등식 $\{f(x)\}^2<f(x)g(x)$에서

$\{f(x)\}^2-f(x)g(x)<0$, $f(x)\{f(x)-g(x)\}<0$

$f(x)>0$, $f(x)-g(x)<0$ 또는 $f(x)<0$, $f(x)-g(x)>0$

$\therefore f(x)>0,\ f(x)<g(x)$ 또는 $f(x)<0,\ f(x)>g(x)$

(i) $f(x)>0$, $f(x)<g(x)$를 만족시키는 x의 값의 범위는

$f(x)>0$일 때, $-4<x<2$ …… ㉠

$f(x)<g(x)$일 때, $x<-2$ 또는 $x>3$ …… ㉡

㉠, ㉡의 공통부분은 $-4<x<-2$

(ii) $f(x)<0$, $f(x)>g(x)$를 만족시키는 x의 값의 범위는

$f(x)<0$일 때, $x<-4$ 또는 $x>2$ …… ㉢

$f(x)>g(x)$일 때, $-2<x<3$ …… ㉣

㉢, ㉣의 공통부분은 $2<x<3$

(i), (ii)에 의하여 주어진 부등식의 해는

$-4<x<-2$ 또는 $2<x<3$

이므로 정수 x의 값은 -3이다. 답 -3

2-1 부등식 $f(x)g(x)>0$에서

$f(x)>0$, $g(x)>0$ 또는 $f(x)<0$, $g(x)<0$

(i) $f(x)>0$, $g(x)>0$을 만족시키는 x의 값의 범위는

$f(x)>0$일 때, $x<-1$ 또는 $x>2$ …… ㉠

$g(x)>0$일 때, $1<x<3$ …… ㉡

㉠, ㉡의 공통부분은 $2<x<3$

(ii) $f(x)<0$, $g(x)<0$을 만족시키는 x의 값의 범위는

$f(x)<0$일 때, $-1<x<2$ …… ㉢

$g(x)<0$일 때, $x<1$ 또는 $x>3$ …… ㉣

㉢, ㉣의 공통부분은 $-1<x<1$

(i), (ii)에 의하여 주어진 부등식의 해는

$-1<x<1$ 또는 $2<x<3$

이므로 정수 x는 0의 1개이다. 답 1

2-2 $f(x)=x^2+px+p=\left(x+\frac{p}{2}\right)^2-\frac{p^2}{4}+p$이므로

$\mathrm{A}\left(-\frac{p}{2},\ -\frac{p^2}{4}+p\right)$, $\mathrm{B}(0,\ p)$

$f(x)$는 최고차항의 계수가 1인 이차함수이고 이차함수 $y=f(x)$의 그래프와 직선 $y=g(x)$의 교점의 x좌표가 $-\frac{p}{2}$, 0이므로

$f(x)-g(x)=x\left(x+\frac{p}{2}\right)$

$f(x)-g(x)\le 0$에서 $x\left(x+\frac{p}{2}\right)\le 0$ …… ㉠

(i) $p>0$일 때

부등식 ㉠의 해는 $-\frac{p}{2}\le x\le 0$이므로 이 부등식을 만족시키는 정수 x의 개수가 10이 되려면

$-10<-\frac{p}{2}\le -9$ $\therefore 18\le p<20$

(ii) $p<0$일 때

부등식 ㉠의 해는 $0\le x\le -\frac{p}{2}$이므로 이 부등식을 만족시키는 정수 x의 개수가 10이 되려면

$9\le -\frac{p}{2}<10$ $\therefore -20<p\le -18$

(i), (ii)에 의하여 정수 p의 최댓값은 19, 최솟값은 -19이므로

$M=19$, $m=-19$

$\therefore M-m=19-(-19)=38$ 답 ④

대표문제 3 $\begin{cases}|x+1|<k & \cdots\cdots ㉠\\ x^2+x-6\le 0 & \cdots\cdots ㉡\end{cases}$

㉠에서 $-k<x+1<k$

$\therefore -k-1<x<k-1$ …… ㉢

㉡에서 $(x+3)(x-2)\le 0$

$\therefore -3\le x\le 2$ …… ㉣

$-k-1<x<k-1$에서 x의 값의 범위는 $x=-1$인 점에 대하여 대칭이므로 주어진 연립부등식을 만족시키는 정수 x가 3개이려면 오른쪽 그림에서

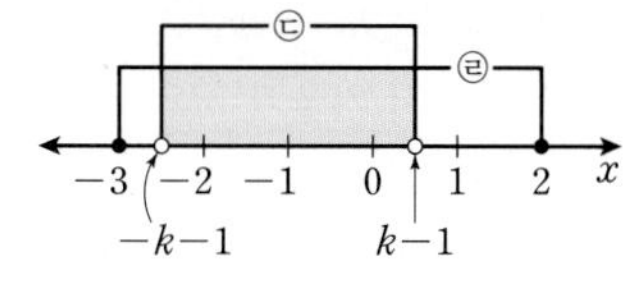

$-3\le -k-1<-2$이고

$0<k-1\le 1$이어야 한다.

$\therefore 1<k\le 2$

따라서 양수 k의 최댓값은 2이다. 답 ②

3-1 (i) $x\le -3$ 또는 $x\ge 3$일 때

$x^2-9\ge 0$이므로

$x^2-9\le 2x-1$, $x^2-2x-8\le 0$

$(x+2)(x-4)\le 0$ $\therefore -2\le x\le 4$

그런데 $x\le -3$ 또는 $x\ge 3$이므로 $3\le x\le 4$

(ii) $-3<x<3$일 때

$x^2-9<0$이므로

$-x^2+9\le 2x-1$, $x^2+2x-10\ge 0$

$\therefore x\le -1-\sqrt{11}$ 또는 $x\ge -1+\sqrt{11}$

그런데 $-3<x<3$이므로 $-1+\sqrt{11}\le x<3$

(i), (ii)에 의하여 주어진 부등식의 해는

$-1+\sqrt{11}\le x\le 4$

따라서 정수 x의 값은 3, 4이므로 그 합은

$3+4=7$ 답 ③

3-2 $f(x)=x^2+2x-8=(x+4)(x-2)$이므로

$|f(x)|=\begin{cases}f(x) & (x\le -4 \text{ 또는 } x\ge 2)\\ -f(x) & (-4<x<2)\end{cases}$

이때 $g(x)=\frac{|f(x)|}{3}-f(x)$로 놓으면

$g(x)=\begin{cases}-\frac{2}{3}f(x) & (x\le -4 \text{ 또는 } x\ge 2)\\ -\frac{4}{3}f(x) & (-4<x<2)\end{cases}$

$=\begin{cases}-\frac{2}{3}(x^2+2x-8) & (x\le -4 \text{ 또는 } x\ge 2)\\ -\frac{4}{3}(x^2+2x-8) & (-4<x<2)\end{cases}$

이므로 함수 $y=g(x)$의 그래프는 오른쪽 그림과 같다.

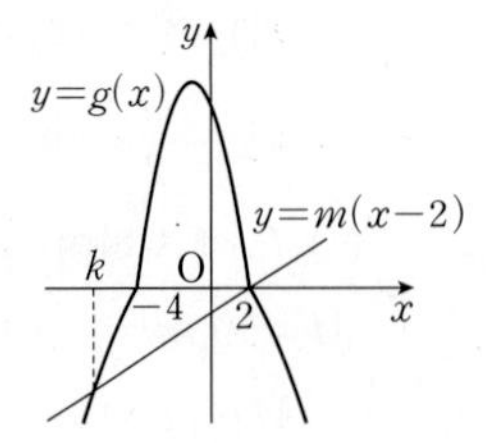

또, 함수 $y=m(x-2)$의 그래프는 기울기가 m이고 점 $(2, 0)$을 지나는 직선이다.

두 함수 $y=g(x)$, $y=m(x-2)$의 그래프는 점 $(2, 0)$에서 만나므로 다른 한 교점의 x좌표를 k라 하면 주어진 부등식의 해는

$k\le x\le 2$

이를 만족시키는 정수 x의 개수가 10이 되어야 하므로

$-8<k\le -7$

이때 직선의 기울기 m이 최소가 되는 것은 $k=-7$일 때이다.

$g(-7)=-\frac{2}{3}\{(-7)^2+2\times(-7)-8\}=-18$

이므로 직선 $y=m(x-2)$가 점 $(-7, -18)$을 지날 때

$-18=m\times(-7-2)$ $\quad\therefore m=2$

따라서 기울기 m의 최솟값은 2이다. **답** 2

대표문제 4 모든 실수 x에 대하여 $\sqrt{(k-2)x^2-(k-2)x+2}$가 실수가 되려면 모든 실수 x에 대하여 부등식

$(k-2)x^2-(k-2)x+2\ge 0$ ······ ㉠

이 성립해야 한다.

(i) $k=2$일 때

$2\ge 0$이므로 ㉠은 모든 실수 x에 대하여 성립한다.

(ii) $k\ne 2$일 때

모든 실수 x에 대하여 ㉠이 성립하려면

$k-2>0$ $\quad\therefore k>2$ ······ ㉡

또, 이차방정식 $(k-2)x^2-(k-2)x+2=0$의 판별식을 D라 하면

$D=(k-2)^2-8(k-2)\le 0$

$(k-2)(k-10)\le 0$ $\quad\therefore 2\le k\le 10$ ······ ㉢

㉡, ㉢의 공통부분을 구하면 $2<k\le 10$

(i), (ii)에 의하여 $2\le k\le 10$

따라서 실수 k의 최댓값은 10, 최솟값은 2이므로 최댓값과 최솟값의 합은

$10+2=12$ **답** 12

4-1 주어진 부등식이 임의의 실수 x에 대하여 성립하려면 이차방정식 $x^2+4xy+5y^2-2ay+4=0$의 판별식을 D_1이라 할 때

$\frac{D_1}{4}=(2y)^2-(5y^2-2ay+4)\le 0$

$\therefore y^2-2ay+4\ge 0$

위의 부등식이 임의의 실수 y에 대하여 성립하려면 이차방정식 $y^2-2ay+4=0$의 판별식을 D_2라 할 때

$\frac{D_2}{4}=a^2-4\le 0$, $(a+2)(a-2)\le 0$

$\therefore -2\le a\le 2$

따라서 정수 a는 $-2, -1, 0, 1, 2$의 5개이다. **답** ⑤

4-2 $-x^2+3x+2\le mx+n\le x^2-x+4$에서

$$\begin{cases}-x^2+3x+2\le mx+n & \cdots\cdots ㉠\\ mx+n\le x^2-x+4 & \cdots\cdots ㉡\end{cases}$$

모든 실수 x에 대하여 부등식 ㉠, 즉

$x^2+(m-3)x+n-2\ge 0$이 성립하므로 이차방정식

$x^2+(m-3)x+n-2=0$의 판별식을 D_1이라 하면

$D_1=(m-3)^2-4(n-2)\le 0$

$\therefore m^2-6m-4n+17\le 0$ ······ ㉢

또, 모든 실수 x에 대하여 부등식 ㉡, 즉

$x^2-(m+1)x+4-n\ge 0$이 성립하므로 이차방정식

$x^2-(m+1)x+4-n=0$의 판별식을 D_2라 하면

$D_2=(m+1)^2-4(4-n)\le 0$

$\therefore m^2+2m+4n-15\le 0$ ······ ㉣

㉢+㉣을 하면

$2m^2-4m+2\le 0$, $2(m-1)^2\le 0$

이때 m은 실수이므로 $m=1$

$m=1$을 ㉢에 대입하면

$-4n+12\le 0$ $\quad\therefore n\ge 3$

$m=1$을 ㉣에 대입하면

$4n-12\le 0$ $\quad\therefore n\le 3$

따라서 $n=3$이므로 $m^2+n^2=1^2+3^2=10$ **답** ②

3 STEP 만점 도전 하기

| 본문 52~53쪽 |

01 6	**02** ③	**03** 8	**04** ②	**05** ②	**06** ④
07 15	**08** 6	**09** 27	**10** 29		

01 $x^2-2x-3=0$에서 $(x+1)(x-3)=0$

$\therefore x=-1$ 또는 $x=3$

이차방정식 $x^2-2x-3=0$의 서로 다른 두 실근 중 한 근만이 이차방정식 $f(x)=0$의 두 근 사이에 있으려면

$f(-1)f(3)<0$

한편, 최고차항의 계수가 1인 이차함수 $y=f(x)$가 $x=p$일 때 최솟값이 -4이므로

$f(x)=(x-p)^2-4$

$f(-1)=(-1-p)^2-4=p^2+2p-3=(p+3)(p-1)$

$f(3)=(3-p)^2-4=p^2-6p+5=(p-1)(p-5)$

이므로

$f(-1)f(3)=(p-1)^2(p+3)(p-5)<0$

이때 $(p-1)^2\ge 0$이므로 위의 부등식이 성립하려면

$(p+3)(p-5)<0$, $p\ne 1$

$\therefore -3<p<1$ 또는 $1<p<5$

따라서 정수 p는 $-2, -1, 0, 2, 3, 4$의 6개이다. **답** 6

02 조건 ㈏에서 $f(x)=f(2-x)$ ······ ㉠

㉠에 x 대신 $x+1$을 대입하면

$f(1+x)=f(1-x)$

이므로 이차함수 $y=f(x)$의 그래프는 직선 $x=1$에 대하여 대칭이다.

이차식 $f(x)$의 최고차항의 계수가 1이므로

$f(x)=(x-1)^2+a$ (a는 상수)로 놓으면

조건 (가)에서 나머지정리에 의하여 $f(-2)=5$이므로

$(-2-1)^2+a=5 \quad \therefore a=-4$

$\therefore f(x)=(x-1)^2-4$

한편, 부등식 $f(2x)+f(-x)\ge k$에서

$\{(2x-1)^2-4\}+\{(-x-1)^2-4\}\ge k$

$\therefore 5x^2-2x-6-k\ge 0 \quad \cdots\cdots$ ㉡

부등식 ㉡이 모든 실수 x에 대하여 성립해야 하므로 이차방정식 $5x^2-2x-6-k=0$의 판별식을 D라 하면

$\frac{D}{4}=(-1)^2-5(-6-k)\le 0$

$5k+31\le 0 \quad \therefore k\le -\frac{31}{5}$

따라서 정수 k의 최댓값은 -7이다. 답 ③

03

$x^2-ax=-2x+2a$에서 $x^2+(2-a)x-2a=0$

$(x+2)(x-a)=0 \quad \therefore x=-2$ 또는 $x=a$

즉, 두 점 A, B의 좌표는 $(-2, 2a+4)$, $(a, 0)$이므로

$\overline{AB}^2=(-2-a)^2+(2a+4)^2=5(a+2)^2=49\times 5$

이때 $a>0$이므로 $a+2=7 \quad \therefore a=5$

이차부등식 $x^2-ax\le -2x+2a$에서

$x^2-5x\le -2x+10$, $x^2-3x-10\le 0$

$(x+2)(x-5)\le 0$

$\therefore -2\le x\le 5$

따라서 정수 x는 $-2, -1, 0, \cdots, 5$의 8개이다. 답 8

다른 풀이 $A(\alpha, -2\alpha+2a)$, $B(\beta, -2\beta+2a)$ $(\alpha<\beta)$라 하면

$\overline{AB}=\sqrt{(\beta-\alpha)^2+(-2\beta+2\alpha)^2}$

$=\sqrt{5}(\beta-\alpha)=7\sqrt{5}$

$\therefore \beta-\alpha=7 \quad \cdots\cdots$ ㉠

한편, 이차방정식 $x^2-ax=-2x+2a$, 즉

$x^2-(a-2)x-2a=0$의 두 실근이 α, β이므로

$\alpha+\beta=a-2$, $\alpha\beta=-2a$

$\therefore (\beta-\alpha)^2=(\beta+\alpha)^2-4\alpha\beta$

$=(a-2)^2-4\times(-2a)$

$=a^2+4a+4$

$=(a+2)^2$

㉠에서 $(a+2)^2=49$

$a^2+4a-45=0$, $(a+9)(a-5)=0$

$\therefore a=5$ ($\because a>0$)

04

$\begin{cases} |x-2|\le 2n & \cdots\cdots ㉠ \\ 4x-5n-2\le 2x-n & \cdots\cdots ㉡ \end{cases}$

㉠에서 $-2n\le x-2\le 2n$

$\therefore -2n+2\le x\le 2n+2 \quad \cdots\cdots$ ㉢

㉡에서 $2x\le 4n+2 \quad \therefore x\le 2n+1 \quad \cdots\cdots$ ㉣

㉢, ㉣의 공통부분은

$-2n+2\le x\le 2n+1$

따라서 주어진 연립부등식을 만족시키는 모든 정수 x의 값의 합은

$(-2n+2)+(-2n+3)+(-2n+4)+\cdots+(-1)+0+1$
$+\cdots+(2n-2)+(2n-1)+2n+(2n+1)$

$=(2n-1)+2n+(2n+1)=6n$

따라서 $6n\ge 50$이므로 $n\ge\frac{25}{3}$

즉, 자연수 n의 최솟값은 9이다. 답 ②

05

두 이차함수 $f(x)=x^2-2x-3$, $g(x)=-x^2+4x+5$의 그래프가 만나는 점의 x좌표를 구하면

$x^2-2x-3=-x^2+4x+5$에서

$x^2-3x-4=0$, $(x+1)(x-4)=0$

$\therefore x=-1$ 또는 $x=4$

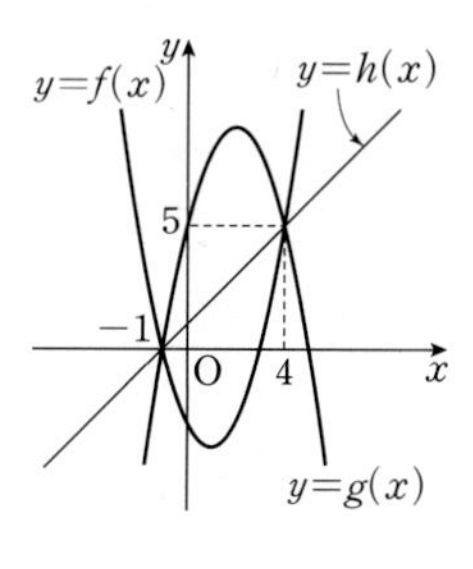

이때 $f(-1)=0$, $f(4)=5$이므로 두 함수 $y=f(x)$, $y=g(x)$의 그래프는 두 점 $(-1, 0)$, $(4, 5)$에서 만난다.

부등식 $f(x)\le h(x)$의 해와 부등식 $g(x)\ge h(x)$의 해가 서로 같으므로 일차함수 $h(x)=ax+b$의 그래프는 두 점 $(-1, 0)$, $(4, 5)$를 지난다.

두 점 $(-1, 0)$, $(4, 5)$를 지나는 직선의 방정식은

$y=\frac{5-0}{4-(-1)}\{x-(-1)\}$, 즉 $y=x+1$이므로

$h(x)=x+1$

$\therefore a=1, b=1$

이차함수 $y=f(x)$의 그래프와 직선 $y=x+k$가 접하려면

$x^2-2x-3=x+k$, 즉 $x^2-3x-3-k=0$이 중근을 가져야 한다.

이차방정식 $x^2-3x-3-k=0$의 판별식을 D_1이라 하면

$D_1=(-3)^2-4(-3-k)=0$

$\therefore k=-\frac{21}{4}$

이차함수 $y=g(x)$의 그래프와 직선 $y=x+k$가 접하려면

$-x^2+4x+5=x+k$, 즉 $x^2-3x+k-5=0$이 중근을 가져야 한다.

이차방정식 $x^2-3x+k-5=0$의 판별식을 D_2라 하면

$D_2=(-3)^2-4(k-5)=0$

$\therefore k=\frac{29}{4}$

즉, 연립부등식 $\begin{cases} f(x)\le ax+k \\ g(x)\ge ax+k \end{cases}$의 해가 존재하려면

$-\frac{21}{4}\le k\le\frac{29}{4}$이어야 하므로 모든 정수 k의 값의 합은

$c=-5+(-4)+(-3)+\cdots+7=13$

$\therefore a+b+c=1+1+13=15$ 답 ②

06 세 지점 A, B, C를 A를 원점으로 하는 수직선 위에 놓으면 각 점의 좌표는

A(0), B(−10), C(20)

보관창고의 좌표를 t라 하면 보관창고는 A와 C 사이에 있으므로

$0<t<20$ ...... ㉠

총 운송비는 $100t^2+200(t+10)^2+300(20-t)^2$(원)이고 하루에 드는 총 운송비가 155000원 이하가 되어야 하므로

$100t^2+200(t+10)^2+300(20-t)^2\le 155000$

$t^2+2(t+10)^2+3(20-t)^2\le 1550$

$6t^2-80t-150\le 0$, $3t^2-40t-75\le 0$

$(3t+5)(t-15)\le 0$

$\therefore -\frac{5}{3}\le t\le 15$ ...... ㉡

㉠, ㉡에서 $0<t\le 15$

따라서 보관창고는 A지점에서 최대 15 km 떨어진 지점까지 지을 수 있다.

답 ④

07 이차함수 $y=f(x)$의 그래프와 y축이 만나는 점이 A이므로

$A(0,\ k^2+4)$

$f(x)=-(x-k)^2+2k^2+4$에서 $y=f(x)$의 그래프는 직선 $y=k$에 대하여 대칭이므로

$B(2k,\ k^2+4)$, $C(2k,\ 0)$

이때 사각형 OCBA는 직사각형이므로

$g(k)=2\overline{OA}+2\overline{OC}=2(k^2+4)+2\times 2k$

$=2k^2+4k+8$

부등식 $14\le g(k)\le 78$에서

$14\le 2k^2+4k+8\le 78$

(i) $14\le 2k^2+4k+8$에서

$k^2+2k-3\ge 0$, $(k+3)(k-1)\ge 0$

$\therefore k\le -3$ 또는 $k\ge 1$

(ii) $2k^2+4k+8\le 78$에서

$k^2+2k-35\le 0$, $(k+7)(k-5)\le 0$

$\therefore -7\le k\le 5$

(i), (ii)에 의하여 $-7\le k\le -3$ 또는 $1\le k\le 5$

따라서 모든 자연수 k의 값의 합은

$1+2+3+4+5=15$

답 15

08 $\beta-\alpha$가 자연수가 되기 위해서는 α, β가 모두 정수이거나 α, β가 모두 정수가 아니어야 한다.

$\alpha\le x\le\beta$인 정수 x의 개수가 3이 되려면

α, β가 모두 정수인 경우에는 $\beta-\alpha=2$,

α, β가 모두 정수가 아닌 경우에는 $\beta-\alpha=3$

이어야 한다.

(i) $\frac{1}{2}a^2-a>\frac{3}{2}a$인 경우

$\frac{1}{2}a^2-\frac{5}{2}a>0$에서 $\frac{1}{2}a(a-5)>0$이므로

$a<0$ 또는 $a>5$

이차부등식 $(2x-a^2+2a)(2x-3a)\le 0$의 해는

$\frac{3}{2}a\le x\le\frac{1}{2}a^2-a$

㉠ α, β가 모두 정수인 경우

$\beta-\alpha=\left(\frac{1}{2}a^2-a\right)-\frac{3}{2}a=\frac{1}{2}a^2-\frac{5}{2}a=2$이므로

$a^2-5a-4=0$ $\therefore a=\frac{5\pm\sqrt{41}}{2}$

이때 α, β가 모두 정수가 아니므로 조건을 만족시키지 않는다.

㉡ α, β가 모두 정수가 아닌 경우

$\beta-\alpha=\left(\frac{1}{2}a^2-a\right)-\frac{3}{2}a=\frac{1}{2}a^2-\frac{5}{2}a=3$이므로

$a^2-5a-6=0$, $(a+1)(a-6)=0$

$\therefore a=-1$ 또는 $a=6$

이때 $a=6$이면 α, β가 모두 정수이므로 조건을 만족시키지 않는다.

$\therefore a=-1$

(ii) $\frac{1}{2}a^2-a<\frac{3}{2}a$인 경우

$\frac{1}{2}a^2-\frac{5}{2}a<0$에서 $\frac{1}{2}a(a-5)<0$이므로

$0<a<5$

이차부등식 $(2x-a^2+2a)(2x-3a)\le 0$의 해는

$\frac{1}{2}a^2-a\le x\le\frac{3}{2}a$

㉢ α, β가 모두 정수인 경우

$\beta-\alpha=\frac{3}{2}a-\left(\frac{1}{2}a^2-a\right)=-\frac{1}{2}a^2+\frac{5}{2}a=2$이므로

$a^2-5a+4=0$, $(a-1)(a-4)=0$

$\therefore a=1$ 또는 $a=4$

이때 $a=1$이면 α, β가 모두 정수가 아니므로 조건을 만족시키지 않는다.

$\therefore a=4$

㉣ α, β가 모두 정수가 아닌 경우

$\beta-\alpha=\frac{3}{2}a-\left(\frac{1}{2}a^2-a\right)=-\frac{1}{2}a^2+\frac{5}{2}a=3$이므로

$a^2-5a+6=0$, $(a-2)(a-3)=0$

$\therefore a=2$ 또는 $a=3$

이때 $a=2$이면 α, β가 모두 정수이므로 조건을 만족시키지 않는다.

$\therefore a=3$

(i), (ii)에 의하여 조건을 만족시키는 모든 실수 a의 값의 합은

$-1+4+3=6$

답 6

09 최고차항의 계수가 각각 $\frac{1}{2}$, 2인 두 이차함수 $y=f(x)$, $y=g(x)$의 그래프의 축은 직선 $x=p$이므로

$f(x)=\frac{1}{2}(x-p)^2+a$, $g(x)=2(x-p)^2+b$ (a, b는 상수)

로 놓을 수 있다. 조건 (나)에서 $g(x)-f(x)\le 0$이므로

$2(x-p)^2+b-\left\{\frac{1}{2}(x-p)^2+a\right\}\le 0,\ \frac{3}{2}(x-p)^2+b-a\le 0$

$\therefore \frac{3}{2}x^2-3px+\frac{3}{2}p^2+b-a\le 0$ ...... ㉠

한편, 해가 $-1\le x\le 5$이고 최고차항의 계수가 $\frac{3}{2}$인 이차부등식은

$\frac{3}{2}(x+1)(x-5)\le 0 \quad \therefore \frac{3}{2}x^2-6x-\frac{15}{2}\le 0$ ...... ㉡

㉠, ㉡이 일치하므로

$-3p=-6 \quad \therefore p=2$

$\frac{3}{2}\times 2^2+b-a=-\frac{15}{2} \quad \therefore a-b=\frac{27}{2}$

$\therefore p\times\{f(2)-g(2)\}=2\times(a-b)$

$=2\times\frac{27}{2}=27$

답 27

10 $\begin{cases} xy+3(x+y)=0 & \cdots\cdots ㉠ \\ xy-3(x+y)=k-9 & \cdots\cdots ㉡ \end{cases}$

㉠+㉡을 하면

$2xy=k-9 \quad \therefore xy=\frac{k-9}{2}$

㉠−㉡을 하면

$6(x+y)=9-k \quad \therefore x+y=\frac{9-k}{6}$

따라서 x, y를 두 근으로 하는 t에 대한 이차방정식은

$t^2+\frac{k-9}{6}t+\frac{k-9}{2}=0$

$\therefore 6t^2+(k-9)t+3(k-9)=0$

이 이차방정식을 만족시키는 두 실근 x, y가 존재하므로 이 이차방정식의 판별식을 D라 하면

$D=(k-9)^2-72(k-9)\ge 0,\ (k-9)(k-81)\ge 0$

$\therefore k\le 9$ 또는 $k\ge 81$

따라서 100 이하의 자연수 k의 개수는

$9+20=29$

답 29

07강 평면좌표와 직선의 방정식

⊕기본 다지기 | 본문 54쪽 |

1 ①	**2** P(3, 3), Q(11, 7)	**3** 7	**4** ⑤
5 40			

1 $\overline{AB}=\sqrt{\{3-(-1)\}^2+(2a-2)^2}=2\sqrt{5}$에서

$16+(2a-2)^2=20$

$4a(a-2)=0 \quad \therefore a=2\ (\because a>0)$

답 ①

2 $P\left(\frac{2\times5+1\times(-1)}{2+1}, \frac{2\times4+1\times1}{2+1}\right)$, 즉 P(3, 3)

$Q\left(\frac{2\times5-1\times(-1)}{2-1}, \frac{2\times4-1\times1}{2-1}\right)$, 즉 Q(11, 7)

답 P(3, 3), Q(11, 7)

3 두 점 (1, −1), (3, 5)를 지나는 직선의 방정식은

$y-(-1)=\frac{5-(-1)}{3-1}(x-1)$

$\therefore y=3x-4$

따라서 $a=3$, $b=-4$이므로

$a-b=3-(-4)=7$

답 7

4 직선 $y=3x-1$에 평행한 직선의 기울기는 3이다.

점 (−1, 1)을 지나고 기울기가 3인 직선의 방정식은

$y-1=3\{x-(-1)\} \quad \therefore y=3x+4$

이 직선이 점 $(2, k)$를 지나므로

$k=3\times2+4=10$

답 ⑤

5 $l=\frac{|2-3\times6-4|}{\sqrt{1^2+(-3)^2}}=\frac{20}{\sqrt{10}}=2\sqrt{10}$이므로

$l^2=40$

답 40

1 STEP 필수 유형 다지기 | 본문 55~57쪽 |

01 ④	**02** ③	**03** ④	**04** ⑤	**05** 4	**06** 2
07 ④	**08** ⑤	**09** ③	**10** 1	**11** −2	**12** 5
13 −2	**14** 2	**15** 6	**16** ②	**17** 40	**18** 1
19 ②	**20** 13	**21** 16	**22** 15	**23** ③	

01 $\overline{AB}=\sqrt{(a-0)^2+\{(-a+6)-2\}^2}$

$=\sqrt{2a^2-8a+16}$

$=\sqrt{2(a-2)^2+8}$

따라서 $a=2$일 때 선분 AB의 길이의 최솟값은 $2\sqrt{2}$이다.

답 ④

02 점 P가 직선 $y=2x-2$ 위의 점이므로 $P(a, 2a-2)$라 하자.

$\overline{AP}=\overline{BP}$에서 $\overline{AP}^2=\overline{BP}^2$이므로

$(a-4)^2+(2a-2-1)^2=a^2+(2a-2-5)^2$

$5a^2-20a+25=5a^2-28a+49$

$8a=24 \qquad \therefore a=3$

따라서 $P(3, 4)$이므로 원점 O와 점 P 사이의 거리는

$\overline{OP}=\sqrt{3^2+4^2}=5$ 답 ③

Core 특강

(1) x축 위의 점이면 $(a, 0)$으로 놓는다.
(2) y축 위의 점이면 $(0, b)$로 놓는다.
(3) 직선 $y=mx+n$ 위의 점이면 $(a, ma+n)$으로 놓는다.

03 $\overline{AB}^2=(2-0)^2+(0-2)^2=8$

$\overline{BC}^2=(6-2)^2+(4-0)^2=32$

$\overline{CA}^2=(0-6)^2+(2-4)^2=40$

$\therefore \overline{CA}^2=\overline{AB}^2+\overline{BC}^2$

따라서 삼각형 ABC는 $\angle B=90°$인 직각삼각형이다. 답 ④

04 점 P의 좌표를 $(a, 0)$이라 하면

$\overline{AP}^2+\overline{BP}^2=\{(a-0)^2+(0-2)^2\}+\{(a-4)^2+(0-4)^2\}$

$=2a^2-8a+36$

$=2(a-2)^2+28$

따라서 $a=2$일 때 $\overline{AP}^2+\overline{BP}^2$의 최솟값은 28이다. 답 ⑤

05 $A(-2, 0)$, $B(x, y)$, $C(2, 0)$이라 하면

$\sqrt{(x+2)^2+y^2}=\overline{AB}$, $\sqrt{(x-2)^2+y^2}=\overline{BC}$ ……❶

$\therefore \sqrt{(x+2)^2+y^2}+\sqrt{(x-2)^2+y^2}=\overline{AB}+\overline{BC}$

$\geq \overline{AC}$

$=|2-(-2)|=4$ ……❷

따라서 주어진 식의 최솟값은 4이다. ……❸

답 4

단계	채점 기준	배점
❶	$\sqrt{(x+2)^2+y^2}$, $\sqrt{(x-2)^2+y^2}$을 각각 선분의 길이로 나타내기	40 %
❷	$\overline{AC}$의 길이 구하기	40 %
❸	주어진 식의 최솟값 구하기	20 %

06 $\overline{PQ}$를 $k:5$로 외분하는 점의 좌표는

$\left(\frac{k\times2-5\times(-1)}{k-5}, \frac{k\times4-5\times1}{k-5}\right)$

$\therefore \left(\frac{2k+5}{k-5}, \frac{4k-5}{k-5}\right)$

이 점이 직선 $x+y=-4$ 위에 있으므로

$\frac{2k+5}{k-5}+\frac{4k-5}{k-5}=-4$, $6k=-4k+20$

$10k=20 \qquad \therefore k=2$ 답 2

07 $2\overline{AB}=3\overline{BP}$에서 $\overline{AB}:\overline{BP}=3:2$

따라서 점 P는 선분 AB를 $5:2$로 외분하는 점이므로 점 P의 좌표는

$\left(\frac{5\times1-2\times(-5)}{5-2}, \frac{5\times8-2\times2}{5-2}\right)$

즉, $(5, 12)$

따라서 $a=5$, $b=12$이므로

$a+b=5+12=17$ 답 ④

08 $\overline{AB}$의 중점을 M, $\triangle ABC$의 무게중심을 G라 하면 점 G는 $\overline{CM}$을 $2:1$로 내분하는 점이다.

$C(a, b)$라 하면

$\frac{2\times2+1\times a}{2+1}=3$, $\frac{2\times5+1\times b}{2+1}=4$

$a+4=9$, $b+10=12$

$\therefore a=5$, $b=2$

따라서 점 C의 좌표는 $(5, 2)$이다. 답 ⑤

(다른 풀이 1) $\overline{AB}$의 중점을 M, $\triangle ABC$의 무게중심을 G라 하면 점 C는 $\overline{MG}$를 $3:2$로 외분하는 점이므로 $C(a, b)$라 하면

$a=\frac{3\times3-2\times2}{3-2}=5$, $b=\frac{3\times4-2\times5}{3-2}=2$

$\therefore C(5, 2)$

(다른 풀이 2) 세 점 A, B, C의 좌표를 각각 (a_1, b_1), (a_2, b_2), (a_3, b_3)이라 하자.

$\overline{AB}$의 중점의 좌표가 $(2, 5)$이므로

$\frac{a_1+a_2}{2}=2$, $\frac{b_1+b_2}{2}=5$

$\therefore a_1+a_2=4$, $b_1+b_2=10$ …… ㉠

이때 $\triangle ABC$의 무게중심의 좌표가 $(3, 4)$이므로

$\frac{a_1+a_2+a_3}{3}=3$, $\frac{b_1+b_2+b_3}{3}=4$

$\therefore a_1+a_2+a_3=9$, $b_1+b_2+b_3=12$

㉠에서 $a_3=5$, $b_3=2$

따라서 점 C의 좌표는 $(5, 2)$이다.

09 $ab=0$, $ac<0$에서 $a\neq0$, $b=0$

$ax+by+c=0$에서

$ax+c=0 \qquad \therefore x=-\frac{c}{a}$ …… ㉠

이때 $ac<0$에서 $-\frac{c}{a}>0$이므로 직선 ㉠은 오른쪽 그림과 같다.

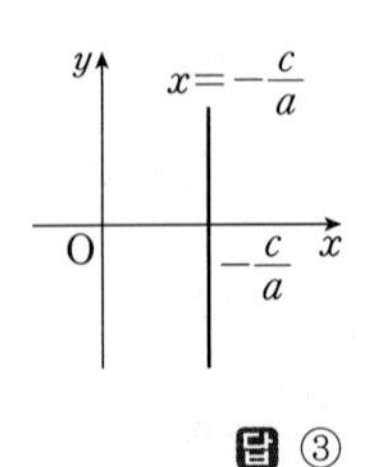

따라서 직선 $ax+by+c=0$은 제1사분면, 제4사분면을 지난다.

답 ③

10 두 점 $(-3, 1)$, $(5, 7)$을 이은 선분의 중점의 좌표는

$\left(\frac{-3+5}{2}, \frac{1+7}{2}\right)$, 즉 $(1, 4)$

점 $(1, 4)$를 지나고 기울기가 2인 직선의 방정식은

$y-4=2(x-1)$

$\therefore y=2x+2$

따라서 오른쪽 그림에서 구하는 넓이는

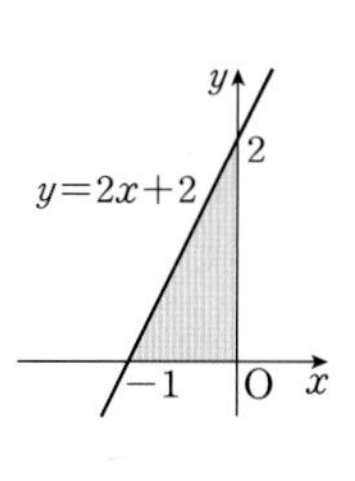

$\frac{1}{2}\times1\times2=1$ 답 1

11 $2x+y-3=0$, $2x-3y+1=0$을 연립하여 풀면

$x=1$, $y=1$

즉, 두 직선의 교점의 좌표는 $(1, 1)$

따라서 직선 l은 두 점 $(1, 1)$, $(4, -2)$를 지나므로 직선 l의 방정식은

$y-1=\frac{-2-1}{4-1}(x-1)$

$\therefore y=-x+2$

이때 점 $(a, 4)$가 직선 l 위의 점이므로

$4=-a+2 \qquad \therefore a=-2$

답 −2

(다른 풀이) 주어진 두 직선의 교점을 지나는 직선의 방정식을

$2x+y-3+k(2x-3y+1)=0$ (k는 실수)

으로 놓으면 이 직선이 점 $(4, -2)$를 지나므로

$8-2-3+k(8+6+1)=0$

$3+15k=0 \qquad \therefore k=-\frac{1}{5}$

따라서 직선 l의 방정식은

$2x+y-3-\frac{1}{5}(2x-3y+1)=0$

$\frac{8}{5}x+\frac{8}{5}y-\frac{16}{5}=0$

$\therefore x+y-2=0$

Core 특강

두 직선 $ax+by+c=0$, $a'x+b'y+c'=0$의 교점을 지나는 직선의 방정식은

$$ax+by+c+k(a'x+b'y+c')=0 \text{ (단, } k\text{는 실수)}$$

12 두 직사각형의 넓이를 동시에 이등분하는 직선은 각 직사각형의 대각선의 교점을 지나야 한다. ❶

두 직사각형의 대각선의 교점의 좌표는 각각

$\left(\frac{-1-3}{2}, \frac{-1-2}{2}\right)$, $\left(\frac{1+3}{2}, \frac{1+4}{2}\right)$

$\therefore \left(-2, -\frac{3}{2}\right)$, $\left(2, \frac{5}{2}\right)$ ❷

따라서 두 점 $\left(-2, -\frac{3}{2}\right)$, $\left(2, \frac{5}{2}\right)$를 지나는 직선의 방정식은

$y-\frac{5}{2}=\frac{\frac{5}{2}-\left(-\frac{3}{2}\right)}{2-(-2)}(x-2)$

$\therefore y=x+\frac{1}{2}$ ❸

즉, $a=1$, $b=\frac{1}{2}$이므로

$10ab=10\times1\times\frac{1}{2}=5$ ❹

답 5

단계	채점 기준	배점
❶	구하는 직선이 각 직사각형의 대각선의 교점을 지남을 알기	20 %
❷	두 직사각형의 대각선의 교점의 좌표 구하기	30 %
❸	두 직사각형의 넓이를 동시에 이등분하는 직선의 방정식 구하기	30 %
❹	$10ab$의 값 구하기	20 %

13 직선의 방정식을 k에 대하여 정리하면

$(x+y-1)+k(x-y+3)=0$

이 식이 k의 값에 관계없이 항상 성립하므로

$x+y-1=0$, $x-y+3=0$

위의 두 식을 연립하여 풀면

$x=-1$, $y=2$

따라서 $a=-1$, $b=2$이므로

$ab=-1\times2=-2$ 답 −2

14 $y=mx+m+1$에서

$(x+1)m-(y-1)=0 \qquad \cdots\cdots$ ㉠

이므로 직선 ㉠은 m의 값에 관계없이 항상 점 $(-1, 1)$을 지난다.

오른쪽 그림에서

(i) 직선 ㉠이 점 $(2, 0)$을 지날 때,

$3m+1=0$

$\therefore m=-\frac{1}{3}$

(ii) 직선 ㉠이 점 $(0, 2)$를 지날 때,

$m-1=0$

$\therefore m=1$

(i), (ii)에 의하여 m의 값의 범위는

$-\frac{1}{3}<m<1$

따라서 $\alpha=-\frac{1}{3}$, $\beta=1$이므로

$\beta-3\alpha=1-3\times\left(-\frac{1}{3}\right)=2$ 답 2

(다른 풀이) $y=-x+2$, $y=mx+m+1$을 연립하여 풀면

$x=\frac{1-m}{1+m}$, $y=\frac{1+3m}{1+m}$

즉, 두 직선의 교점의 좌표가 $\left(\frac{1-m}{1+m}, \frac{1+3m}{1+m}\right)$이므로

교점이 제1사분면의 점이려면

$\frac{1-m}{1+m}>0$, $\frac{1+3m}{1+m}>0$

$\frac{1-m}{1+m}>0$에서 $(m+1)(m-1)<0$

$\therefore -1<m<1 \qquad \cdots\cdots$ ㉠

$\frac{1+3m}{1+m}>0$에서 $(m+1)(3m+1)>0$

$\therefore m<-1$ 또는 $m>-\frac{1}{3}$ …… ㉡

㉠, ㉡의 공통부분은 $-\frac{1}{3}<m<1$

따라서 $\alpha=-\frac{1}{3}$, $\beta=1$이므로

$\beta-3\alpha=1-3\times\left(-\frac{1}{3}\right)=2$

15 두 직선 $kx-2y+3=0$, $2x-(k-3)y-6=0$이 평행하려면

$\frac{k}{2}=\frac{-2}{-(k-3)}\neq\frac{3}{-6}$

$\frac{k}{2}=\frac{-2}{-(k-3)}$에서

$-k(k-3)=-4$, $k^2-3k-4=0$

$(k+1)(k-4)=0$ $\therefore k=-1$ 또는 $k=4$

이때 $\frac{k}{2}\neq\frac{3}{-6}$에서 $k\neq-1$이므로

$k=4$

한편, 두 직선 $kx-2y+3=0$, $2x-(k-3)y-6=0$이 수직이려면

$k\times2+(-2)\times\{-(k-3)\}=0$

$4k-6=0$ $\therefore k=\frac{3}{2}$

따라서 $a=4$, $b=\frac{3}{2}$이므로

$ab=4\times\frac{3}{2}=6$

답 6

16 $\overline{AP}=\overline{BP}$를 만족시키는 점 P가 나타내는 도형은 선분 AB의 수직이등분선이다. 즉, 점 P가 나타내는 도형은 직선 AB에 수직이고, 선분 AB의 중점을 지나는 직선이다.

직선 AB의 기울기는

$\frac{1-(-1)}{4-0}=\frac{1}{2}$

이므로 이 직선과 수직인 직선의 기울기는 -2이다.

또, 선분 AB의 중점의 좌표는

$\left(\frac{0+4}{2}, \frac{-1+1}{2}\right)$, 즉 $(2, 0)$

점 $(2, 0)$을 지나고 기울기가 -2인 직선의 방정식은

$y=-2(x-2)$ $\therefore y=-2x+4$

따라서 $a=-2$, $b=4$이므로

$ab=-2\times4=-8$

답 ②

다른 풀이 $\overline{AP}=\overline{BP}$에서 $\overline{AP}^2=\overline{BP}^2$

$P(x, y)$라 하면

$x^2+\{y-(-1)\}^2=(x-4)^2+(y-1)^2$

$x^2+y^2+2y+1=x^2-8x+16+y^2-2y+1$

$8x+4y-16=0$ $\therefore y=-2x+4$

따라서 $a=-2$, $b=4$이므로

$ab=-2\times4=-8$

17 직선 BH의 기울기는

$\frac{3-2}{-3-(-6)}=\frac{1}{3}$

직선 OA의 기울기는 $\frac{b}{a}$

두 직선 BH, OA는 서로 수직이므로

$\frac{1}{3}\times\frac{b}{a}=-1$

$\therefore b=-3a$ …… ㉠ ❶

직선 AB의 기울기는 $\frac{2-b}{-6-a}$

직선 OH의 기울기는 $\frac{3-0}{-3-0}=-1$

두 직선 AB, OH는 서로 수직이므로

$\frac{b-2}{6+a}\times(-1)=-1$ $\therefore a-b=-8$ …… ㉡ ❷

㉠, ㉡을 연립하여 풀면

$a=-2$, $b=6$ ❸

$\therefore a^2+b^2=4+36=40$ ❹

답 40

단계	채점 기준	배점
❶	$\overline{BH}\perp\overline{OA}$임을 이용하여 a, b 사이의 관계식 구하기	30 %
❷	$\overline{AB}\perp\overline{OH}$임을 이용하여 a, b 사이의 관계식 구하기	30 %
❸	a, b의 값 구하기	30 %
❹	a^2+b^2의 값 구하기	10 %

18 점 $(0, k)$에서 두 직선 $x+2y-1=0$, $2x-y+2=0$에 이르는 거리가 같으므로

$\frac{|2k-1|}{\sqrt{1^2+2^2}}=\frac{|-k+2|}{\sqrt{2^2+(-1)^2}}$

$|2k-1|=|-k+2|$, $2k-1=\pm(-k+2)$

$\therefore k=-1$ 또는 $k=1$

그런데 $k>0$이므로 $k=1$

답 1

19 점 $(-1, 4)$를 지나는 직선의 기울기를 m이라 하면 이 직선의 방정식은

$y=m\{x-(-1)\}+4$

$\therefore mx-y+m+4=0$ …… ㉠

점 $(1, 0)$과 직선 ㉠ 사이의 거리가 $\sqrt{10}$이므로

$\frac{|m\times1-0+m+4|}{\sqrt{m^2+(-1)^2}}=\sqrt{10}$

$|2m+4|=\sqrt{10(m^2+1)}$

양변을 제곱하여 정리하면

$6m^2-16m-6=0$, $3m^2-8m-3=0$

$(3m+1)(m-3)=0$

$\therefore m=-\frac{1}{3}$ 또는 $m=3$

따라서 모든 기울기의 곱은

$-\frac{1}{3}\times3=-1$

답 ②

참고) 이차방정식 $3m^2-8m-3=0$이 실근을 가지므로 근과 계수의 관계에 의하여 모든 기울기의 곱을 $\frac{-3}{3}=-1$로 구할 수도 있다.

20 직선 $3x-2y-1=0$, 즉 $y=\frac{3}{2}x-\frac{1}{2}$과 수직인 직선의 기울기는 $-\frac{2}{3}$이므로 구하는 직선의 방정식을 $y=-\frac{2}{3}x+k$, 즉 $2x+3y-3k=0$ (단, k는 상수)으로 놓을 수 있다.
원점과 이 직선 사이의 거리가 $3\sqrt{13}$이므로
$\frac{|-3k|}{\sqrt{2^2+3^2}}=3\sqrt{13}$, $|-3k|=39$
$-3k=-39$ 또는 $-3k=39$
$\therefore k=13$ 또는 $k=-13$
따라서 제3사분면을 지나지 않는 직선의 방정식은
$y=-\frac{2}{3}x+13$이므로 이 직선의 y절편은 13이다. 답 13

21 $x-2y+3+k(2x-y)=0$에서
$(2k+1)x-(k+2)y+3=0$
원점과 직선 $(2k+1)x-(k+2)y+3=0$ 사이의 거리는
$\frac{|3|}{\sqrt{(2k+1)^2+\{-(k+2)\}^2}}=\frac{3}{\sqrt{5k^2+8k+5}}$ ……❶
이때 $5k^2+8k+5=5\left(k+\frac{4}{5}\right)^2+\frac{9}{5}$이므로
$k=-\frac{4}{5}$일 때 $\sqrt{5k^2+8k+5}$의 값은 최소가 된다.
즉, $\frac{3}{\sqrt{5k^2+8k+5}}$은 $k=-\frac{4}{5}$일 때 최대이므로
$a=-\frac{4}{5}$ ……❷
$\therefore 25a^2=25\times\frac{16}{25}=16$ ……❸
답 16

단계	채점 기준	배점
❶	원점과 직선 $x-2y+3+k(2x-y)=0$ 사이의 거리 구하기	40 %
❷	a의 값 구하기	50 %
❸	$25a^2$의 값 구하기	10 %

22 두 직선 $3x+4y=0$, $3x+4y+k=0$이 평행하므로 두 직선 사이의 거리는 직선 $3x+4y=0$ 위의 한 점 $(0, 0)$과 직선 $3x+4y+k=0$ 사이의 거리와 같다.
즉, $\frac{|k|}{\sqrt{3^2+4^2}}=3$이므로 $|k|=15$
$\therefore k=15$ ($\because k>0$) 답 15

23 직선 OA와 직선 $x-2y+10=0$의 기울기가 $\frac{1}{2}$로 같으므로 두 직선은 평행하다. 이때 삼각형 OAP에서 $\overline{OA}$를 밑변으로 하면 원점과 직선 $x-2y+10=0$ 사이의 거리는 높이가 된다.
원점과 직선 $x-2y+10=0$ 사이의 거리는
$\frac{|10|}{\sqrt{1^2+(-2)^2}}=2\sqrt{5}$
또, $\overline{OA}=\sqrt{4^2+2^2}=2\sqrt{5}$
따라서 삼각형 OAP의 넓이는
$\frac{1}{2}\times2\sqrt{5}\times2\sqrt{5}=10$ 답 ③

2 STEP 출제 유형 PICK

| 본문 58~59쪽 |

대표 문제 ❶ 6	1-1 (1, 2)	1-2 ④
대표 문제 ❷ 18	2-1 3	2-2 ④
대표 문제 ❸ 5	3-1 ①	3-2 ①
대표 문제 ❹ 20	4-1 ⑤	4-2 106

대표 문제 ❶ 삼각형 ABC의 세 꼭짓점의 좌표를 각각
$A(x_1, y_1)$, $B(x_2, y_2)$, $C(x_3, y_3)$이라 하자.
변 AB를 3 : 2로 내분하는 점의 좌표가 $(2, 4)$이므로
$\frac{3x_2+2x_1}{3+2}=2$, $\frac{3y_2+2y_1}{3+2}=4$
$\therefore 2x_1+3x_2=10$, $2y_1+3y_2=20$ …… ㉠
변 BC를 3 : 1로 내분하는 점의 좌표가 $(5, 7)$이므로
$\frac{3x_3+x_2}{3+1}=5$, $\frac{3y_3+y_2}{3+1}=7$
$\therefore x_2+3x_3=20$, $y_2+3y_3=28$ …… ㉡
변 CA를 2 : 1로 내분하는 점의 좌표가 $(6, -8)$이므로
$\frac{2x_1+x_3}{2+1}=6$, $\frac{2y_1+y_3}{2+1}=-8$
$\therefore 2x_1+x_3=18$, $2y_1+y_3=-24$ …… ㉢
㉠, ㉡, ㉢을 변끼리 더하면
$4(x_1+x_2+x_3)=48$, $4(y_1+y_2+y_3)=24$
$\therefore x_1+x_2+x_3=12$, $y_1+y_2+y_3=6$
이때 삼각형 ABC의 무게중심의 좌표가 (a, b)이므로
$a=\frac{x_1+x_2+x_3}{3}=\frac{12}{3}=4$
$b=\frac{y_1+y_2+y_3}{3}=\frac{6}{3}=2$
$\therefore a+b=4+2=6$ 답 6

1-1 세 점 D, E, F의 좌표는 각각
$D\left(\frac{1\times(-4)+2\times2}{1+2}, \frac{1\times2+2\times5}{1+2}\right)$, 즉 $D(0, 4)$
$E\left(\frac{1\times5+2\times(-4)}{1+2}, \frac{1\times(-1)+2\times2}{1+2}\right)$, 즉 $E(-1, 1)$
$F\left(\frac{1\times2+2\times5}{1+2}, \frac{1\times5+2\times(-1)}{1+2}\right)$, 즉 $F(4, 1)$
따라서 삼각형 DEF의 무게중심의 좌표는
$\left(\frac{0+(-1)+4}{3}, \frac{4+1+1}{3}\right)$, 즉 $(1, 2)$ 답 (1, 2)
다른 풀이) $\triangle DEF$의 무게중심은 $\triangle ABC$의 무게중심과 일치하므로 구하는 무게중심의 좌표는
$\left(\frac{2-4+5}{3}, \frac{5+2-1}{3}\right)$, 즉 $(1, 2)$

1-2 두 점 A, B의 좌표를 각각 $A(x_1, y_1)$, $B(x_2, y_2)$로 놓으면
삼각형 OAB의 무게중심의 좌표가 (5, 4)이므로

$\frac{0+x_1+x_2}{3}=5$, $\frac{0+y_1+y_2}{3}=4$

$\therefore x_1+x_2=15$, $y_1+y_2=12$

두 점 C, D는 각각 선분 OA, OB를 2 : 1로 외분하므로

$C\left(\frac{2x_1-0}{2-1}, \frac{2y_1-0}{2-1}\right)$, 즉 $C(2x_1, 2y_1)$

$D\left(\frac{2x_2-0}{2-1}, \frac{2y_2-0}{2-1}\right)$, 즉 $D(2x_2, 2y_2)$

두 점 A, B는 각각 선분 OC, OD의 중점이므로 두 선분 AD, BC는 삼각형 OCD의 중선이다.

따라서 선분 AD, BC의 교점 $E(p, q)$는 삼각형 OCD의 무게중심이므로

$p=\frac{0+2x_1+2x_2}{3}=\frac{2(x_1+x_2)}{3}=\frac{2\times 15}{3}=10$

$q=\frac{0+2y_1+2y_2}{3}=\frac{2(y_1+y_2)}{3}=\frac{2\times 12}{3}=8$

$\therefore p+q=10+8=18$

답 ④

대표문제 2 임의의 삼각형 ABC에서 주어진 조건을 만족시키는 세 점 D, E, F는 오른쪽 그림과 같다.

이때 $\overline{AB}=3\overline{AD}$이므로

$\triangle ABC=3\triangle ADC$

또, $\overline{FC}=3\overline{AC}$이므로

$\triangle FBC=3\triangle ABC=3\times 3\triangle ADC=9\triangle ADC$

또, $\overline{EC}=2\overline{BC}$이므로

$\triangle FEC=2\triangle FBC=2\times 9\triangle ADC=18\triangle ADC$

$\therefore k=18$

답 18

2-1 선분 BC를 3 : 1로 내분하는 점 D의 좌표는

$D\left(\frac{3\times 5+1\times(-3)}{3+1}, \frac{3\times 0+1\times(-4)}{3+1}\right)$

즉, $D(3, -1)$

삼각형 ACD의 넓이를 S라 하면

$\triangle ABD : \triangle ACD=\overline{BD} : \overline{CD}=3 : 1$에서 $\triangle ABD=3S$

$\triangle ABC=\triangle ABD+\triangle ACD=3S+S=4S$이므로

$\triangle ABE=\frac{1}{2}\triangle ABC=\frac{1}{2}\times 4S=2S$

$\therefore \triangle EBD=\triangle ABD-\triangle ABE=3S-2S=S$

$\overline{AE} : \overline{ED}=\triangle ABE : \triangle EBD=2 : 1$에서 점 E는 선분 AD를 2 : 1로 내분하는 점이므로

$E\left(\frac{2\times 3+1\times 0}{2+1}, \frac{2\times(-1)+1\times 5}{2+1}\right)$, 즉 $E(2, 1)$

따라서 $a=2$, $b=1$이므로 $a+b=2+1=3$

답 3

2-2 직선 AD의 기울기는 $\frac{4-0}{1-3}=-2$, 직선 BC의 기울기는 $\frac{6-0}{3-6}=-2$이므로 두 직선 AD, BC는 평행하다. 즉, 사각형 ABCD는 사다리꼴이다.

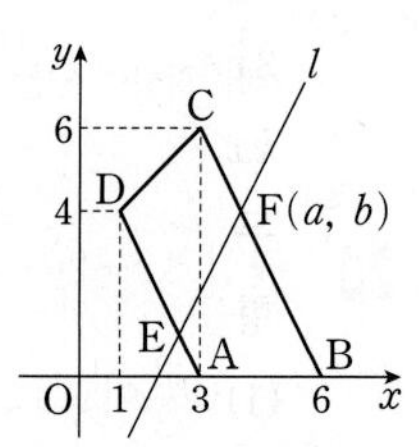

이때 직선 l이 사다리꼴 ABCD의 넓이를 이등분하려면 나누어진 두 개의 사다리꼴의 두 밑변의 길이의 합이 서로 같아야 한다.

선분 AD를 1 : 3으로 내분하는 점을 E, 직선 l이 선분 BC와 만나는 점을 F라 할 때, 점 F가 선분 BC를 $m : n$으로 내분한다고 하자.

$\overline{AD}=\sqrt{(1-3)^2+4^2}=2\sqrt{5}$, $\overline{BC}=\sqrt{(3-6)^2+6^2}=3\sqrt{5}$이고,

$\overline{AE}+\overline{BF}=\overline{DE}+\overline{CF}$이어야 하므로

$\frac{1}{4}\times 2\sqrt{5}+\frac{m}{m+n}\times 3\sqrt{5}=\frac{3}{4}\times 2\sqrt{5}+\frac{n}{m+n}\times 3\sqrt{5}$

$\frac{1}{2}+\frac{3m}{m+n}=\frac{3}{2}+\frac{3n}{m+n}$, $\frac{3(m-n)}{m+n}=1$

$3m-3n=m+n$, $2m=4n$

$\therefore m=2n$

즉, $m : n=2 : 1$이므로 점 F는 선분 BC를 2 : 1로 내분하는 점이다.

따라서 점 F의 좌표는

$\left(\frac{2\times 3+1\times 6}{2+1}, \frac{2\times 6+1\times 0}{2+1}\right)$, 즉 (4, 4)

즉, $a=4$, $b=4$이므로

$a+b=4+4=8$

답 ④

대표문제 3 $x+2y=3$ …… ㉠

$x+ay-8=0$ …… ㉡

$2x-ay+5=0$ …… ㉢

세 직선 ㉠, ㉡, ㉢에 의하여 좌표평면이 6개의 영역으로 나누어지는 경우는 다음과 같다.

(i) 세 직선이 한 점에서 만날 때

㉡+㉢을 하면

$3x-3=0$ $\therefore x=1$

$x=1$을 ㉡에 대입하면

$1+ay-8=0$ $\therefore y=\frac{7}{a}$

두 직선 ㉡, ㉢의 교점의 좌표는 $\left(1, \frac{7}{a}\right)$

직선 ㉠이 이 교점을 지나므로

$1+2\times\frac{7}{a}=3$, $\frac{14}{a}=2$ $\therefore a=7$

(ii) 두 직선이 평행할 때

두 직선 ㉠, ㉡이 평행할 때

$\frac{1}{1}=\frac{2}{a}\neq\frac{3}{8}$ $\therefore a=2$

두 직선 ㉠, ㉢이 평행할 때

$\frac{1}{2}=\frac{2}{-a}\neq\frac{3}{-5}$ $\therefore a=-4$

두 직선 ㉡, ㉢이 평행할 때

$a=0$

(i), (ii)에 의하여 모든 실수 a의 값의 합은

$7+2+(-4)+0=5$

답 5

3-1 $2x-y=3$ ⋯⋯ ㉠

$3x+y=2$ ⋯⋯ ㉡

$kx+y=4$ ⋯⋯ ㉢

두 직선 ㉠, ㉡이 평행하지 않으므로 세 직선 ㉠, ㉡, ㉢이 삼각형을 이루지 않는 경우는 다음과 같다.

(i) 세 직선이 한 점에서 만날 때

㉠+㉡을 하면 $5x=5$ $\quad\therefore x=1$

$x=1$을 ㉠에 대입하면

$2-y=3$ $\quad\therefore y=-1$

두 직선 ㉠, ㉡의 교점의 좌표는 $(1, -1)$

직선 ㉢이 이 교점을 지나므로

$k-1=4$ $\quad\therefore k=5$

(ii) 두 직선이 평행할 때

두 직선 ㉠, ㉢이 평행할 때

$\frac{2}{k}=\frac{-1}{1}\neq\frac{3}{4}$ $\quad\therefore k=-2$

두 직선 ㉡, ㉢이 평행할 때

$\frac{3}{k}=\frac{1}{1}\neq\frac{2}{4}$ $\quad\therefore k=3$

(i), (ii)에 의하여 모든 실수 k의 값의 곱은

$5\times(-2)\times3=-30$ **답** ①

3-2 두 직선 $y=-\frac{1}{2}x$, $y=2x$가 직선 $y=mx+5$와 만나는 점을 각각 A, B라 하면 삼각형 AOB는 이등변삼각형이므로 직선 $y=mx+5$는 $\angle$AOB를 이등분하는 직선 l과 서로 수직이다.

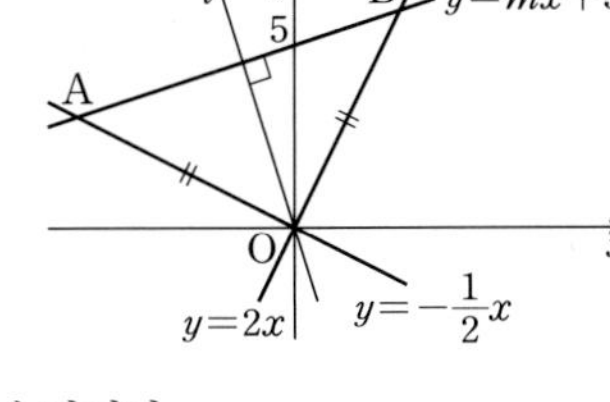

직선 l 위의 점의 좌표를 (x, y)라 하면 점 (x, y)에서 두 직선 $y=2x$, $y=-\frac{1}{2}x$, 즉 $2x-y=0$, $x+2y=0$까지의 거리가 같으므로

$$\frac{|2x-y|}{\sqrt{2^2+(-1)^2}}=\frac{|x+2y|}{\sqrt{1^2+2^2}}$$

$2x-y=x+2y$ 또는 $2x-y=-(x+2y)$

$\therefore y=\frac{1}{3}x$ 또는 $y=-3x$

따라서 $\frac{1}{3}m=-1$ 또는 $-3m=-1$이므로

$m=-3$ 또는 $m=\frac{1}{3}$

그런데 $m>0$이므로 $m=\frac{1}{3}$ **답** ①

다른 풀이 두 직선 $y=2x$, $y=-\frac{1}{2}x$가 서로 수직이므로 두 직선 $y=-\frac{1}{2}x$, $y=2x$가 직선 $y=mx+5$와 만나는 점을 각각 A, B라 하면 삼각형 AOB는 직각이등변삼각형이다.

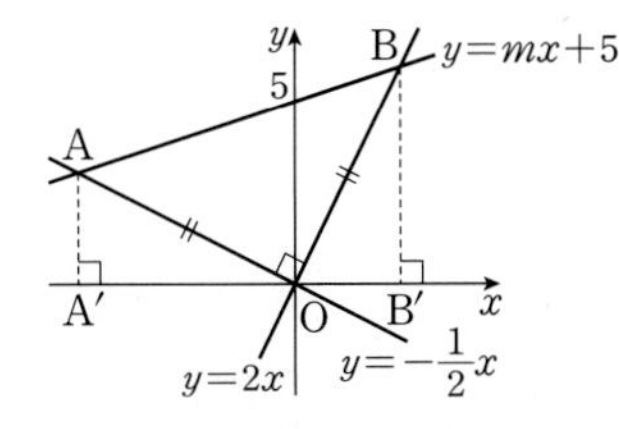

두 점 A, B에서 x축에 내린 수선의 발을 각각 A′, B′이라 하면

$\triangle$AA′O$\equiv\triangle$OB′B (RHA 합동)

따라서 점 A의 좌표를 $(-2a, a)$ $(a>0)$로 놓으면 B$(a, 2a)$이므로

$m=\frac{2a-a}{a-(-2a)}=\frac{1}{3}$

대표문제 4 $\begin{cases} 2x-y+2=0 & \cdots\cdots ㉠ \\ 4x+3y-26=0 & \cdots\cdots ㉡ \\ 4x-7y-6=0 & \cdots\cdots ㉢ \end{cases}$

직선 ㉠, ㉡의 교점의 좌표는 $(2, 6)$

직선 ㉠, ㉢의 교점의 좌표는 $(-2, -2)$

직선 ㉡, ㉢의 교점의 좌표는 $(5, 2)$

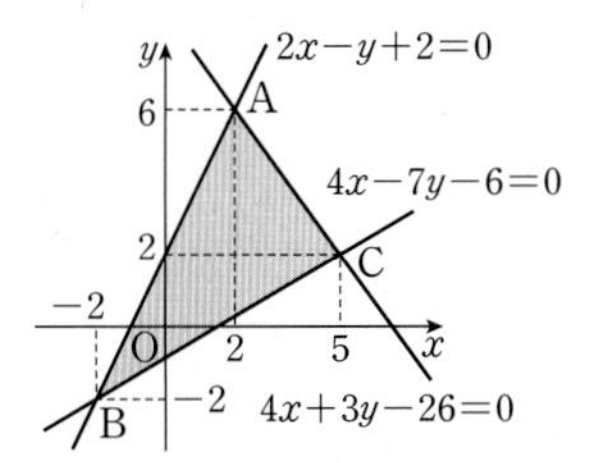

A$(2, 6)$, B$(-2, -2)$, C$(5, 2)$로 놓으면

$\overline{AC}=\sqrt{(5-2)^2+(2-6)^2}=5$

점 B$(-2, -2)$와 직선 $4x+3y-26=0$ 사이의 거리는

$\frac{|4\times(-2)+3\times(-2)-26|}{\sqrt{4^2+3^2}}=\frac{40}{5}=8$

$\therefore \triangle ABC=\frac{1}{2}\times5\times8=20$ **답** 20

4-1 $(1+2k)x+(3-k)y+1-5k=0$에서

$(x+3y+1)+k(2x-y-5)=0$ ⋯⋯ ㉠

직선 ㉠은 k의 값에 관계없이 두 직선 $x+3y+1=0$, $2x-y-5=0$의 교점, 즉 점 A$(2, -1)$을 지나므로 직선 ㉠이 삼각형 ABC의 넓이를 이등분하려면 변 BC의 중점을 지나야 한다.

이때 변 BC의 중점의 좌표는

$\left(\frac{-3+1}{2}, \frac{2+4}{2}\right)$, 즉 $(-1, 3)$

이므로 이 점의 좌표를 ㉠에 대입하면

$9-10k=0$ $\quad\therefore k=\frac{9}{10}$ **답** ⑤

4-2 오른쪽 그림과 같이 두 직선 m, n이 y축과 만나는 점을 각각 D, E라 하고 점 $(9, 9)$를 F라 하자.

정사각형 OABC의 넓이는

$18^2=324$

세 직선 l, m, n이 정사각형 OABC의 넓이를 6등분하므로

$\triangle DEF=\frac{1}{6}\times324=54$

이때 $\triangle DEF=\frac{1}{2}\times\overline{DE}\times9=54$이므로

$\overline{DE}=12$

직선 l이 x축과 만나는 점을 G라 하면

□OGFE$=\triangle$OFE$+\triangle$OGF이므로

$54=\frac{1}{2}\times\overline{OE}\times9+\frac{1}{2}\times a\times9$

$\therefore \overline{OE}=12-a \qquad \therefore E(0,\ 12-a)$

$\overline{OD}=\overline{OE}+\overline{DE}=(12-a)+12=24-a$이므로

$D(0,\ 24-a)$

직선 m은 두 점 D, F를 지나므로 직선 m의 기울기는

$\frac{9-(24-a)}{9-0}=\frac{a-15}{9}$

직선 n은 두 점 E, F를 지나므로 직선 n의 기울기는

$\frac{9-(12-a)}{9-0}=\frac{a-3}{9}$

따라서 두 직선 m, n의 기울기의 곱은

$$\frac{a-15}{9}\times\frac{a-3}{9}=\frac{1}{81}(a^2-18a+45)$$
$$=\frac{1}{81}(a-9)^2-\frac{4}{9}$$

이때 $6\le a\le10$이므로 $a=6$일 때 최댓값 $-\frac{1}{3}$, $a=9$일 때

최솟값 $-\frac{4}{9}$를 갖는다.

$\therefore \alpha=-\frac{1}{3},\ \beta=-\frac{4}{9}$

따라서 $\alpha^2+\beta^2=\frac{1}{9}+\frac{16}{81}=\frac{25}{81}$이므로

$p=81,\ q=25$

$\therefore p+q=81+25=106$ 답 106

3STEP 만점 도전 하기

| 본문 60~61쪽 |

01 40 **02** 5 **03** ③ **04** 20 **05** ① **06** 8
07 162 **08** 130

01 이차함수 $y=f(x)$의 그래프와 직선 $y=4x$가 만나는 두 점의 x좌표가 -1, 6이고, $f(x)$의 최고차항의 계수가 1이므로

$$f(x)-4x=(x+1)(x-6)$$
$$=x^2-5x-6$$

$\therefore f(x)=x^2-x-6$

한편, $f(x)=0$에서 $x^2-x-6=0$

$(x+2)(x-3)=0 \qquad \therefore x=-2$ 또는 $x=3$

이때 점 C의 x좌표는 양수이므로 $C(3,\ 0)$

점 C를 지나는 직선 $y=ax+b$가 삼각형 ABC의 넓이를 이등분하려면 직선 $y=ax+b$가 선분 AB의 중점을 지나야 한다.

두 점 A, B의 좌표는 $(-1,\ -4)$, $(6,\ 24)$이므로 선분 AB의 중점을 M이라 하면

$M\left(\frac{-1+6}{2},\ \frac{-4+24}{2}\right)$, 즉 $M\left(\frac{5}{2},\ 10\right)$

따라서 직선 CM의 방정식은

$y=\frac{10-0}{\frac{5}{2}-3}(x-3) \qquad \therefore y=-20x+60$

즉, $a=-20$, $b=60$이므로

$a+b=-20+60=40$ 답 40

02 직선 $(1-2k)x-(k+1)y+3=0$에서

$(x-y+3)-k(2x+y)=0$

이 식이 k의 값에 관계없이 항상 성립하므로

$x-y+3=0,\ 2x+y=0$

두 식을 연립하여 풀면

$x=-1,\ y=2$

$\therefore P(-1,\ 2)$

점 P를 지나고 기울기가 $m\ (m>0)$인 직선 l의 방정식은

$y=m(x+1)+2 \qquad \therefore y=mx+m+2$

$\therefore A(0,\ m+2)$

또, 점 P를 지나고 직선 l에 수직인 직선 l'의 방정식은

$y=-\frac{1}{m}(x+1)+2 \qquad \therefore y=-\frac{1}{m}x-\frac{1}{m}+2$

$\therefore B(2m-1,\ 0)$

삼각형 AOB의 넓이가 26보다 커야 하므로

$\frac{1}{2}\times(m+2)(2m-1)>26$

$2m^2+3m-54>0,\ (m+6)(2m-9)>0$

$\therefore m>\frac{9}{2}\ (\because m>0)$

따라서 자연수 m의 최솟값은 5이다. 답 5

03 평행사변형의 두 대각선은 서로 다른 것을 이등분하므로 선분 AC의 중점과 선분 BD의 중점이 일치한다.

점 D의 좌표를 $(a,\ b)$라 하면

$\frac{4+8}{2}=\frac{2+a}{2}$에서 $12=2+a \qquad \therefore a=10$

$\frac{6+2}{2}=\frac{1+b}{2}$에서 $8=1+b \qquad \therefore b=7$

$\therefore D(10,\ 7)$

두 점 P, Q는 두 점 B, D로부터 같은 거리에 있으므로 선분 BD의 수직이등분선 위에 있다.

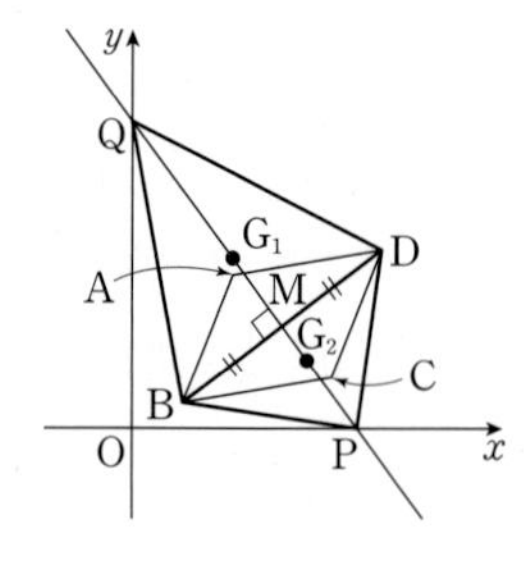

직선 BD의 기울기는

$\frac{7-1}{10-2}=\frac{3}{4}$

선분 BD의 중점을 M이라 하면

$M\left(\frac{2+10}{2},\ \frac{1+7}{2}\right)$, 즉 $M(6,\ 4)$

이므로 선분 BD의 수직이등분선의 방정식은

$y-4=-\frac{4}{3}(x-6) \qquad \therefore y=-\frac{4}{3}x+12$

이 직선의 x절편은 9, y절편은 12이므로

$P(9,\ 0)$, $Q(0,\ 12)$

$$\therefore \overline{G_1G_2}=\overline{G_1M}+\overline{G_2M}=\frac{1}{3}\overline{QM}+\frac{1}{3}\overline{PM}$$
$$=\frac{1}{3}(\overline{QM}+\overline{PM})$$
$$=\frac{1}{3}\overline{PQ}$$
$$=\frac{1}{3}\sqrt{(0-9)^2+(12-0)^2}=5$$

답 ③

다른 풀이 B(2, 1), D(10, 7)이므로 P(m, 0)이라 하면
$\overline{BP}=\overline{DP}$에서 $\overline{BP}^2=\overline{DP}^2$이므로
$(m-2)^2+1=(m-10)^2+49$
$16m=144$ $\quad\therefore m=9$
또, Q(0, n)이라 하면 $\overline{BQ}=\overline{DQ}$에서 $\overline{BQ}^2=\overline{DQ}^2$이므로
$4+(n-1)^2=100+(n-7)^2$
$12n=144$ $\quad\therefore n=12$
즉, P(9, 0), Q(0, 12)이므로
$G_1\left(\frac{2+9+10}{3}, \frac{1+0+7}{3}\right)$, 즉 $G_1\left(7, \frac{8}{3}\right)$
$G_2\left(\frac{2+0+10}{3}, \frac{1+12+7}{3}\right)$, 즉 $G_2\left(4, \frac{20}{3}\right)$
$\therefore \overline{G_1G_2}=\sqrt{(4-7)^2+\left(\frac{20}{3}-\frac{8}{3}\right)^2}=5$

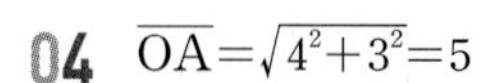

04 $\overline{OA}=\sqrt{4^2+3^2}=5$
오른쪽 그림과 같이 점 B에서 직선 OA에 내린 수선의 발을 H라 하면 조건 (가)에서 삼각형 OAB의 넓이가 10이므로

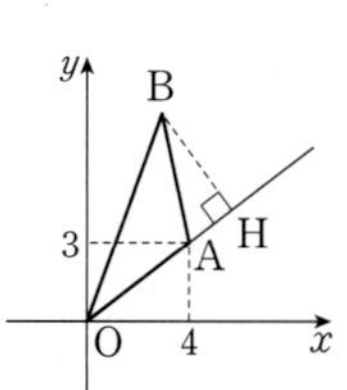

$\frac{1}{2}\times\overline{OA}\times\overline{BH}=10$에서 $\frac{1}{2}\times5\times\overline{BH}=10$
$\therefore \overline{BH}=4$
즉, 점 B는 직선 OA와 평행하고 거리가 4인 직선 위의 점이다.
조건 (나)에서 $\overline{OA}=\overline{AB}$이므로 점 B는 오른쪽 그림과 같이 네 점 P_1, P_2, P_3, P_4 중 하나이고, 이 중 선분 OB의 길이가 최대일 때의 점 B의 위치는 점 P_1 또는 점 P_2이다.

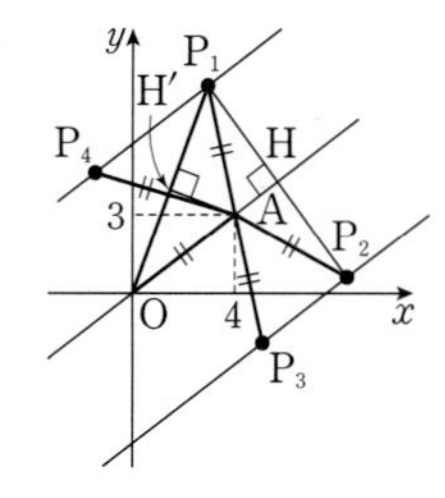

이때 점 A와 직선 OP_1 사이의 거리, 점 A와 직선 OP_2 사이의 거리는 서로 같다.
직각삼각형 P_1AH에서 $\overline{AH}=\sqrt{5^2-4^2}=3$
직각삼각형 P_1OH에서 $\overline{P_1O}=\sqrt{8^2+4^2}=4\sqrt{5}$
점 A에서 직선 OP_1에 내린 수선의 발을 H′이라 하면
$\triangle OP_1H \backsim \triangle OAH'$(AA 닮음)이므로
$\overline{OP_1}:\overline{OA}=\overline{P_1H}:\overline{AH'}$, $4\sqrt{5}:5=4:k$
$4\sqrt{5}k=20$ $\quad\therefore k=\frac{20}{4\sqrt{5}}=\sqrt{5}$
$\therefore 4k^2=4(\sqrt{5})^2=20$

답 20

05 점 D가 원점, 직선 BC가 x축이 되도록 주어진 도형을 좌표평면 위에 놓으면
B(−1, 0), C(1, 0)
이때 A(p, q) ($p>0$, $q>0$)라 하면 $\overline{AB}=2\sqrt{3}$, $\overline{AD}=\sqrt{7}$이므로 $\overline{AB}^2=12$, $\overline{AD}^2=7$
$(p+1)^2+q^2=12$, $p^2+q^2=7$
$\therefore p^2+2p+q^2=11$, $p^2+q^2=7$
위의 두 식을 연립하여 풀면
$p=2$, $q=\sqrt{3}$ ($\because q>0$)
$\therefore$ A$(2, \sqrt{3})$
$\overline{AC}=\sqrt{(1-2)^2+(0-\sqrt{3})^2}=2=\overline{BC}$이므로 삼각형 ABC는 이등변삼각형이다.
따라서 점 E는 $\overline{AB}$의 중점이므로 $E\left(\frac{1}{2}, \frac{\sqrt{3}}{2}\right)$
$\therefore \overline{CE}=\sqrt{\left(1-\frac{1}{2}\right)^2+\left(0-\frac{\sqrt{3}}{2}\right)^2}=1$
한편, 점 P는 삼각형 ABC의 무게중심이므로
$\overline{AP}:\overline{PD}=2:1$에서 $\overline{AP}=\frac{2\sqrt{7}}{3}$, $\overline{PD}=\frac{\sqrt{7}}{3}$
$\overline{CP}:\overline{PE}=2:1$에서 $\overline{CP}=\frac{2}{3}$, $\overline{PE}=\frac{1}{3}$
삼각형 EPA에서 선분 PR가 각 APE의 이등분선이므로 각의 이등분선의 성질에 의하여
$\overline{AR}:\overline{ER}=\overline{PA}:\overline{PE}=\frac{2\sqrt{7}}{3}:\frac{1}{3}=2\sqrt{7}:1$
삼각형 EPA의 넓이는 삼각형 ABC의 넓이의 $\frac{1}{6}$이므로
$S_1=\triangle ABC\times\frac{1}{6}\times\frac{1}{2\sqrt{7}+1}$
같은 방법으로 삼각형 CPD에서
$\overline{DQ}:\overline{CQ}=\overline{PD}:\overline{PC}=\frac{\sqrt{7}}{3}:\frac{2}{3}=\sqrt{7}:2$
삼각형 CPD의 넓이는 삼각형 ABC의 넓이의 $\frac{1}{6}$이므로
$S_2=\triangle ABC\times\frac{1}{6}\times\frac{2}{\sqrt{7}+2}$
$\therefore \frac{S_2}{S_1}=\frac{\triangle ABC\times\frac{1}{6}\times\frac{2}{\sqrt{7}+2}}{\triangle ABC\times\frac{1}{6}\times\frac{1}{2\sqrt{7}+1}}=\frac{2(2\sqrt{7}+1)}{\sqrt{7}+2}$
$=\frac{2(2\sqrt{7}+1)(\sqrt{7}-2)}{(\sqrt{7}+2)(\sqrt{7}-2)}=\frac{2(12-3\sqrt{7})}{3}$
$=8-2\sqrt{7}$
따라서 $a=8$, $b=-2$이므로
$ab=8\times(-2)=-16$

답 ①

06 오른쪽 그림과 같이 세 지점 A, B, C를 좌표평면 위에 나타내면
A(−12, 0), B(0, 6), C(3, 0)
이다.
이때 D 지점의 좌표를 D(a, b)라 하자.
A, B, C 각 지점에서 D 지점까지의 각각의 직선 도로 건설비용이 모두 같다고 하였으므로
$\overline{CD}=p$라 하면 $\overline{BD}=2p$, $\overline{AD}=4p$
$\overline{AD}=2\overline{BD}$에서 $\overline{AD}^2=4\overline{BD}^2$이므로
$(a+12)^2+b^2=4\{a^2+(b-6)^2\}$
$\therefore a^2-8a+b^2-16b=0$ $\quad\cdots\cdots$ ㉠
$\overline{BD}=2\overline{CD}$에서 $\overline{BD}^2=4\overline{CD}^2$이므로
$a^2+(b-6)^2=4\{(a-3)^2+b^2\}$
$\therefore a^2-8a+b^2+4b=0$ $\quad\cdots\cdots$ ㉡

㉠−㉡을 하면 $-20b=0$ $\therefore b=0$

$b=0$을 ㉠에 대입하면

$a^2-8a=0$, $a(a-8)=0$

$\therefore a=0$ 또는 $a=8$

따라서 D 지점이 될 수 있는 두 지점의 좌표는

$(0, 0)$, $(8, 0)$

이 두 지점 사이의 거리는 8 km이므로

$x=8$ 답 8

07 주어진 상황을 좌표평면 위에 나타내면 다음 그림과 같다.

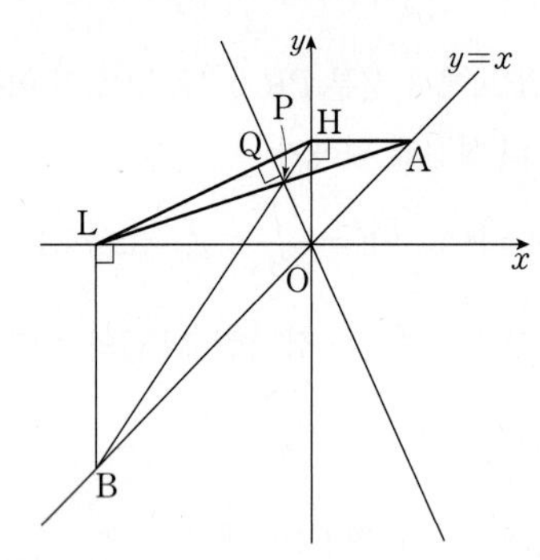

직선 $y=x$ 위의 점 A의 좌표를 $A(a, a)$ $(a>0)$라 하면 조건 (나)에서 $\overline{OB}=2\overline{OA}$이므로

$B(-2a, -2a)$

따라서 $H(0, a)$, $L(-2a, 0)$이므로 직선 AL의 방정식은

$y-a=\dfrac{0-a}{-2a-a}(x-a)$

$\therefore y=\dfrac{1}{3}x+\dfrac{2}{3}a$ ⋯⋯ ㉠

또, 직선 BH의 방정식은

$y=\dfrac{a-(-2a)}{0-(-2a)}x+a$

$\therefore y=\dfrac{3}{2}x+a$ ⋯⋯ ㉡

㉠, ㉡을 연립하여 풀면

$x=-\dfrac{2}{7}a$, $y=\dfrac{4}{7}a$

즉, 두 직선 ㉠, ㉡의 교점의 좌표가 $\left(-\dfrac{2}{7}a, \dfrac{4}{7}a\right)$이므로

$P\left(-\dfrac{2}{7}a, \dfrac{4}{7}a\right)$

직선 OP의 방정식은 $y=-2x$

직선 LH의 방정식은

$y=\dfrac{0-a}{-2a-0}\{x-(-2a)\}$

$\therefore y=\dfrac{1}{2}x+a$

이때 직선 LH와 직선 OP의 기울기의 곱이 -1이므로 두 직선은 서로 수직이다.

즉, $\angle OQL=90^\circ$이므로 선분 OL은 세 점 O, Q, L을 지나는 원의 지름이다.

세 점 O, Q, L을 지나는 원의 넓이가 $\dfrac{81}{2}\pi$이므로

$\pi a^2=\dfrac{81}{2}\pi$ $\therefore a^2=\dfrac{81}{2}$

$\overline{OA}=\sqrt{a^2+a^2}=\sqrt{2}a$, $\overline{OB}=2\overline{OA}=2\sqrt{2}a$이므로

$\overline{OA}\times\overline{OB}=\sqrt{2}a\times2\sqrt{2}a=4a^2=4\times\dfrac{81}{2}=162$ 답 162

08 $\triangle OAD=\square OAEF+\triangle DEF$

$=(\square BCFD+4)+\triangle DEF$

$=\triangle BCE+4$

$\dfrac{1}{2}\times4\times\overline{DA}=\dfrac{1}{2}\times4\times\overline{BE}+4$이므로

$\overline{DA}=\overline{BE}+2$

$\overline{BE}=k$ $(k>0)$라 하면 $\overline{DA}=k+2$이므로

직선 OD의 기울기는 $\dfrac{k+2}{4}$

직선 CE의 기울기는 $-\dfrac{k}{4}$

직선 OD와 직선 CE의 기울기의 곱은 $-\dfrac{7}{9}$이므로

$\dfrac{k+2}{4}\times\left(-\dfrac{k}{4}\right)=-\dfrac{7}{9}$

$9k^2+18k-112=0$, $(3k+14)(3k-8)=0$

$\therefore k=\dfrac{8}{3}$ $(\because k>0)$

직선 OD의 방정식은 $y=\dfrac{7}{6}x$ ⋯⋯ ㉠

직선 CE의 방정식은 $y=-\dfrac{2}{3}x+5$ ⋯⋯ ㉡

㉠, ㉡을 연립하여 풀면

$x=\dfrac{30}{11}$, $y=\dfrac{35}{11}$

즉, $F\left(\dfrac{30}{11}, \dfrac{35}{11}\right)$이므로 $a=\dfrac{30}{11}$, $b=\dfrac{35}{11}$

$\therefore 22(a+b)=22\times\left(\dfrac{30}{11}+\dfrac{35}{11}\right)=130$ 답 130

08강 원의 방정식과 도형의 이동

기본 다지기

| 본문 62쪽 |

1 $(x-4)^2+(y+3)^2=25$ 2 $2\sqrt{6}$ 3 ① 4 ④ 5 13

1 선분 AB의 중점이 원의 중심이므로 그 좌표는

$\left(\frac{1+7}{2}, \frac{1+(-7)}{2}\right)$, 즉 $(4, -3)$

또, $\overline{AB}$가 원의 지름이므로 원의 반지름의 길이는

$\frac{1}{2}\overline{AB}=\frac{1}{2}\sqrt{(1-7)^2+(1+7)^2}=5$

따라서 구하는 원의 방정식은

$(x-4)^2+(y+3)^2=25$ 답 $(x-4)^2+(y+3)^2=25$

2 $x^2+y^2=3$, $y=x+k$에서

$x^2+(x+k)^2=3$ $\therefore 2x^2+2kx+k^2-3=0$

이 이차방정식의 판별식을 D라 하면

$\frac{D}{4}=k^2-2(k^2-3)>0$, $-k^2+6>0$

$k^2-6<0$, $(k+\sqrt{6})(k-\sqrt{6})<0$

$\therefore -\sqrt{6}<k<\sqrt{6}$

따라서 $\alpha=-\sqrt{6}$, $\beta=\sqrt{6}$이므로

$\beta-\alpha=\sqrt{6}-(-\sqrt{6})=2\sqrt{6}$ 답 $2\sqrt{6}$

다른 풀이 원 $x^2+y^2=3$의 반지름의 길이는 $\sqrt{3}$이고, 이 원의 중심 $(0, 0)$과 직선 $x-y+k=0$ 사이의 거리를 d라 하면

$d=\frac{|k|}{\sqrt{1^2+(-1)^2}}=\frac{|k|}{\sqrt{2}}$

원과 직선이 서로 다른 두 점에서 만나려면 $d<\sqrt{3}$이어야 하므로

$\frac{|k|}{\sqrt{2}}<\sqrt{3}$, $|k|<\sqrt{6}$ $\therefore -\sqrt{6}<k<\sqrt{6}$

Core 특강

원과 직선의 위치 관계

원의 중심과 직선 사이의 거리 d와 원의 반지름의 길이 r 사이의 관계를 이용하여 원과 직선의 위치 관계를 판별할 수도 있다.

① $d<r$ → 서로 다른 두 점에서 만난다.

② $d=r$ → 한 점에서 만난다.(접한다.)

③ $d>r$ → 만나지 않는다.

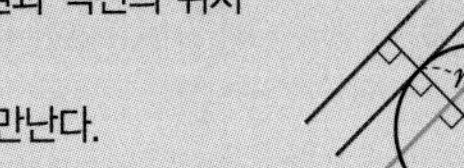

3 원 $x^2+y^2=45$ 위의 점 $(a, 3)$에서의 접선의 방정식은

$ax+3y=45$

이 직선이 직선 $2x+by=15$, 즉 $6x+3by=45$와 일치하므로

$a=6$, $b=1$

$\therefore a+b=6+1=7$ 답 ①

4 직선 $y=2x+1$을 x축의 방향으로 a만큼, y축의 방향으로 a만큼 평행이동한 직선의 방정식은

$y-a=2(x-a)+1$, 즉 $y=2x-a+1$

이 직선이 원점을 지나므로

$-a+1=0$ $\therefore a=1$ 답 ④

5 직선 $2x-3y-k=0$을 x축에 대하여 대칭이동한 직선의 방정식은

$2x-3\times(-y)-k=0$, 즉 $2x+3y-k=0$

이 직선이 점 $(2, 3)$을 지나므로

$2\times2+3\times3-k=0$ $\therefore k=13$ 답 13

1 STEP 필수 유형 다지기

| 본문 63~66쪽 |

01 ⑤	02 25	03 $(x-1)^2+(y+1)^2=10$			04 -26
05 ④	06 ④	07 ④	08 ②	09 10	10 ②
11 ⑤	12 ⑤	13 ④	14 ③	15 $8\sqrt{2}$	16 ④
17 ⑤	18 3	19 ③	20 ⑤	21 ③	22 10
23 8	24 ④	25 16	26 ⑤	27 ①	28 ④

01 중심의 좌표가 $(a, 1)$이고 반지름의 길이가 a인 원의 방정식은

$(x-a)^2+(y-1)^2=a^2$

이 원이 점 $(4, 3)$을 지나므로

$(4-a)^2+(3-1)^2=a^2$, $a^2-8a+20=a^2$

$\therefore a=\frac{5}{2}$

따라서 구하는 원의 넓이는 $\frac{25}{4}\pi$이다. 답 ⑤

02 선분 AB의 중점이 원의 중심이므로 그 좌표는 $\left(\frac{a-3}{2}, \frac{1+b}{2}\right)$

이때 원 $(x-1)^2+(y+2)^2=r^2$의 중심의 좌표가 $(1, -2)$이므로

$\frac{a-3}{2}=1$, $\frac{1+b}{2}=-2$ $\therefore a=5$, $b=-5$

즉, $A(5, 1)$이고, 점 A는 원 $(x-1)^2+(y+2)^2=r^2$ 위의 점이므로

$(5-1)^2+(1+2)^2=r^2$ $\therefore r^2=25$

$\therefore a^2-b^2+r^2=5^2-(-5)^2+25=25$ 답 25

03 원의 중심의 좌표를 $(a, a-2)$, 반지름의 길이를 r라 하면 원의 방정식은

$(x-a)^2+(y-a+2)^2=r^2$ ……❶

이 원이 두 점 $A(0, -4)$, $B(4, 0)$을 지나므로

$a^2+(-a-2)^2=r^2$, $(4-a)^2+(-a+2)^2=r^2$

위의 두 식을 연립하여 풀면 $a=1$, $r^2=10$ ……❷

따라서 구하는 원의 방정식은

$(x-1)^2+(y+1)^2=10$ ……❸

답 $(x-1)^2+(y+1)^2=10$

단계	채점 기준	배점
❶	문자를 사용하여 원의 방정식 세우기	30 %
❷	문자의 값 구하기	50 %
❸	원의 방정식 구하기	20 %

04 원의 중심을 $P(p, q)$라 하면 $\overline{PA}=\overline{PB}=\overline{PC}$

$\overline{PA}=\overline{PB}$에서 $\overline{PA}^2=\overline{PB}^2$이므로

$(p+4)^2+q^2=(p+2)^2+(q+4)^2$

$\therefore p-2q=1$ ...... ㉠

$\overline{PA}=\overline{PC}$에서 $\overline{PA}^2=\overline{PC}^2$이므로

$(p+4)^2+q^2=(p-5)^2+(q-3)^2$

$\therefore 3p+q=3$ ...... ㉡

㉠, ㉡을 연립하여 풀면 $p=1$, $q=0$

따라서 원의 중심은 $P(1, 0)$이고 반지름의 길이는

$\overline{PA}=|1-(-4)|=5$

이므로 원의 방정식은

$(x-1)^2+y^2=25$, 즉 $x^2+y^2-2x-24=0$

즉, $a=-2$, $b=0$, $c=-24$이므로

$a+b+c=-2+0+(-24)=-26$ 답 -26

다른 풀이 세 점 A, B, C의 좌표를 원의 방정식 $x^2+y^2+ax+by+c=0$에 각각 대입하여 정리하면

$4a-c=16$ ...... ㉠

$2a+4b-c=20$ ...... ㉡

$5a+3b+c=-34$ ...... ㉢

㉠에서 $c=4a-16$이므로 이를 ㉡, ㉢에 대입하여 정리하면

$a-2b=-2$, $3a+b=-6$

$\therefore a=-2$, $b=0$, $c=-24$

$\therefore a+b+c=-26$

05 원의 중심의 좌표를 $(a, 2a+1)$ $(a>0)$이라 하면 원의 방정식은

$(x-a)^2+(y-2a-1)^2=(2a+1)^2$

이 원이 점 $(1, 1)$을 지나므로

$(1-a)^2+(-2a)^2=(2a+1)^2$

$a^2-6a=0$, $a(a-6)=0$

$\therefore a=6$ ($\because a>0$)

따라서 원의 반지름의 길이는

$2\times6+1=13$ 답 ④

06 점 $(-2, 1)$을 지나므로 원의 중심은 제2사분면 위에 있다.

원의 방정식을 $(x+r)^2+(y-r)^2=r^2$ $(r>0)$으로 놓으면 이 원이 점 $(-2, 1)$을 지나므로

$(-2+r)^2+(1-r)^2=r^2$

$r^2-6r+5=0$, $(r-1)(r-5)=0$

$\therefore r=1$ 또는 $r=5$

따라서 두 원의 반지름의 길이는 각각 1, 5이므로 두 원의 둘레의 길이의 합은

$2\pi\times1+2\pi\times5=12\pi$ 답 ④

07 $x^2+y^2+4x+ky+9=0$에서 $(x+2)^2+\left(y+\frac{k}{2}\right)^2=\frac{k^2}{4}-5$

원의 중심 $\left(-2, -\frac{k}{2}\right)$가 제3사분면 위에 있으므로

$-\frac{k}{2}<0$ $\therefore k>0$

또, 원이 y축에 접하므로 $\sqrt{\frac{k^2}{4}-5}=|-2|$

$\frac{k^2}{4}-5=4$, $k^2=36$ $\therefore k=6$ ($\because k>0$) 답 ④

08 $x^2+y^2-4x+4y=0$에서 $(x-2)^2+(y+2)^2=8$

따라서 방정식 $x^2+y^2-4x+4y=0$이 나타내는 도형은 중심의 좌표가 $(2, -2)$이고 반지름의 길이가 $2\sqrt{2}$인 원이므로 구하는 넓이는 $\pi\times(2\sqrt{2})^2=8\pi$ 답 ②

09 $x^2+y^2-2kx-2y+k^2+k-4=0$에서

$(x-k)^2+(y-1)^2=5-k$ ········· ❶

이 방정식이 원을 나타내려면 $5-k>0$이어야 하므로

$k<5$ ...... ㉠

또, 원의 중심 $(k, 1)$이 제1사분면 위에 있으려면

$k>0$ ...... ㉡

㉠, ㉡에서 $0<k<5$ ········· ❷

따라서 모든 정수 k의 값의 합은

$1+2+3+4=10$ ········· ❸

답 10

단계	채점 기준	배점
❶	주어진 방정식을 표준형으로 나타내기	40 %
❷	k의 값의 범위 구하기	40 %
❸	정수 k의 값의 합 구하기	20 %

10 원 $(x-2)^2+(y-1)^2=r^2$과 직선 $3x-4y+8=0$이 서로 만나려면 원의 중심 $(2, 1)$과 직선 $3x-4y+8=0$ 사이의 거리가 원의 반지름의 길이 r보다 작거나 같아야 하므로

$\frac{|3\times2-4\times1+8|}{\sqrt{3^2+(-4)^2}}\le r$ $\therefore r\ge2$

따라서 자연수 r의 최솟값은 2이다. 답 ②

다른 풀이 $3x-4y+8=0$에서 $y=\frac{3}{4}x+2$

$y=\frac{3}{4}x+2$를 $(x-2)^2+(y-1)^2=r^2$에 대입하면

$(x-2)^2+\left(\frac{3}{4}x+1\right)^2=r^2$

$\therefore 25x^2-40x+16(5-r^2)=0$

이 이차방정식의 판별식을 D라 하면

$\frac{D}{4}=(-20)^2-25\times16(5-r^2)\ge0$

$400(r^2-4)\ge0$, $(r+2)(r-2)\ge0$

$\therefore r\le-2$ 또는 $r\ge2$

따라서 자연수 r의 최솟값은 2이다.

11 오른쪽 그림과 같이 주어진 원의 중심을 C라 하면 C(0, 2)이고, 점 C에서 직선 $y=x+4$, 즉 $x-y+4=0$에 내린 수선의 발을 H라 하면

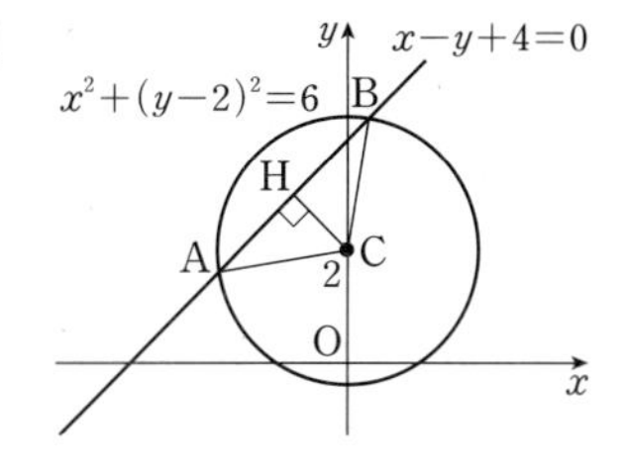

$\overline{CH}=\frac{|0-2+4|}{\sqrt{1^2+(-1)^2}}=\sqrt{2}$

직각삼각형 CAH에서

$\overline{AH}=\sqrt{\overline{CA}^2-\overline{CH}^2}=\sqrt{(\sqrt{6})^2-(\sqrt{2})^2}=2$

$\therefore \overline{AB}=2\overline{AH}=2\times2=4$

답 ⑤

Core 특강

현의 길이

반지름의 길이가 r인 원의 중심에서 d만큼 떨어진 현의 길이를 l이라 하면

→ $l=2\sqrt{r^2-d^2}$

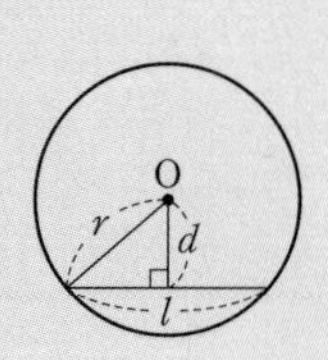

12 $x^2+y^2-2x-8=0$에서 $(x-1)^2+y^2=9$

원의 중심을 C라 하면 C(1, 0)이므로

$\overline{CP}=\sqrt{(6-1)^2+(-4-0)^2}=\sqrt{41}$

따라서 직각삼각형 CQP에서

$\overline{PQ}=\sqrt{\overline{CP}^2-\overline{CQ}^2}=\sqrt{(\sqrt{41})^2-3^2}$

$=4\sqrt{2}$

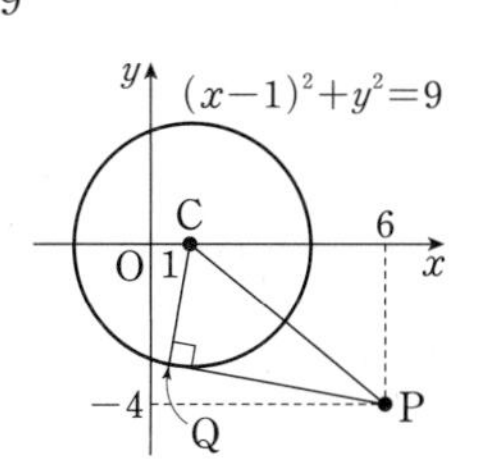

답 ⑤

13 두 직선 l, l'이 원 C의 접선이므로 오른쪽 그림에서 $\overline{PQ}$는 원 C의 지름이고 원 C의 중심 C(a, b)는 선분 PQ의 중점이다.

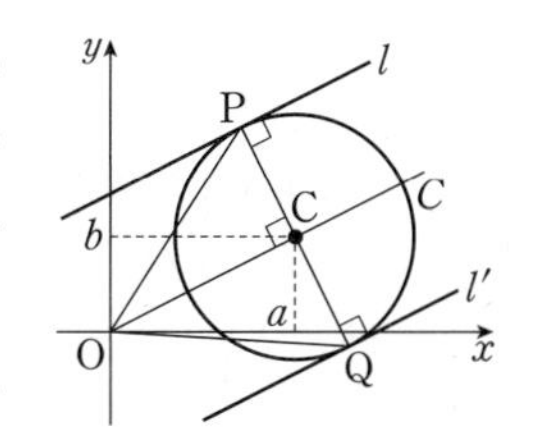

정삼각형 POQ에서 직선 OC가 선분 PQ를 수직이등분하므로 직선 OC는 직선 l과 평행하다.

즉, 직선 OC의 방정식은 $x-2y=0$이므로

$a-2b=0$ $\quad\therefore a=2b$ $\quad\cdots\cdots$ ㉠

한편, 원점 O와 직선 l: $x-2y+5=0$ 사이의 거리가 원의 반지름의 길이와 같으므로

$\overline{PC}=|r|=\frac{|5|}{\sqrt{1^2+(-2)^2}}=\sqrt{5}$ $\quad\therefore r^2=5$

또, △POQ는 정삼각형이므로

$\overline{OC}=\frac{\sqrt{3}}{2}\overline{PQ}=\frac{\sqrt{3}}{2}\times2\sqrt{5}=\sqrt{15}$

이때 $\overline{OC}=\sqrt{a^2+b^2}$이므로

$a^2+b^2=15$ $\quad\cdots\cdots$ ㉡

㉠, ㉡을 연립하여 풀면

$a=2\sqrt{3}$, $b=\sqrt{3}$ ($\because a>0$, $b>0$)

$\therefore a^2-b^2+r^2=12-3+5=14$

답 ④

14 $x^2+y^2-6x+4y=0$에서 $(x-3)^2+(y+2)^2=13$

원의 중심 $(3, -2)$와 직선 $2x-3y+14=0$ 사이의 거리는

$\frac{|2\times3-3\times(-2)+14|}{\sqrt{2^2+(-3)^2}}=2\sqrt{13}$

원의 반지름의 길이가 $\sqrt{13}$이므로

$M=2\sqrt{13}+\sqrt{13}=3\sqrt{13}$, $m=2\sqrt{13}-\sqrt{13}=\sqrt{13}$

$\therefore Mm=3\sqrt{13}\times\sqrt{13}=39$

답 ③

15 오른쪽 그림과 같이 원 $x^2+y^2=9$의 중심 O(0, 0)에서 직선 $4x-3y-5=0$에 내린 수선의 발을 H라 하면

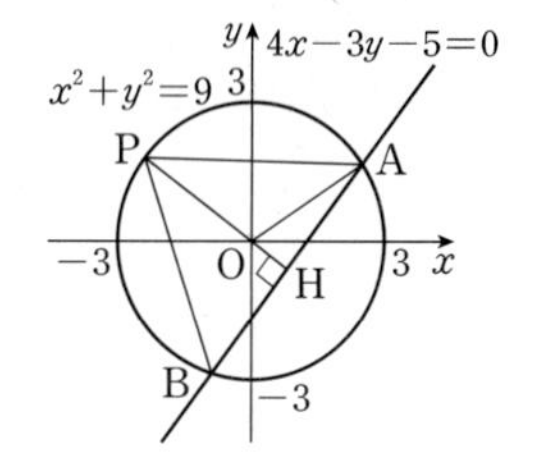

$\overline{OH}=\frac{|-5|}{\sqrt{4^2+(-3)^2}}=1$ ---------- ❶

직각삼각형 OAH에서

$\overline{AH}=\sqrt{\overline{OA}^2-\overline{OH}^2}=\sqrt{3^2-1^2}=2\sqrt{2}$

$\therefore \overline{AB}=2\overline{AH}=2\times2\sqrt{2}=4\sqrt{2}$ ---------- ❷

이때 점 P와 직선 $4x-3y-5=0$ 사이의 거리가 최대일 때 삼각형 PAB의 넓이가 최대이므로 삼각형 PAB의 넓이의 최댓값은

$\frac{1}{2}\times4\sqrt{2}\times(1+3)=8\sqrt{2}$ ---------- ❸

답 $8\sqrt{2}$

단계	채점 기준	배점
❶	원의 중심과 직선 사이의 거리 구하기	30 %
❷	$\overline{AB}$의 길이 구하기	30 %
❸	△PAB의 넓이의 최댓값 구하기	40 %

16 기울기가 -2이고 원 $x^2+y^2=r^2$에 접하는 직선의 방정식은

$y=-2x\pm r\sqrt{(-2)^2+1}$

$\therefore y=-2x\pm\sqrt{5}r$

이 직선이 점 (1, 3)을 지나므로

$3=-2\times1\pm\sqrt{5}r$, $\pm\sqrt{5}r=5$

$\therefore r=\sqrt{5}$ ($\because r>0$)

답 ④

(다른 풀이) 기울기가 -2이고 점 (1, 3)을 지나는 직선의 방정식은

$y-3=-2(x-1)$ $\quad\therefore y=-2x+5$

이 직선이 원 $x^2+y^2=r^2$에 접하므로

$x^2+(-2x+5)^2=r^2$에서

$5x^2-20x+25-r^2=0$

이 이차방정식의 판별식을 D라 하면

$\frac{D}{4}=(-10)^2-5(25-r^2)=0$, $5r^2=25$, $r^2=5$

$\therefore r=\sqrt{5}$ ($\because r>0$)

17 점 $(-3, 4)$가 원 $x^2+y^2=25$ 위의 점이므로 접선의 방정식은

$-3x+4y=25$

이 직선이 점 $(5, k)$를 지나므로

$-3\times5+4k=25,\ 4k=40$

$\therefore k=10$ 답 ⑤

(다른 풀이) 접선의 기울기를 m이라 하면 접선의 방정식은

$y-4=m\{x-(-3)\}$

$\therefore mx-y+3m+4=0$

원의 중심의 좌표가 $(0, 0)$이므로 원과 직선이 접하려면

$\dfrac{|3m+4|}{\sqrt{m^2+(-1)^2}}=5,\ |3m+4|=5\sqrt{m^2+1}$

양변을 제곱하여 정리하면

$16m^2-24m+9=0,\ (4m-3)^2=0$

$\therefore m=\dfrac{3}{4}$

따라서 직선 $\dfrac{3}{4}x-y+\dfrac{25}{4}=0$, 즉 $3x-4y+25=0$이

점 $(5, k)$를 지나므로

$3\times5-4k+25=0,\ 4k=40$

$\therefore k=10$

18 $x^2+y^2-2x+4y-3=0$에서

$(x-1)^2+(y+2)^2=8$

원의 중심 $(1, -2)$와 점 $(3, 0)$을 지나는 직선의 기울기는

$\dfrac{0-(-2)}{3-1}=1$

이므로 점 $(3, 0)$에서의 접선의 기울기는 -1이다.

따라서 접선의 방정식은

$y=-(x-3)\qquad \therefore y=-x+3$

즉, 구하는 y절편은 3이다. 답 3

(다른 풀이) $x^2+y^2-2x+4y-3=0$에서

$(x-1)^2+(y+2)^2=8$

접선의 기울기를 m이라 하면 접선의 방정식은

$y=m(x-3)\qquad \therefore mx-y-3m=0$

접선과 원의 중심 $(1, -2)$ 사이의 거리가 원의 반지름의 길이와 같아야 하므로

$\dfrac{|-2m+2|}{\sqrt{m^2+(-1)^2}}=2\sqrt{2},\ |m-1|=\sqrt{2m^2+2}$

$m^2-2m+1=2m^2+2$

$m^2+2m+1=0,\ (m+1)^2=0$

$\therefore m=-1$

따라서 접선의 방정식은

$y=-x+3$

이므로 구하는 y절편은 3이다.

19 접점의 좌표를 $\mathrm{P}(x_1, y_1)$이라 하면 점 P에서의 접선의 방정식은

$x_1x+y_1y=4$

이 직선이 점 $(4, 0)$을 지나므로

$x_1\times4+y_1\times0=4,\ 4x_1=4$

$\therefore x_1=1$ …… ㉠

한편, 점 P는 원 위의 점이므로

$x_1^2+y_1^2=4$

㉠에 의하여 $y_1^2=3$

$\therefore y_1=\pm\sqrt{3}$

따라서 접선의 방정식은 $x\pm\sqrt{3}y=4$이므로 기울기의 곱은

$-\dfrac{\sqrt{3}}{3}\times\dfrac{\sqrt{3}}{3}=-\dfrac{1}{3}$ 답 ③

(다른 풀이) 접선의 기울기를 m이라 하면 접선의 방정식은

$y=m(x-4)\qquad \therefore mx-y-4m=0$

이 접선과 원의 중심 $(0, 0)$ 사이의 거리는 반지름의 길이 2와 같아야 하므로

$\dfrac{|-4m|}{\sqrt{m^2+(-1)^2}}=2,\ 2|m|=\sqrt{m^2+1}$

양변을 제곱하여 정리하면 $3m^2=1$

$\therefore m=-\dfrac{\sqrt{3}}{3}$ 또는 $m=\dfrac{\sqrt{3}}{3}$

따라서 두 접선의 기울기의 곱은

$-\dfrac{\sqrt{3}}{3}\times\dfrac{\sqrt{3}}{3}=-\dfrac{1}{3}$

20 점 $(a, 5)$를 x축의 방향으로 2만큼, y축의 방향으로 -1만큼 평행이동한 점의 좌표는 $(a+2, 4)$

이 점이 직선 $y=2x-4$ 위에 있으므로

$4=2(a+2)-4,\ 2a=4$

$\therefore a=2$ 답 ⑤

21 평행이동한 직선의 방정식은

$(x+3)+k(y-m)+2-k=0$

$\therefore x+ky-km-k+5=0$

이 직선이 직선 $x+2y-3=0$과 일치하므로

$k=2,\ -km-k+5=-3$

따라서 $k=2,\ m=3$이므로

$k+m=2+3=5$ 답 ③

22 $y=x^2-2x+2$에서 $y=(x-1)^2+1$이므로 주어진 포물선의 꼭짓점의 좌표는 $(1, 1)$이다.

점 $(1, 1)$을 x축의 방향으로 k만큼, y축의 방향으로 $2k$만큼 평행이동한 점의 좌표가 (a, b)이므로

$a=k+1,\ b=2k+1$ …… ㉠ ❶

한편, 점 (a, b), 즉 $(k+1, 2k+1)$이 포물선 $y=x^2-2x+2$ 위에 있으므로

$2k+1=(k+1)^2-2(k+1)+2$

$k^2-2k=0,\ k(k-2)=0$

$\therefore k=2\ (\because k\neq0)$ ❷

$k=2$를 ㉠에 대입하면

$a=2+1=3,\ b=2\times2+1=5$ ❸

$\therefore a+b+k=3+5+2=10$ ❹

답 10

단계	채점 기준	배점
❶	a, b를 k에 대한 식으로 나타내기	30 %
❷	k의 값 구하기	40 %
❸	a, b의 값 구하기	20 %
❹	$a+b+k$의 값 구하기	10 %

23 평행이동한 원의 방정식은

$(x-1)^2+(y-a+2)^2=9$

이 원이 직선 $4x-3y+2=0$에 접하므로 원의 중심 $(1, a-2)$와 직선 $4x-3y+2=0$ 사이의 거리는 원의 반지름의 길이 3과 같다.

즉, $\dfrac{|4\times1-3(a-2)+2|}{\sqrt{4^2+(-3)^2}}=3$이므로

$|12-3a|=15$

$12-3a=15$ 또는 $12-3a=-15$

$3a=-3$ 또는 $3a=27$

$\therefore a=-1$ 또는 $a=9$

따라서 구하는 상수 a의 값의 합은

$-1+9=8$ 답 8

24 직선 $3x-2y+1=0$을 직선 $y=x$에 대하여 대칭이동한 직선의 방정식은

$3y-2x+1=0$ ······ ㉠

직선 ㉠을 y축에 대하여 대칭이동한 직선의 방정식은

$3y-2\times(-x)+1=0$

$\therefore 2x+3y+1=0$ ······ ㉡

직선 ㉡이 점 $(a, a-2)$를 지나므로

$2a+3(a-2)+1=0$, $5a=5$ $\therefore a=1$ 답 ④

25 $P(a, b)$이므로

$Q(a, -b)$, $R(-a, b)$, $S(-a, -b)$ ❶

□$PQRS=16$이므로

$2|a|\times2|b|=16$, $|ab|=4$ ❷

$\therefore a^2b^2=(ab)^2=|ab|^2=16$ ❸

답 16

단계	채점 기준	배점
❶	세 점 Q, R, S의 좌표 구하기	40 %
❷	$\|ab\|$의 값 구하기	40 %
❸	a^2b^2의 값 구하기	20 %

26 원 $x^2+y^2-2ax-2y=0$을 직선 $y=x$에 대하여 대칭이동한 원의 방정식은

$y^2+x^2-2ay-2x=0$

$\therefore (x-1)^2+(y-a)^2=a^2+1$ ······ ㉠

원 ㉠의 중심 $(1, a)$가 직선 $x-2y+3=0$ 위에 있으므로

$1-2a+3=0$, $2a=4$ $\therefore a=2$ 답 ⑤

다른 풀이 $x^2+y^2-2ax-2y=0$에서

$(x-a)^2+(y-1)^2=a^2+1$

이므로 원의 중심의 좌표는 $(a, 1)$

따라서 직선 $y=x$에 대하여 대칭이동한 원의 중심의 좌표는 $(1, a)$이므로

$1-2a+3=0$ $\therefore a=2$

27 포물선 $y=kx^2-6x-5$를 원점에 대하여 대칭이동하면

$-y=k(-x)^2-6\times(-x)-5$ $\therefore y=-kx^2-6x+5$

포물선 $y=-kx^2-6x+5$가 직선 $y=4kx-3$보다 항상 위쪽에 있으려면 모든 실수 x에 대하여

$-kx^2-6x+5>4kx-3$, 즉 $kx^2+2(2k+3)x-8<0$

이 성립해야 하므로

$k<0$

또, 이차방정식 $kx^2+2(2k+3)x-8=0$의 판별식을 D라 하면

$\dfrac{D}{4}=(2k+3)^2+8k<0$

$4k^2+20k+9<0$, $(2k+9)(2k+1)<0$

$\therefore -\dfrac{9}{2}<k<-\dfrac{1}{2}$

따라서 k의 값이 될 수 없는 것은 ① -5이다. 답 ①

28 점 A의 좌표를 (a, b)라 하면

$B(b, a)$

점 $A(a, b)$를 x축에 대하여 대칭이동한 점을 A′이라 하면

$A'(a, -b)$

이때 $\overline{AP}=\overline{A'P}$이므로

$\overline{AP}+\overline{BP}=\overline{A'P}+\overline{BP}$

$\geq\overline{A'B}$

$=\sqrt{(b-a)^2+(a+b)^2}$

$=\sqrt{2(a^2+b^2)}$

따라서 $\sqrt{2(a^2+b^2)}=2\sqrt{2}$이므로 $\sqrt{a^2+b^2}=2$

$\therefore \overline{OA}=\sqrt{a^2+b^2}=2$ 답 ④

2 STEP 출제 유형 PICK

| 본문 67~68쪽 |

대표 문제 1 5	1-1 ①	1-2 ③
대표 문제 2 ②	2-1 50	2-2 87
대표 문제 3 ②	3-1 640	
대표 문제 4 68	4-1 $\sqrt{74}$	4-2 ④

대표 문제 1 원 C가 y축에 접하므로 원의 방정식을

$(x-a)^2+(y-b)^2=a^2$ $(a>0, b>0)$

이라 하자.

오른쪽 그림과 같이 원 C와 x축의 교점을 A, B라 하고, 원의 중심 C에서 x축에 내린 수선의 발을 H라 하면

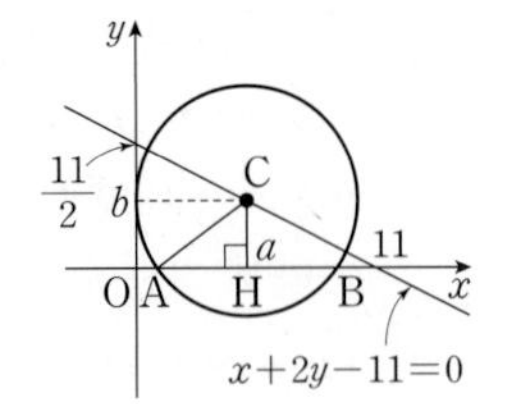

$\overline{AH}=\frac{1}{2}\overline{AB}=\frac{1}{2}\times8=4$

직각삼각형 AHC에서

$a^2=b^2+16$ …… ㉠

또, 점 C(a, b)가 직선 $x+2y-11=0$ 위에 있으므로

$a+2b-11=0$

$\therefore a=11-2b$ …… ㉡

㉡을 ㉠에 대입하면

$4b^2-44b+121=b^2+16,\ 3b^2-44b+105=0$

$(b-3)(3b-35)=0$

$\therefore b=3$ 또는 $b=\frac{35}{3}$

이를 ㉡에 대입하면

$a=5$ 또는 $a=-\frac{37}{3}$

이때 $a>0$이므로 $a=5,\ b=3$

따라서 구하는 원의 반지름의 길이는 5이다.

답 5

1-1 $x^2+y^2+2x-4y=0$에서

$(x+1)^2+(y-2)^2=5$

원의 중심을 C라 하면 C$(-1, 2)$

두 접점을 각각 Q, R라 하면

□PQCR는 정사각형이므로

$\overline{CP}=\sqrt{5}\times\sqrt{2}=\sqrt{10}$

즉, $\overline{CP}^2=10$이므로

$(a+1)^2+(1-2)^2=10$

$a^2+2a-8=0,\ (a+4)(a-2)=0$

$\therefore a=-4$ 또는 $a=2$

따라서 모든 a의 값의 합은

$-4+2=-2$

답 ①

1-2 $x^2+y^2-10x=0$에서 $(x-5)^2+y^2=5^2$

오른쪽 그림과 같이 원의 중심을 C라 하고 점 A(1, 0)을 지나는 직선이 이 원과 만나는 두 점을 각각 P, Q라 하자.

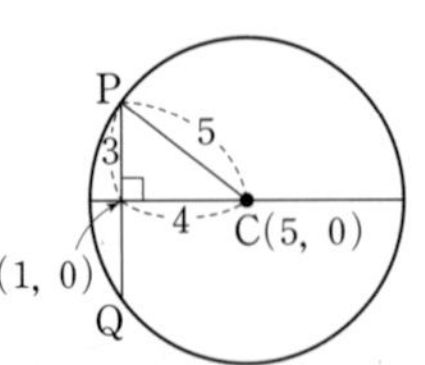

현 PQ의 길이가 최소일 때는 $\overline{CA}\perp\overline{PQ}$일 때이고, 이때 $\overline{AP}=\overline{AQ}$이다.

직각삼각형 ACP에서 $\overline{CA}=4,\ \overline{CP}=5$이므로

$\overline{AP}=\sqrt{5^2-4^2}=3$

$\therefore \overline{PQ}=2\overline{AP}=2\times3=6$

즉, 현 PQ의 길이의 최솟값은 6이다.

현 PQ의 길이가 최대일 때는 현 PQ가 지름일 때이므로 현 PQ의 길이의 최댓값은 10이다.

따라서 현의 길이가 자연수인 경우는 6, 7, 8, 9, 10이다.

이때 길이가 7, 8, 9인 현은 각각 2개씩 존재하고, 길이가 6, 10인 현은 각각 1개씩 존재하므로 구하는 현의 개수는

$1+2+2+2+1=8$

답 ③

대표문제 **2** 원 $x^2+y^2=17$이 원 $x^2+y^2+2ax-2by=1$의 둘레를 이등분하려면 두 원의 교점을 지나는 직선이 원 $x^2+y^2+2ax-2by=1$의 중심을 지나야 한다.

두 원의 교점을 지나는 직선의 방정식은

$x^2+y^2-17-(x^2+y^2+2ax-2by-1)=0$

$\therefore ax-by+8=0$ …… ㉠

$x^2+y^2+2ax-2by=1$에서

$(x+a)^2+(y-b)^2=a^2+b^2+1$ …… ㉡

직선 ㉠이 원 ㉡의 중심 $(-a, b)$를 지나야 하므로

$-a^2-b^2+8=0 \quad \therefore a^2+b^2=8$

또, 원 $x^2+y^2=17$이 원 $x^2+y^2+2ax-2by=1$의 둘레를 이등분하려면 두 원의 공통인 현이 원 $x^2+y^2+2ax-2by=1$의 지름이어야 하므로 두 원의 공통인 현의 길이는

$2\sqrt{a^2+b^2+1}=2\sqrt{8+1}=6$

답 ②

2-1 $x^2+y^2+2x=k$에서

$(x+1)^2+y^2=k+1$

$x^2+y^2-2x-4y=13$에서

$(x-1)^2+(y-2)^2=18$

오른쪽 그림과 같이 두 원의 중심을 각각 $O'(-1, 0)$, $O''(1, 2)$라 하고, 두 원의 교점을 P, Q, $\overline{O'O''}$과 $\overline{PQ}$의 교점을 M이라 하자.

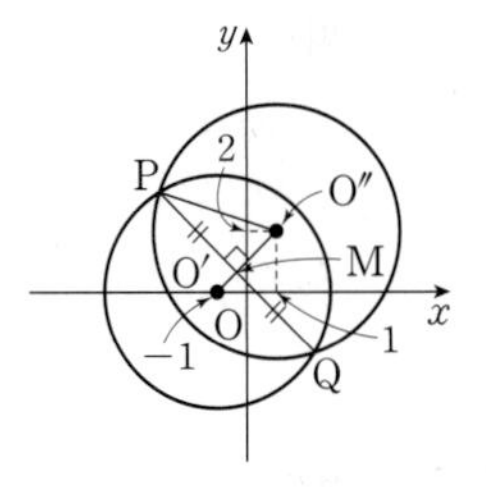

$\overline{O''P}=3\sqrt{2},\ \overline{PM}=\frac{1}{2}\overline{PQ}=\sqrt{10}$이므로 직각삼각형 O″PM에서

$\overline{O''M}=\sqrt{(3\sqrt{2})^2-(\sqrt{10})^2}=2\sqrt{2}$

한편, 두 원의 공통인 현의 방정식은

$x^2+y^2+2x-k-(x^2+y^2-2x-4y-13)=0$

$\therefore 4x+4y-k+13=0$ …… ㉠

점 O″과 직선 ㉠ 사이의 거리는

$\frac{|4+8-k+13|}{\sqrt{4^2+4^2}}=\frac{|25-k|}{4\sqrt{2}}$

즉, $\frac{|25-k|}{4\sqrt{2}}=2\sqrt{2}$이므로 $|25-k|=16$

$25-k=16$ 또는 $25-k=-16$

$\therefore k=9$ 또는 $k=41$

따라서 모든 실수 k의 값의 합은

$9+41=50$

답 50

2-2 두 원 C_1, C_2의 중심을 각각 C_1, C_2라 하면

$C_1(-7, 2)$, $C_2(0, b)$

다음 그림과 같이 두 점 $C_1(-7,\ 2)$, $C_2(0,\ b)$에서 직선 l_1에 내린 수선의 발을 각각 H_1, H_2라 하면

$\overline{C_1H_1}=2\sqrt{5}$, $\overline{C_2H_2}=\sqrt{5}$

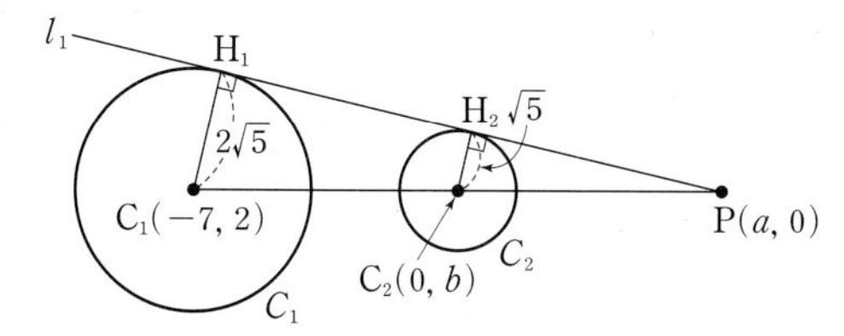

$\triangle PC_1H_1 \backsim \triangle PC_2H_2$ (AA 닮음)이고 닮음비는

$\overline{C_1H_1} : \overline{C_2H_2}=2\sqrt{5} : \sqrt{5}=2 : 1$

이므로 $\overline{PC_2}=\overline{C_1C_2}$이다. 즉, 점 C_2는 $\overline{PC_1}$의 중점이므로

$\frac{a-7}{2}=0,\ \frac{0+2}{2}=b \qquad \therefore a=7,\ b=1$

점 P(7, 0)을 지나고 두 원 C_1, C_2에 동시에 접하는 직선의 기울기를 m이라 하면 이 직선의 방정식은

$y=m(x-7)$, 즉 $mx-y-7m=0$

이 직선과 점 $C_2(0,\ 1)$ 사이의 거리는 원 C_2의 반지름의 길이인 $\sqrt{5}$와 같으므로

$\frac{|-1-7m|}{\sqrt{m^2+(-1)^2}}=\sqrt{5},\ |-1-7m|=\sqrt{5(m^2+1)}$

양변을 제곱하면

$49m^2+14m+1=5m^2+5,\ 44m^2+14m-4=0$

$22m^2+7m-2=0,\ (2m+1)(11m-2)=0$

$\therefore m=-\frac{1}{2}$ 또는 $m=\frac{2}{11}$

따라서 두 직선 l_1, l_2의 기울기의 곱은

$-\frac{1}{2}\times\frac{2}{11}=-\frac{1}{11} \qquad \therefore c=-\frac{1}{11}$

$\therefore 11(a+b+c)=11\times\left(7+1-\frac{1}{11}\right)=87$ 답 87

대표문제 3 방정식 $f(y,\ x)=0$이 나타내는 도형은 방정식 $f(x,\ y)=0$이 나타내는 도형을 직선 $y=x$에 대하여 대칭이동한 것이다.

또, 방정식 $f(x,\ 2-y)=0$이 나타내는 도형은 방정식 $f(x,\ y)=0$이 나타내는 도형을 x축에 대하여 대칭이동한 후 y축의 방향으로 2만큼 평행이동한 것이다.

따라서 세 도형은 오른쪽 그림과 같으므로 구하는 부분의 넓이는

$\frac{1}{2}\times(2+4)\times2+\frac{1}{2}\times4\times2=10$

답 ②

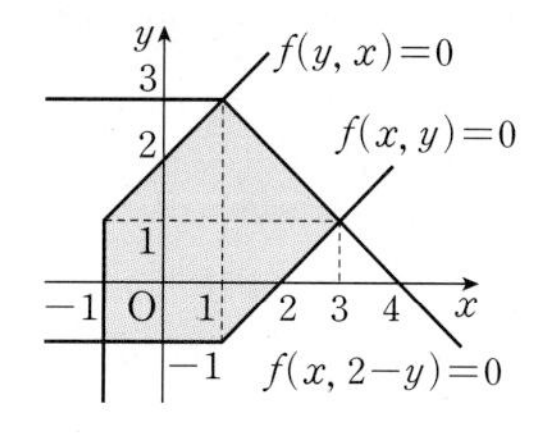

3-1

오른쪽 그림과 같이 [그림 1]을 직선 BC가 x축, 점 M이 원점이 되도록 좌표평면 위에 놓으면

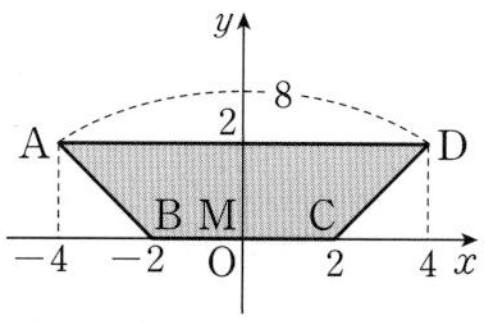

A$(-4,\ 2)$, B$(-2,\ 0)$, C$(2,\ 0)$, D$(4,\ 2)$

$\overline{AP}=\frac{1}{4}\overline{AD}=2,\ \overline{AQ}=\frac{3}{4}\overline{AD}=6$이므로

P$(-2,\ 2)$, Q$(2,\ 2)$

직선 PM의 방정식은 $y=-x$이므로 점 A$(-4,\ 2)$를 직선 PM에 대하여 대칭이동한 점 A′의 좌표는 $(-2,\ 4)$

또, 직선 QM의 방정식은 $y=x$이므로 점 D$(4,\ 2)$를 직선 QM에 대하여 대칭이동한 점 D′의 좌표는 $(2,\ 4)$

따라서 직선 A′M의 방정식은 $y=-2x$, 즉 $2x+y=0$이므로 점 D′(2, 4)와 직선 $2x+y=0$ 사이의 거리 d는

$d=\frac{|2\times2+4|}{\sqrt{2^2+1^2}}=\frac{8}{\sqrt{5}}$

$\therefore 50d^2=50\times\frac{64}{5}=640$ 답 640

대표문제 4 점 A(3, 5)를 y축에 대하여 대칭이동한 점을 A′, 직선 $y=x$에 대하여 대칭이동한 점을 A″이라 하면

A′$(-3,\ 5)$, A″$(5,\ 3)$

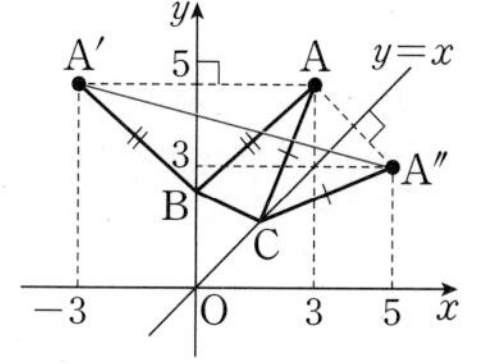

따라서 삼각형 ABC의 둘레의 길이는

$\overline{AB}+\overline{BC}+\overline{CA}=\overline{A'B}+\overline{BC}+\overline{CA''}$

$\geq\overline{A'A''}$

$=\sqrt{\{5-(-3)\}^2+(3-5)^2}$

$=\sqrt{68}$

즉, $m=\sqrt{68}$이므로 $m^2=68$ 답 68

4-1

점 A(2, 4)를 y축에 대하여 대칭이동한 점을 A′이라 하면

A′$(-2,\ 4)$

점 B(5, 1)을 x축에 대하여 대칭이동한 점을 B′이라 하면

B′$(5,\ -1)$

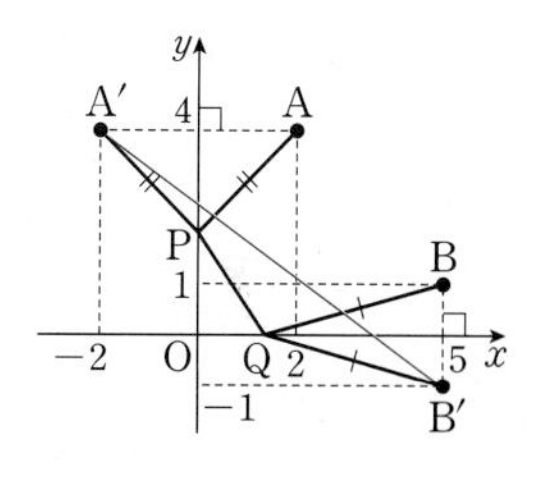

$\therefore \overline{AP}+\overline{PQ}+\overline{QB}=\overline{A'P}+\overline{PQ}+\overline{QB'}$

$\geq\overline{A'B'}$

$=\sqrt{\{5-(-2)\}^2+(-1-4)^2}$

$=\sqrt{74}$

따라서 구하는 최솟값은 $\sqrt{74}$이다. 답 $\sqrt{74}$

4-2

점 R의 좌표를 $(a,\ 1)$이라 하고, 점 R를 x축에 대하여 대칭이동한 점을 R′이라 하면

R′$(a,\ -1)$

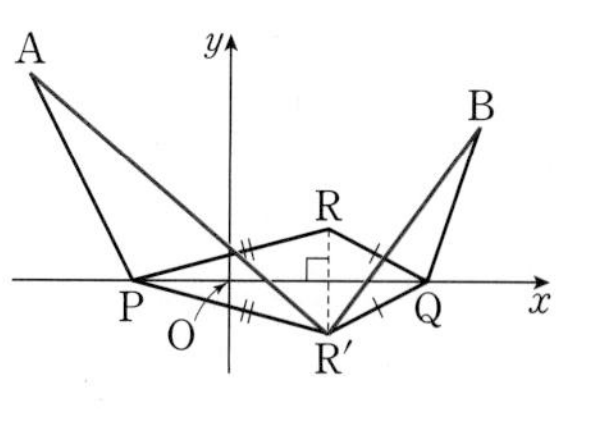

$\therefore \overline{AP}+\overline{PR}=\overline{AP}+\overline{PR'}$

$\geq\overline{AR'}$

$\overline{RQ}+\overline{QB}=\overline{R'Q}+\overline{QB}$

$\geq\overline{R'B}$

$\therefore \overline{AP}+\overline{PR}+\overline{RQ}+\overline{QB}\geq\overline{AR'}+\overline{R'B}$

따라서 $\overline{AP}+\overline{PR}+\overline{RQ}+\overline{QB}$의 최솟값은 $\overline{AR'}+\overline{R'B}$의 최솟값과 같다.

점 B(5, 3)을 직선 $y=-1$에 대하여 대칭이동한 점을 B′이라 하면

B(5, −5)

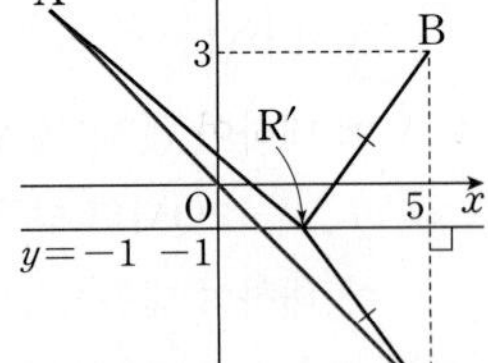
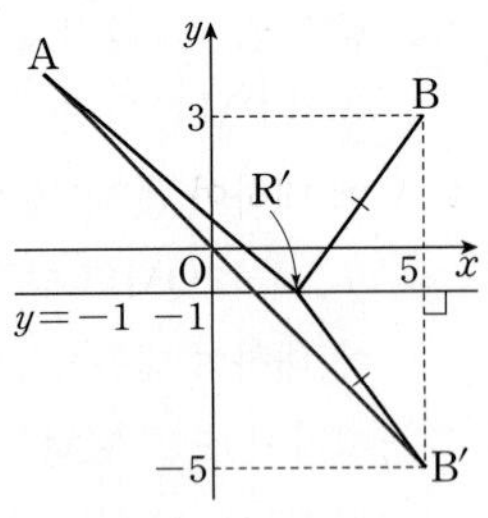

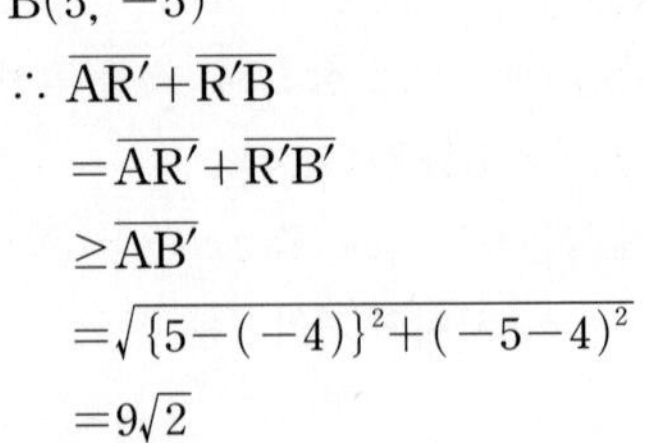

$\therefore \overline{AR'}+\overline{R'B}$

$=\overline{AR'}+\overline{R'B'}$

$\geq \overline{AB'}$

$=\sqrt{\{5-(-4)\}^2+(-5-4)^2}$

$=9\sqrt{2}$

따라서 $\overline{AP}+\overline{PR}+\overline{RQ}+\overline{QB}$의 최솟값은 $9\sqrt{2}$이다. 답 ④

3STEP 만점 도전 하기

| 본문 69~70쪽 |

01 8	**02** 216	**03** 24	**04** 72	**05** ④	**06** 18
07 ②	**08** ③	**09** 16	**10** ①		

01 원 C: $x^2+y^2-4ax-2ay+4a^2=0$에서

$(x-2a)^2+(y-a)^2=a^2$

원 C는 중심이 점 C$(2a, a)$이고 반지름의 길이가 a이므로 x축과 접한다.

(i) $0<a<1$일 때

원 C와 직선 $y=1$이 서로 다른 두 점에서 만나야 하므로

$\frac{1}{2}<a<1$

원 C의 중심 C에서 직선 $y=1$에 내린 수선의 발을 H라 하면

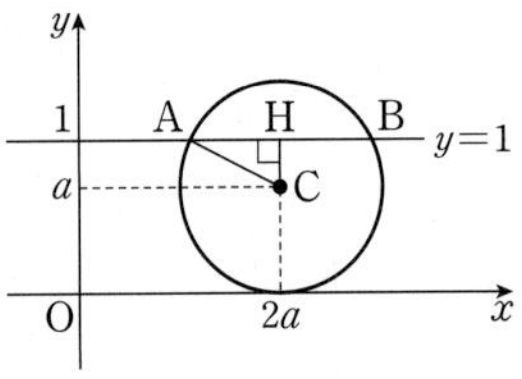

$\overline{CH}=1-a$

$\overline{AH}=\frac{1}{2}\overline{AB}=\frac{a}{2}$

이므로 직각삼각형 CHA에서

$a^2=(1-a)^2+\left(\frac{a}{2}\right)^2$, $a^2-8a+4=0$

$\therefore a=4-2\sqrt{3}$ $\left(\because \frac{1}{2}<a<1\right)$

(ii) $a=1$일 때

원 C의 중심은 C(2, 1)이므로 직선 $y=1$은 원 C의 중심 C를 지난다.

따라서 $\overline{AB}=2\neq a$이므로 조건 (나)를 만족시키지 않는다.

(iii) $a>1$일 때

원 C의 중심 C에서 직선 $y=1$에 내린 수선의 발을 H라 하면

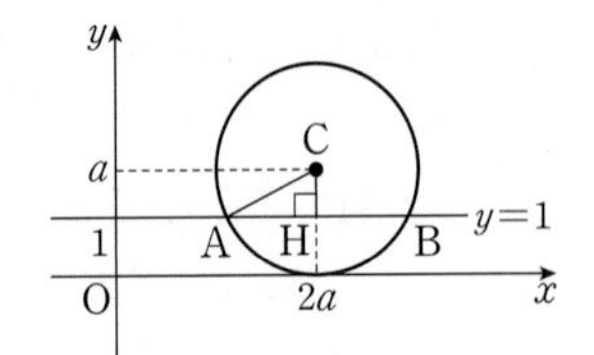

$\overline{CH}=a-1$

$\overline{AH}=\frac{1}{2}\overline{AB}=\frac{a}{2}$

이므로 직각삼각형 CHA에서

$a^2=(a-1)^2+\left(\frac{a}{2}\right)^2$, $a^2-8a+4=0$

$\therefore a=4+2\sqrt{3}$ $(\because a>1)$

(i), (ii), (iii)에 의하여 $a=4-2\sqrt{3}$ 또는 $a=4+2\sqrt{3}$

따라서 모든 양수 a의 값의 합은

$(4-2\sqrt{3})+(4+2\sqrt{3})=8$ 답 8

02 $\angle ABD=90°$이므로

삼각형 ABD에서

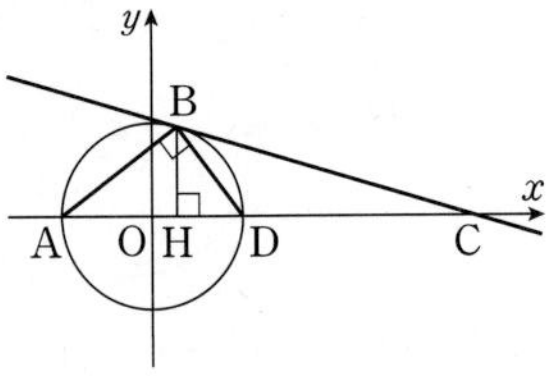

$\overline{BD}=\sqrt{10^2-8^2}=6$

오른쪽 그림과 같이 점 B에서 x축에 내린 수선의 발을 H라 하면 △ABD의 넓이에서

$\frac{1}{2}\times 8\times 6=\frac{1}{2}\times 10\times \overline{BH}$ $\therefore \overline{BH}=\frac{24}{5}$

즉, 점 B의 y좌표가 $\frac{24}{5}$이므로 x좌표는

$x^2+\left(\frac{24}{5}\right)^2=25$에서 $x=\frac{7}{5}$ $(\because x>0)$

원 $x^2+y^2=25$ 위의 점 $B\left(\frac{7}{5}, \frac{24}{5}\right)$에서의 접선의 방정식은

$\frac{7}{5}x+\frac{24}{5}y=25$ ...... ㉠

직선 ㉠의 x절편이 $\frac{125}{7}$이므로 $C\left(\frac{125}{7}, 0\right)$

따라서 삼각형 CBD의 넓이 S는

$S=\frac{1}{2}\times\left(\frac{125}{7}-5\right)\times\frac{24}{5}=\frac{216}{7}$

$\therefore 7S=7\times\frac{216}{7}=216$ 답 216

03 조건 (가)에 의하여 원 C_1의 반지름의 길이는 4이고, 조건 (나)에 의하여 원 C_2의 반지름의 길이는 2이다.

두 원 C_1, C_2의 중심 사이의 거리는 $\sqrt{(a-1)^2+b^2}$

두 원 C_1, C_2가 서로 다른 두 점에서 만나려면

$4-2<\sqrt{(a-1)^2+b^2}<4+2$

부등식의 각 변을 제곱하면

$4<(a-1)^2+b^2<36$ ...... ㉠

(i) $a=1$일 때,

$4<b^2<36$이므로 $b=3, 4, 5$

(ii) $a=2$일 때,

$3<b^2<35$이므로 $b=2, 3, 4, 5$

(iii) $a=3$일 때,

$0<b^2<32$이므로 $b=1, 2, 3, 4, 5$

(iv) $a=4$일 때,

$-5<b^2<27$이므로 $b=1, 2, 3, 4, 5$

(v) $a=5$일 때,

$-12<b^2<20$이므로 $b=1, 2, 3, 4$

(vi) $a=6$일 때,

$-21<b^2<11$이므로 $b=1, 2, 3$

(vii) $a\geq 7$일 때,

부등식 ㉠을 만족시키는 자연수 b는 존재하지 않는다.

(i)~(vii)에 의하여 자연수 a, b의 순서쌍 (a, b)의 개수는

$3+4+5+5+4+3=24$ 답 24

04 $n=1, 2, 3, 4, 5$일 때, 점 A가 이동한 점의 좌표를 순서대로 나열하면 다음과 같다.

(i) $n=1$일 때

$(2, 7) \to (3, 7) \to (4, 7) \to (5, 7) \to (6, 7) \to (7, 7)$

$\therefore \overline{PQ}=|7-2|=5$

(ii) $n=2$일 때

$(2, 7) \to (4, 7) \to (6, 7) \to (8, 7) \to (7, 9) \to (9, 9)$

$\therefore \overline{PQ}=\sqrt{(9-2)^2+(9-7)^2}=\sqrt{53}$

(iii) $n=3$일 때

$(2, 7) \to (5, 7) \to (8, 7) \to (7, 9) \to (10, 9) \to (9, 11) \to \cdots$

점 A가 이동을 하지 않고 멈추는 점은 존재하지 않는다.

(iv) $n=4$일 때

$(2, 7) \to (6, 7) \to (10, 7) \to (7, 11) \to (11, 11)$

$\therefore \overline{PQ}=\sqrt{(11-2)^2+(11-7)^2}=\sqrt{97}$

(v) $n=5$일 때

$(2, 7) \to (7, 7)$

$\therefore \overline{PQ}=|7-2|=5$

(i)~(v)에 의하여 $M=\sqrt{97}$, $m=5$

$\therefore M^2-m^2=97-25=72$

답 72

05 원 $(x+2)^2+(y-2)^2=1$의 중심을 C_1이라 하면

$C_1(-2, 2)$

원 $(x-4)^2+(y-6)^2=4$의 중심을 C_2라 하면

$C_2(4, 6)$

원 $(x+2)^2+(y-2)^2=1$을 x축에 대하여 대칭이동한 원의 중심을 C_1'이라 하면

$C_1'(-2, -2)$

점 P를 x축에 대칭이동한 점을 P′이라 하면

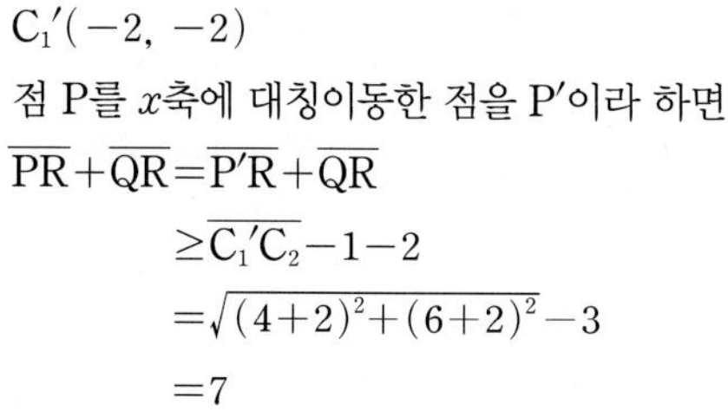

$\overline{PR}+\overline{QR}=\overline{P'R}+\overline{QR}$

$\geq \overline{C_1'C_2}-1-2$

$=\sqrt{(4+2)^2+(6+2)^2}-3$

$=7$

$\therefore m=7$

한편, 직선 $C_1'C_2$의 방정식은

$y-(-2)=\dfrac{6-(-2)}{4-(-2)}\{x-(-2)\}$

$\therefore y=\dfrac{4}{3}x+\dfrac{2}{3}$

이 직선의 x절편이 $-\dfrac{1}{2}$이므로 $R\left(-\dfrac{1}{2}, 0\right)$

$\therefore \overline{PR}=\overline{P'R}=\overline{C_1'R}-1$

$=\sqrt{\left(-2+\dfrac{1}{2}\right)^2+(-2-0)^2}-1=\dfrac{3}{2}$

$\overline{QR}=7-\overline{PR}=7-\dfrac{3}{2}=\dfrac{11}{2}$

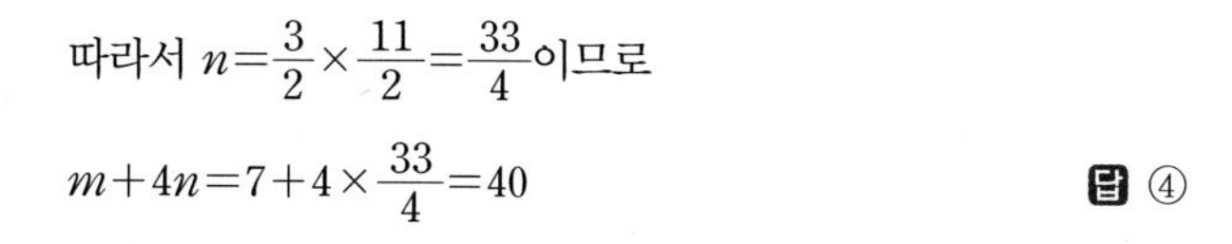

따라서 $n=\dfrac{3}{2}\times\dfrac{11}{2}=\dfrac{33}{4}$이므로

$m+4n=7+4\times\dfrac{33}{4}=40$

답 ④

06 $\angle APB=\angle AQB=90°$이므로 두 점 P, Q는 $\overline{AB}$를 지름으로 하는 원 위에 있다.

이 원의 중심은

$\left(\dfrac{-\sqrt{5}+\sqrt{5}}{2}, \dfrac{-1+3}{2}\right)$, 즉 $(0, 1)$

반지름의 길이는

$\sqrt{(\sqrt{5}-0)^2+(3-1)^2}=3$

즉, 원의 방정식은 $x^2+(y-1)^2=9$

$y=x-2$를 이 원의 방정식에 대입하면

$x^2+(x-3)^2=9$, $2x^2-6x=0$

$2x(x-3)=0 \qquad \therefore x=0$ 또는 $x=3$

따라서 두 점 P, Q의 좌표는 $(0, -2)$, $(3, 1)$이므로

$l^2=(0-3)^2+(-2-1)^2=18$

답 18

07 $\angle ACB=2\angle APB=90°$

선분 AB의 중점을 M이라 하면

$M\left(\dfrac{-1+5}{2}, \dfrac{-9+3}{2}\right)$

즉, $M(2, -3)$

직선 AB의 기울기가 $\dfrac{3-(-9)}{5-(-1)}=2$

이므로 $\overline{AB}$의 수직이등분선의 방정식은

$y-(-3)=-\dfrac{1}{2}(x-2) \qquad \therefore y=-\dfrac{1}{2}x-2$ ...... ㉠

한편, 점 C는 $\overline{AB}$를 지름으로 하는 원 위의 점이고

$\overline{AB}=\sqrt{(5+1)^2+(3+9)^2}=6\sqrt{5}$

이므로 세 점 A, B, C를 지나는 원의 방정식은

$(x-2)^2+(y+3)^2=45$ ...... ㉡

점 C는 직선 ㉠과 원 ㉡의 교점이므로

$(x-2)^2+\left(-\dfrac{1}{2}x+1\right)^2=45$에서

$\dfrac{5}{4}x^2-5x-40=0$, $x^2-4x-32=0$

$(x+4)(x-8)=0 \qquad \therefore x=-4$ 또는 $x=8$

즉, $C(-4, 0)$ 또는 $C(8, -6)$이므로

$k=4$ 또는 $k=\sqrt{8^2+(-6)^2}=10$

따라서 k의 최솟값은 4이다.

답 ②

08 이차함수 $y=\dfrac{1}{2}x^2+\dfrac{7}{2}$의 그래프에 접하고 직선 $y=x+7$와 평행한 직선의 방정식을 $y=x+k$ (k는 상수)라 하자.

두 직선 $y=x+7$과 $y=x+k$ 사이의 거리를 d라 하면 반지름의 길이 r과 d 사이의 관계에 따라 m의 값이 다음과 같은 세 가지 경우로 나타난다.

(i) $r>d$일 때

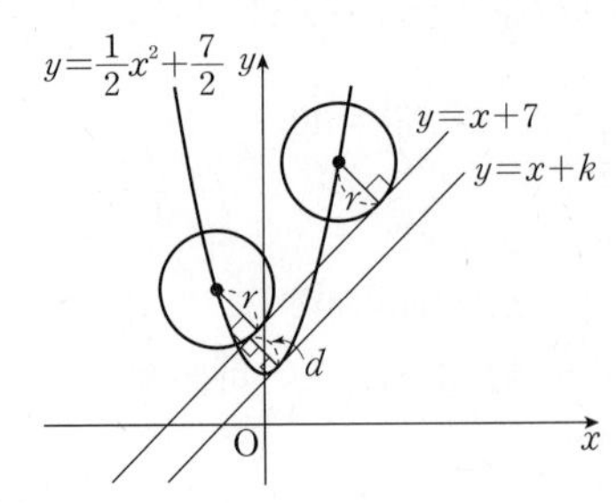

위의 그림에서 조건을 만족시키는 원은 2개이므로 $m=2$

(ii) $r=d$일 때

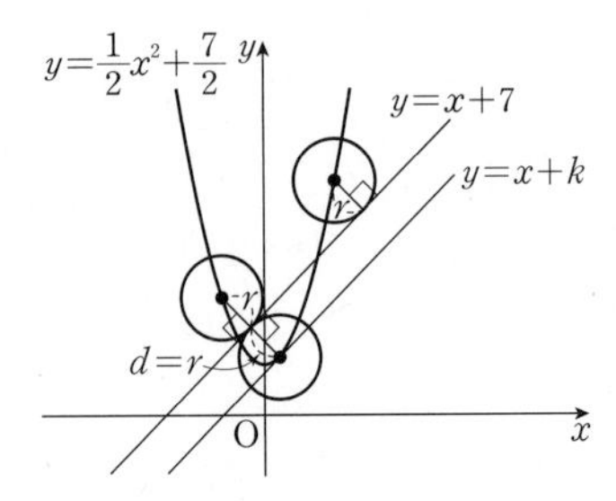

위의 그림에서 조건을 만족시키는 원은 3개이므로 $m=3$

(iii) $r<d$일 때

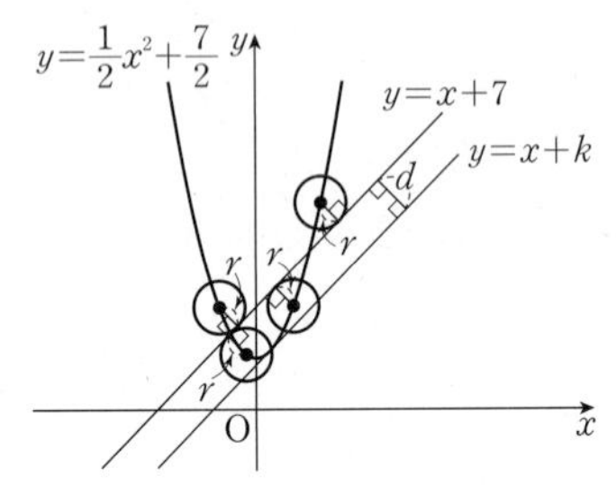

위의 그림에서 조건을 만족시키는 원은 4개이므로 $m=4$

(i), (ii), (iii)에 의하여 m이 홀수인 경우는 $m=3$일 때이므로 직선 $y=x+7$에 접하는 원 중 직선 $y=x+7$의 아래쪽에 위치한 원의 중심은 직선 $y=x+k$ 위에 있다.

직선 $y=x+k$가 이차함수 $y=\frac{1}{2}x^2+\frac{7}{2}$의 그래프에 접하므로 이차방정식 $\frac{1}{2}x^2+\frac{7}{2}=x+k$가 중근을 가져야 한다.

방정식 $x^2-2x+7-2k=0$의 판별식을 D라 하면

$\frac{D}{4}=(-1)^2-(7-2k)=0,\ 2k-6=0 \qquad \therefore k=3$

두 직선 $y=x+7$과 $y=x+3$ 사이의 거리 d는 직선 $y=x+3$ 위의 점 $(0,\ 3)$과 직선 $y=x+7$, 즉 $x-y+7=0$ 사이의 거리와 같으므로

$d=\frac{|0-3+7|}{\sqrt{1^2+(-1)^2}}=2\sqrt{2} \qquad \therefore r=2\sqrt{2}$

직선 $y=x$와 직선 $y=x+3$ 사이의 거리는 직선 $y=x$ 위의 점 $(0,\ 0)$과 직선 $y=x+3$, 즉 $x-y+3=0$ 사이의 거리와 같으므로

$\frac{|3|}{\sqrt{1^2+(-1)^2}}=\frac{3\sqrt{2}}{2}$

$r=2\sqrt{2}>\frac{3\sqrt{2}}{2}$이므로 다음 그림에서 직선 $y=x$에 접하는 원은 2개이다.

$\therefore n=2$

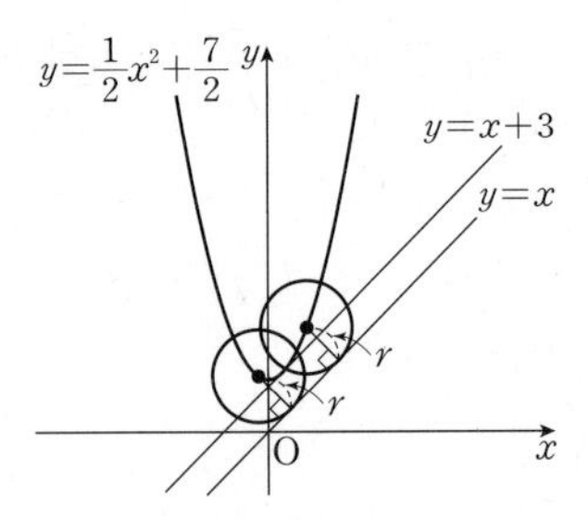

$\therefore m+n+r^2=3+2+(2\sqrt{2})^2=13$

답 ③

09 오른쪽 그림에서 빗금 친 두 부분의 넓이가 같으므로 선분 AC, 선분 BD, 호 AB 및 호 CD로 둘러싸인 색칠된 부분의 넓이는 사각형 ABDC의 넓이와 같다.

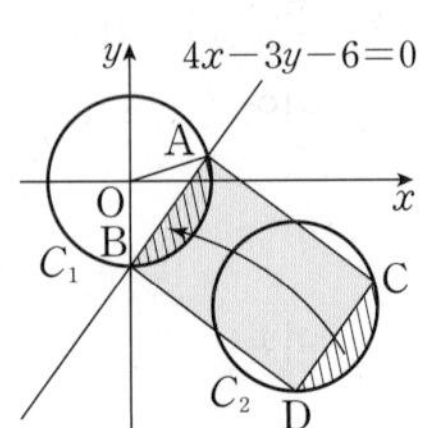

이때 $4x-3y-6=0$에서 $y=\frac{4}{3}x-2$

직선 AC의 기울기는 $-\frac{3}{4}$이므로 두 직선 AB, AC는 서로 수직이다. 즉, 사각형 ABDC는 직사각형이다.

원점에서 직선 $4x-3y-6=0$에 내린 수선의 발을 H라 하면

$\overline{OH}=\frac{|-6|}{\sqrt{4^2+(-3)^2}}=\frac{6}{5}$

$\therefore \overline{AH}=\sqrt{\overline{OA}^2-\overline{OH}^2}$

$=\sqrt{2^2-\left(\frac{6}{5}\right)^2}=\frac{8}{5}$

$\therefore \overline{AB}=2\overline{AH}=\frac{16}{5}$

또, $\overline{AC}=\sqrt{4^2+(-3)^2}=5$이므로 구하는 넓이는

$\overline{AB}\times\overline{AC}=\frac{16}{5}\times5=16$

답 16

10 세 점 O, A, B를 x축의 방향으로 t만큼 평행이동한 점을 각각 O_1, A′, B′이라 하면

$O_1(t,\ 0)$, $A'(t,\ 1)$, $B'(-1+t,\ 0)$

세 점 O, C, D를 y축의 방향으로 $2t$만큼 평행이동한 점을 각각 O_2, C′, D′이라 하면

$O_2(0,\ 2t)$, $C'(0,\ -1+2t)$, $D'(1,\ 2t)$

두 삼각형 T_1, T_2의 내부의 공통부분이 육각형 모양이 되려면 선분 A′B′이 두 선분 O_2C', O_2D'과 A′, B′이 아닌 두 점에서 만나야 하고 선분 C′D′이 두 선분 O_1B', O_1A'과 C′, D′이 아닌 두 점에서 만나야 한다.

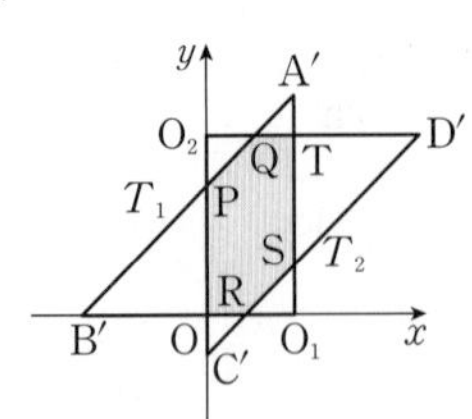

선분 A′B′이 두 선분 O_2C', O_2D'과 만나는 점을 각각 P, Q라 하고, 선분 C′D′이 두 선분 O_1B', O_1A'과 만나는 점을 각각 R, S라 하자.

직선 A′B′의 방정식은 $y=x-t+1$, 직선 C′D′의 방정식은 $y=x-1+2t$이므로

$P(0,\ 1-t)$, $Q(3t-1,\ 2t)$, $R(1-2t,\ 0)$, $S(t,\ 3t-1)$

따라서 조건을 만족시키는 육각형이 만들어지려면
(점 P의 y좌표) $<$ (점 O_2의 y좌표) $<$ (점 A$'$의 y좌표)
이어야 하므로 $1-t<2t<1$

$1-t<2t$에서 $t>\frac{1}{3}$ ...... ㉠

$2t<1$에서 $t<\frac{1}{2}$ ...... ㉡

㉠, ㉡의 공통부분은 $\frac{1}{3}<t<\frac{1}{2}$

또, (점 C$'$의 y좌표) $<$ (점 O_1의 y좌표) $<$ (점 S의 y좌표)
이어야 하므로 같은 방법으로 하면 $\frac{1}{3}<t<\frac{1}{2}$

$\therefore a=\frac{1}{2}$

이때 두 선분 $A'O_1$, O_2D'의 교점을 T라 하고, 육각형의 넓이를 $f(t)\left(\frac{1}{3}<t<\frac{1}{2}\right)$라 하면

$f(t)=\square OO_1TO_2-\triangle O_1SR-\triangle O_2PQ$

$\quad =t\times 2t-2\times\frac{1}{2}(3t-1)^2=-7t^2+6t-1$

$\quad =-7\left(t-\frac{3}{7}\right)^2+\frac{2}{7}$

따라서 $f(t)$는 $t=\frac{3}{7}$일 때 최댓값 $\frac{2}{7}$를 가지므로

$M=\frac{2}{7}$

$\therefore a+M=\frac{1}{2}+\frac{2}{7}=\frac{11}{14}$ 답 ①

참고 양의 실수 t의 값의 범위에 따른 두 삼각형 T_1, T_2는 다음과 같다.

① $0<t<\frac{1}{3}$

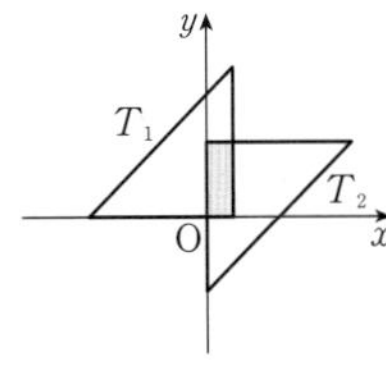

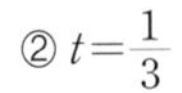

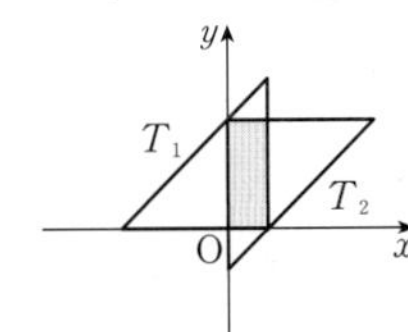

③ $\frac{1}{3}<t<\frac{1}{2}$

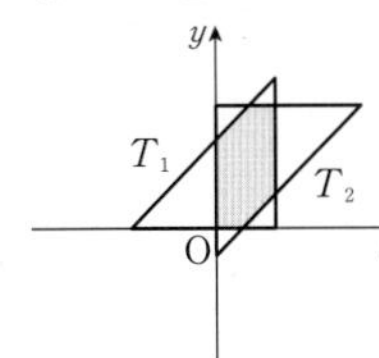

④ $t=\frac{1}{2}$

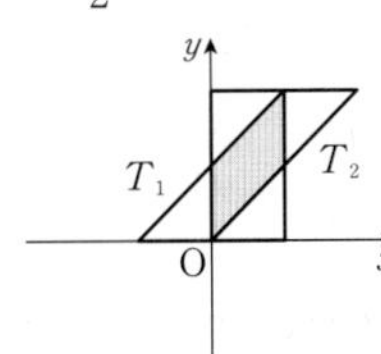

⑤ $\frac{1}{2}<t<\frac{2}{3}$

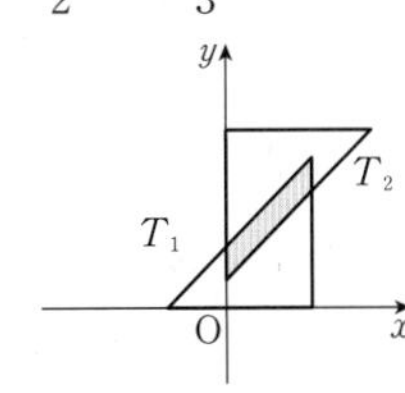

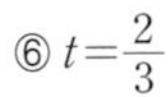

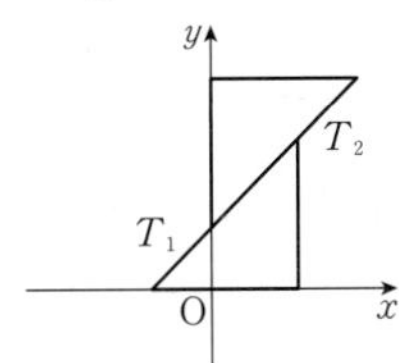

⑦ $t>\frac{2}{3}$

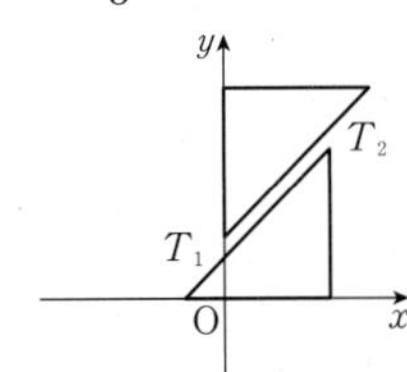

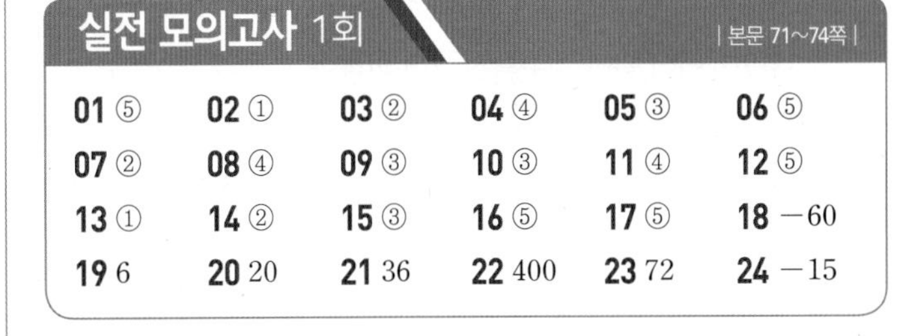

실전 모의고사 1회

| 본문 71~74쪽 |

01 ⑤	02 ①	03 ②	04 ④	05 ③	06 ⑤
07 ②	08 ④	09 ③	10 ③	11 ④	12 ⑤
13 ①	14 ②	15 ③	16 ⑤	17 ⑤	18 −60
19 6	20 20	21 36	22 400	23 72	24 −15

01 주어진 등식이 x에 대한 항등식이므로
양변에 $x=1$을 대입하면 $1+4+5=c$ $\quad\therefore c=10$
양변에 $x=0$을 대입하면 $5=a-b+10$
$\therefore a-b=-5$ ...... ㉠
양변에 $x=2$를 대입하면 $4+8+5=a+b+10$
$\therefore a+b=7$ ...... ㉡
㉠, ㉡을 연립하여 풀면 $a=1$, $b=6$
$\therefore (a+b)\times c=(1+6)\times 10=70$ 답 ⑤

다른 풀이 오른쪽 조립제법에서
$a=1$, $b=6$, $c=10$
$\therefore (a+b)\times c=70$

1	1	4	5
		1	5
1	1	5	10
		1	
	1	6	

02 $f(x)=x^3+ax^2+bx-12$로 놓으면 $f(x)$가
$x^2-4=(x+2)(x-2)$로 나누어떨어지므로 인수정리에 의하여
$f(-2)=0$, $f(2)=0$
$f(-2)=-8+4a-2b-12=0$에서 $2a-b=10$ ...... ㉠
$f(2)=8+4a+2b-12=0$에서 $2a+b=2$ ...... ㉡
㉠, ㉡을 연립하여 풀면 $a=3$, $b=-4$
$\therefore ab=3\times(-4)=-12$ 답 ①

03 $z=(1+i)x^2-(1+3i)x+2i-2$
$\quad =(x^2-x-2)+(x^2-3x+2)i$
이때 $z+\bar{z}=0$이고 $z\neq 0$이므로 z는 순허수이어야 한다.
즉, $x^2-x-2=0$, $x^2-3x+2\neq 0$
$x^2-x-2=0$에서 $(x+1)(x-2)=0$
$\therefore x=-1$ 또는 $x=2$ ...... ㉠
$x^2-3x+2\neq 0$에서 $(x-1)(x-2)\neq 0$
$\therefore x\neq 1$이고 $x\neq 2$ ...... ㉡
㉠, ㉡에서 $x=-1$ 답 ②

Core 특강

켤레복소수의 성질
복소수 z의 켤레복소수를 $\bar{z}$라 하면
(1) $z-\bar{z}=0$ ➜ z는 실수
(2) $z+\bar{z}=0$ ➜ z는 순허수 또는 0

04 $\frac{2i}{1-i}=\frac{2i(1+i)}{(1-i)(1+i)}=\frac{2i-2}{2}=-1+i$
a, b가 실수이므로 이차방정식 $x^2+ax+b=0$의 한 근이

$-1+i$이면 다른 한 근은 $-1-i$이다.
이차방정식의 근과 계수의 관계에 의하여
$-a=(-1+i)+(-1-i)=-2 \quad \therefore a=2$
$b=(-1+i)(-1-i)=2$
$\therefore a+b=2+2=4$

답 ④

05 $(2x^2+x+3)^3(x+2)=x(2x^2+x+3)^3+2(2x^2+x+3)^3$
$(2x^2+x+3)^3$의 전개식에서의 상수항은 $3^3=27$
$(2x^2+x+3)^3$의 전개식에서 x항은 $(x+3)^3$의 전개식에서 x항과 같으므로 $3\times3^2\times x=27x$
따라서 $(2x^2+x+3)^3(x+2)$의 전개식에서 x의 계수는
$27+2\times27=81$

답 ③

06 $3x^3+4x^2+5x-10=(3x-2)Q_1(x)+R_1$
$=\left(x-\frac{2}{3}\right)\times3Q_1(x)+R_1$
이때 다항식 $3x^3+4x^2+5x-10$을 $x-\frac{2}{3}$로 나누었을 때의 몫은 $3Q_1(x)$, 나머지는 R_1이므로
$Q_2(x)=3Q_1(x)$, $R_2=R_1$
$\therefore \frac{Q_2(x)}{Q_1(x)}+\frac{R_2}{R_1}=\frac{3Q_1(x)}{Q_1(x)}+\frac{R_1}{R_1}=3+1=4$

답 ⑤

07 다항식 x^3-4x^2+ax+b를 x^2-1로 나누었을 때의 몫을 $Q(x)$라 하면 나머지가 $3-2x$이므로
$x^3-4x^2+ax+b=(x^2-1)Q(x)+3-2x$
$=(x+1)(x-1)Q(x)+3-2x$
등식의 양변에 $x=-1$을 대입하면
$-1-4-a+b=3+2 \quad \therefore a-b=-10 \quad \cdots\cdots$ ㉠
등식의 양변에 $x=1$을 대입하면
$1-4+a+b=3-2 \quad \therefore a+b=4 \quad \cdots\cdots$ ㉡
㉠, ㉡을 연립하여 풀면 $a=-3$, $b=7$
따라서 $f(x)=x^3-4x^2-3x+7$로 놓으면 $f(x)$를 $x-2$로 나누었을 때의 나머지는
$f(2)=2^3-4\times2^2-3\times2+7=-7$

답 ②

08 이차방정식 $x^2-3x+6=0$의 두 근이 α, β이므로 이차방정식의 근과 계수의 관계에 의하여
$\alpha+\beta=3$, $\alpha\beta=6$
$\therefore \frac{1}{\alpha}+\frac{1}{\beta}=\frac{\alpha+\beta}{\alpha\beta}=\frac{3}{6}=\frac{1}{2}$, $\frac{1}{\alpha}\times\frac{1}{\beta}=\frac{1}{\alpha\beta}=\frac{1}{6}$
따라서 두 수 $\frac{1}{\alpha}$, $\frac{1}{\beta}$을 근으로 갖고 x^2의 계수가 1인 이차방정식은 $x^2-\frac{1}{2}x+\frac{1}{6}=0$
즉, $f(x)=x^2-\frac{1}{2}x+\frac{1}{6}$이므로 $f(x)$를 $x-1$로 나누었을 때의 나머지는
$f(1)=1-\frac{1}{2}+\frac{1}{6}=\frac{2}{3}$

답 ④

09 이차방정식 $x^2-2ax-2a+3=0$의 판별식을 D라 하면
$\frac{D}{4}=(-a)^2-(-2a+3)=a^2+2a-3$
ㄱ. $a=1-\sqrt{2}$이면
$\frac{D}{4}=(1-\sqrt{2})^2+2(1-\sqrt{2})-3$
$=(3-2\sqrt{2})+2-2\sqrt{2}-3$
$=2-4\sqrt{2}<0$
즉, 주어진 이차방정식은 허근을 갖는다. (참)
ㄴ. 중근을 가지려면 $\frac{D}{4}=0$이어야 하므로
$a^2+2a-3=0$, $(a+3)(a-1)=0$
$\therefore a=-3$ 또는 $a=1$
즉, 중근을 갖도록 하는 a의 개수는 2이다. (참)
ㄷ. 이차방정식의 근과 계수의 관계에 의하여
$\alpha+\beta=2a$, $\alpha\beta=-2a+3$
$\therefore (\beta-\alpha)^2=(\alpha+\beta)^2-4\alpha\beta=(2a)^2-4(-2a+3)$
$=4a^2+8a-12=4(a+1)^2-16$
즉, $(\beta-\alpha)^2$의 최솟값은 -16이다. (거짓)
따라서 옳은 것은 ㄱ, ㄴ이다.

답 ③

10 등식의 양변에 $x=1$을 대입하면
$(2-1+1)^5=a_0+a_1+a_2+\cdots+a_{10}$
$\therefore a_0+a_1+a_2+\cdots+a_{10}=32 \quad \cdots\cdots$ ㉠
등식의 양변에 $x=-1$을 대입하면
$(2+1+1)^5=a_0-a_1+a_2-\cdots+a_{10}$
$\therefore a_0-a_1+a_2-\cdots+a_{10}=1024 \quad \cdots\cdots$ ㉡
㉠+㉡을 하면
$2(a_0+a_2+a_4+a_6+a_8+a_{10})=1056$
$\therefore a_0+a_2+a_4+a_6+a_8+a_{10}=528$
이때 등식의 양변에 $x=0$을 대입하면 $a_0=1$
$\therefore a_2+a_4+a_6+a_8+a_{10}=528-a_0=528-1=527$

답 ③

11 $\alpha=\frac{\sqrt{2}}{1+i}$에서
$\alpha^2=\left(\frac{\sqrt{2}}{1+i}\right)^2=\frac{2}{2i}=\frac{1}{i}=-i$
$\alpha^4=(\alpha^2)^2=(-i)^2=-1$
⋮
$\therefore \alpha^4=\alpha^{12}=\alpha^{20}=\cdots=-1$
한편, $\beta=\frac{-1-\sqrt{3}i}{2}$에서
$\beta^2=\left(\frac{-1-\sqrt{3}i}{2}\right)^2=\frac{-2+2\sqrt{3}i}{4}=\frac{-1+\sqrt{3}i}{2}$
$\beta^3=\beta^2\times\beta=\frac{-1+\sqrt{3}i}{2}\times\frac{-1-\sqrt{3}i}{2}=\frac{4}{4}=1$
⋮
$\therefore \beta^3=\beta^6=\beta^9=\beta^{12}=\cdots=1$
따라서 $\alpha^n+\beta^n=0$이 되도록 하는 자연수 n의 최솟값은 12이다.

답 ④

12 $z=1+\sqrt{2}i$에서 $\bar{z}=1-\sqrt{2}i$이므로

$z+\bar{z}=(1+\sqrt{2}i)+(1-\sqrt{2}i)=2$

$z-\bar{z}=(1+\sqrt{2}i)-(1-\sqrt{2}i)=2\sqrt{2}i$

$z\bar{z}=(1+\sqrt{2}i)(1-\sqrt{2}i)=1+2=3$

ㄱ. $z^3+\bar{z}^3=(z+\bar{z})^3-3z\bar{z}(z+\bar{z})$

$=2^3-3\times3\times2=-10$ (참)

ㄴ. $z^4-\bar{z}^4=(z^2-\bar{z}^2)(z^2+\bar{z}^2)$

$=(z-\bar{z})(z+\bar{z})(z^2+\bar{z}^2)$

$=(z-\bar{z})(z+\bar{z})\{(z+\bar{z})^2-2z\bar{z}\}$

$=2\sqrt{2}i\times2\times(2^2-2\times3)$

$=-8\sqrt{2}i$ (참)

ㄷ. $\frac{z^2}{\bar{z}+1}+\frac{\bar{z}^2}{z+1}=\frac{z^2(z+1)+\bar{z}^2(\bar{z}+1)}{(\bar{z}+1)(z+1)}$

$=\frac{(z^3+\bar{z}^3)+(z^2+\bar{z}^2)}{z\bar{z}+(z+\bar{z})+1}$

$=\frac{(z^3+\bar{z}^3)+(z+\bar{z})^2-2z\bar{z}}{z\bar{z}+(z+\bar{z})+1}$

$=\frac{-10+2^2-2\times3}{3+2+1}=-2$ (참)

따라서 ㄱ, ㄴ, ㄷ 모두 옳다. 답 ⑤

13 a, b, c가 0이 아닌 실수이므로

$\frac{\sqrt{a}}{\sqrt{b}}=-\sqrt{\frac{a}{b}}$에서 $a>0$, $b<0$

$\sqrt{b}\sqrt{c}=-\sqrt{bc}$에서 $b<0$, $c<0$

$\therefore a>0,\ b<0,\ c<0$

이차방정식 $ax^2+bx+c=0$의 판별식을 D라 하면

$D=b^2-4ac>0$

즉, 이차함수 $y=ax^2+bx+c$의 그래프는 $a>0$이므로 아래로 볼록하고, x축과 서로 다른 두 점에서 만난다.

따라서 그래프의 개형으로 알맞은 것은 ①이다. 답 ①

14 $x^2-2x-1=0$에서 $x\neq0$이므로 양변을 x로 나누면

$x-2-\frac{1}{x}=0 \quad \therefore x-\frac{1}{x}=2$

$x^2+\frac{1}{x^2}=\left(x-\frac{1}{x}\right)^2+2=2^2+2=6$

$x^3-\frac{1}{x^3}=\left(x-\frac{1}{x}\right)^3+3\left(x-\frac{1}{x}\right)=2^3+3\times2=14$

$\left(x^2+\frac{1}{x^2}\right)\left(x^3-\frac{1}{x^3}\right)=x^5-\frac{1}{x^5}+x-\frac{1}{x}$이므로

$x^5-\frac{1}{x^5}=\left(x^2+\frac{1}{x^2}\right)\left(x^3-\frac{1}{x^3}\right)-\left(x-\frac{1}{x}\right)$

$=6\times14-2=82$ 답 ②

15 $f(x)=x^3-9x^2+26x-24$로 놓으면

$f(2)=8-36+52-24=0$

이므로 $f(x)$는 $x-2$를 인수로 갖는다.

오른쪽 조립제법에서

2	1	−9	26	−24
		2	−14	24
	1	−7	12	0

$x^3-9x^2+26x-24$

$=(x-2)(x^2-7x+12)$

$=(x-2)(x-3)(x-4)$

이 등식이 x에 대한 항등식이므로 등식의 양변에 $x=16$을 대입하면

$16^3-9\times16^2+26\times16-24=(16-2)\times(16-3)\times(16-4)$

$=14\times13\times12$

$=(2\times7)\times13\times(4\times3)$

$=8\times3\times7\times13$

따라서 자연수 a, b, c는 3, 7, 13이므로

$a+b+c=3+7+13=23$ 답 ③

16 주어진 이차식을 x에 대하여 내림차순으로 정리하면

$2x^2+(5y-3)x+3y^2-ky-5$

이때 x에 대한 이차방정식 $2x^2+(5y-3)x+3y^2-ky-5=0$의 판별식을 D_1이라 하면

$D_1=(5y-3)^2-4\times2\times(3y^2-ky-5)$

$=25y^2-30y+9-24y^2+8ky+40$

$=y^2+2(4k-15)y+49$

이 식이 y에 대한 완전제곱식이어야 하므로 이차방정식 $y^2+2(4k-15)y+49=0$의 판별식을 D_2라 하면

$\frac{D_2}{4}=(4k-15)^2-49=0$

$16k^2-120k+225-49=0$, $2k^2-15k+22=0$

$(k-2)(2k-11)=0 \quad \therefore k=2$ 또는 $k=\frac{11}{2}$

따라서 구하는 정수 k의 값은 2이다. 답 ⑤

17 ㄱ. 이차방정식 $f(x)=0$, 즉 $x^2-ax+2=0$의 두 실근이 α, β이므로 이차방정식의 근과 계수의 관계에 의하여

$\alpha\beta=2>0$

따라서 α, β의 부호가 같으므로

$|\alpha+\beta|=|\alpha|+|\beta|$ (참)

ㄴ. 이차방정식의 근과 계수의 관계에 의하여

$\alpha+\beta=a$, $\alpha\beta=2$

이때 이차방정식 $x^2-ax+2=0$의 판별식을 D라 하면

$D=a^2-8>0 \quad \therefore a^2>8$

$\therefore \alpha^2+\beta^2=(\alpha+\beta)^2-2\alpha\beta=a^2-4>4$ (참)

ㄷ. $f(\alpha)=0$, $f(\beta)=0$이므로

$\frac{f(\beta+2)}{(\beta+2)-\alpha}=\frac{f(\beta+2)-f(\alpha)}{(\beta+2)-\alpha}$는 두 점 $(\alpha, f(\alpha))$, $(\beta+2, f(\beta+2))$를 지나는 직선 l의 기울기이고,

$\frac{f(\alpha-1)}{(\alpha-1)-\beta}=\frac{f(\alpha-1)-f(\beta)}{(\alpha-1)-\beta}$는 두 점 $(\alpha-1, f(\alpha-1))$, $(\beta, f(\beta))$를 지나는 직선 m의 기울기이다.

이때 이차함수 $y=f(x)$의 그래프는 직선 $x=\frac{\alpha+\beta}{2}$에 대하여 대칭이므로 두 점 $(\alpha-1,\ f(\alpha-1))$, $(\beta,\ f(\beta))$를 지나는 직선 m의 기울기와 두 점 $(\alpha,\ f(\alpha))$, $(\beta+1,\ f(\beta+1))$을 지나는 직선 n의 기울기는 절댓값의 크기가 같고 부호가 서로 반대이다.

즉, 두 직선 l, m의 기울기를 각각 p, q $(p>0>q)$라 하면 직선 n의 기울기는 $-q$이고, 오른쪽 그림과 같이 직선 l의 기울기가 직선 n의 기울기보다 크므로

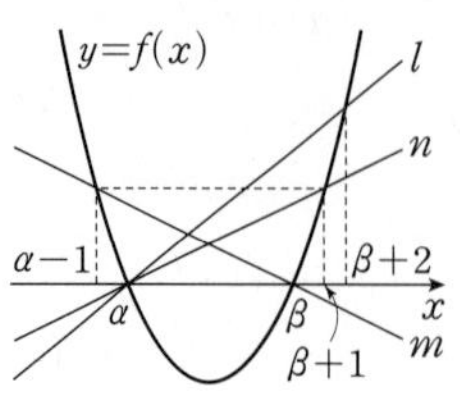

$p>-q$ $\quad\therefore p+q>0$

$\therefore \frac{f(\beta+2)}{(\beta+2)-\alpha}+\frac{f(\alpha-1)}{(\alpha-1)-\beta}=p+q>0$ (참)

따라서 ㄱ, ㄴ, ㄷ 모두 옳다. 답 ⑤

18 $a^3=-2$이므로

$(a^2-4)(a^2-2a+4)(a^2+2a+4)$
$=(a+2)(a-2)(a^2-2a+4)(a^2+2a+4)$
$=\{(a+2)(a^2-2a+4)\}\{(a-2)(a^2+2a+4)\}$
$=(a^3+8)(a^3-8)$
$=(-2+8)(-2-8)=-60$ 답 -60

다른 풀이 $(a^2-4)(a^2-2a+4)(a^2+2a+4)$
$=(a^2-4)(a^4+4a^2+16)$
$=a^6+4a^4+16a^2-4a^4-16a^2-64$
$=a^6-64=(a^3)^2-64$
$=(-2)^2-64=-60$

19 $z=x(2-i)+3(-4+i)=(2x-12)+(3-x)i$

이때 z^2이 음의 실수이려면 z의 실수부분이 0이고, 허수부분은 0이 아니어야 하므로

$2x-12=0,\ 3-x\neq0$ $\quad\therefore x=6$ 답 6

20 다항식 $P(x)$를 $x-1$로 나누면 나누어떨어지고, $x+2$로 나누었을 때의 나머지가 10이므로

$P(1)=0,\ P(-2)=10$

$P(x)$를 $(x-1)(x+2)$로 나누었을 때의 몫을 $Q(x)$, 나머지를 $R(x)=ax+b$ (a, b는 상수)로 놓으면

$P(x)=(x-1)(x+2)Q(x)+ax+b$

이 등식의 양변에 $x=1$, $x=-2$를 각각 대입하면

$P(1)=a+b$에서 $a+b=0$ …… ㉠

$P(-2)=-2a+b$에서 $-2a+b=10$ …… ㉡

㉠, ㉡을 연립하여 풀면 $a=-\frac{10}{3}$, $b=\frac{10}{3}$

따라서 $R(x)=-\frac{10}{3}x+\frac{10}{3}$이므로 다항식 $(2-2x^2)R(x)$를 $x-2$로 나누었을 때의 나머지는

$-6R(2)=-6\times\left(-\frac{20}{3}+\frac{10}{3}\right)=20$ 답 20

21 이차함수 $y=x^2+ax+b$의 그래프와 x축의 교점의 좌표가 $(1,\ 0)$, $(3,\ 0)$이므로

$x^2+ax+b=(x-1)(x-3)=x^2-4x+3$

$\therefore a=-4,\ b=3$

$-4\le x\le3$에서 함수 $y=x^2-4x+3=(x-2)^2-1$은

$x=-4$일 때 최댓값 $M=(-4-2)^2-1=35$

$x=2$일 때 최솟값 $m=-1$

을 갖는다.

$\therefore M-m=35-(-1)=36$ 답 36

22 $(x+2)(x+4)(x+6)(x+8)+k$
$=\{(x+2)(x+8)\}\{(x+4)(x+6)\}+k$
$=(x^2+10x+16)(x^2+10x+24)+k$

이때 $x^2+10x=t$로 놓으면

$(x+2)(x+4)(x+6)(x+8)+k$
$=(t+16)(t+24)+k$
$=t^2+40t+16\times24+k$ …… ㉠

주어진 다항식이 x에 대한 이차식의 완전제곱식의 꼴로 인수분해되려면 ㉠이 완전제곱식이 되어야 하므로 구하는 상수항은

$\left(\frac{40}{2}\right)^2=400$ 답 400

참고 $16\times24+k=400$이어야 하므로

$384+k=400$ $\quad\therefore k=16$

23 점 A의 좌표를 $(a,\ -a^2+10)$ $(0<a<3)$이라 하면

$\mathrm{B}(-a,\ -a^2+10)$, $\mathrm{D}(a,\ a^2-8)$

직사각형 ABCD의 둘레의 길이를 $f(a)$라 하면

$f(a)=2\{2a+(-2a^2+18)\}$
$=-4a^2+4a+36$
$=-4\left(a-\frac{1}{2}\right)^2+37$

따라서 둘레의 길이는 $a=\frac{1}{2}$일 때 최댓값 $M=37$을 갖는다.

이때 직사각형 ABCD의 넓이 S는

$S=\overline{\mathrm{AB}}\times\overline{\mathrm{AD}}$
$=2a(-2a^2+18)$
$=2\times\frac{1}{2}\times\left(-2\times\frac{1}{4}+18\right)=\frac{35}{2}$

$\therefore M+2S=37+2\times\frac{35}{2}=72$ 답 72

24 $f(x)=x^3+ax^2+bx+c$ (a, b, c는 상수)로 놓으면

$f(2+x)=(2+x)^3+a(2+x)^2+b(2+x)+c$
$=x^3+(a+6)x^2+(4a+b+12)x+4a+2b+c+8$

$f(2-x)=(2-x)^3+a(2-x)^2+b(2-x)+c$
$=-x^3+(a+6)x^2-(4a+b+12)x+4a+2b+c+8$

조건 (나)에서 $f(2+x)=-f(2-x)$이므로

$x^3+(a+6)x^2+(4a+b+12)x+4a+2b+c+8$
$=x^3-(a+6)x^2+(4a+b+12)x-4a-2b-c-8$

이 등식이 x에 대한 항등식이므로

$a+6=-(a+6)$, $4a+2b+c+8=-4a-2b-c-8$

$a+6=-(a+6)$에서 $2a=-12$ $\quad\therefore a=-6$

$4a+2b+c+8=-4a-2b-c-8$에서

$4a+2b+c+8=0$, $4\times(-6)+2b+c+8=0$

$\therefore 2b+c=16$ $\quad\cdots\cdots$ ㉠

한편, 조건 (가)에서 $f(1)=3$이므로

$1+a+b+c=3$

$\therefore b+c=8$ ($\because a=-6$) $\quad\cdots\cdots$ ㉡

㉠, ㉡을 연립하여 풀면

$b=8$, $c=0$

따라서 $f(x)=x^3-6x^2+8x$이므로 $f(x)$를 $x+1$로 나누었을 때의 나머지는

$f(-1)=-1-6-8=-15$ 답 -15

(다른 풀이) 조건 (나)에서 $f(2+x)=-f(2-x)$에 $x=0$을 대입하면

$f(2)=-f(2)$ $\quad\therefore f(2)=0$

삼차식 $f(x)$의 최고차항의 계수가 1이므로

$f(x)=(x-2)(x^2+ax+b)$ (a, b는 상수)

로 놓을 수 있다.

조건 (가)에서 $f(1)=3$이므로

$(1-2)\times(1+a+b)=3$ $\quad\therefore a+b=-4$ $\quad\cdots\cdots$ ㉠

또, $f(2+x)=-f(2-x)$에 $x=1$을 대입하면

$f(3)=-f(1)=-3$

$(3-2)\times(9+3a+b)=-3$ $\quad\therefore 3a+b=-12$ $\quad\cdots\cdots$ ㉡

㉠, ㉡을 연립하여 풀면

$a=-4$, $b=0$

따라서 $f(x)=(x-2)(x^2-4x)$이므로 $f(x)$를 $x+1$로 나누었을 때의 나머지는

$f(-1)=(-1-2)\times(1+4)=-15$

실전 모의고사 2회

| 본문 75~78쪽 |

01 ②	02 ⑤	03 ④	04 ④	05 ②	06 ①
07 ①	08 ⑤	09 ③	10 ④	11 ④	12 ⑤
13 ⑤	14 ①	15 ①	16 ②	17 ③	18 3
19 12	20 2	21 17	22 30	23 16	24 20

01 $x^4-9x^2+16=0$에서

$(x^4-8x^2+16)-x^2=0$, $(x^2-4)^2-x^2=0$

$(x^2+x-4)(x^2-x-4)=0$

$x^2+x-4=0$ 또는 $x^2-x-4=0$

$\therefore x=\frac{-1\pm\sqrt{17}}{2}$ 또는 $x=\frac{1\pm\sqrt{17}}{2}$

따라서 양수인 두 근은 $\frac{-1+\sqrt{17}}{2}$, $\frac{1+\sqrt{17}}{2}$이므로 구하는 합은

$\frac{-1+\sqrt{17}}{2}+\frac{1+\sqrt{17}}{2}=\sqrt{17}$ 답 ②

02 주어진 삼차방정식의 계수가 실수이므로 한 근이 $1+2i$이면 $1-2i$도 근이다. 나머지 한 근을 α라 하면 삼차방정식의 근과 계수의 관계에 의하여

$\alpha+(1+2i)+(1-2i)=-a$에서 $\alpha+2=-a$ $\quad\cdots\cdots$ ㉠

$\alpha(1+2i)+(1+2i)(1-2i)+\alpha(1-2i)=b$에서

$2\alpha+5=b$ $\quad\cdots\cdots$ ㉡

$\alpha(1+2i)(1-2i)=10$에서 $\alpha=2$

$\alpha=2$를 ㉠, ㉡에 각각 대입하여 풀면

$a=-4$, $b=9$

$\therefore a+b=-4+9=5$ 답 ⑤

03 $x^3+1=0$의 한 허근이 ω이므로

$\omega^3=-1$

$(x+1)(x^2-x+1)=0$에서 이차방정식 $x^2-x+1=0$의 한 허근이 ω이므로 $\omega^2-\omega+1=0$

$\therefore 2\omega^3+3\omega^2+4\omega=2\times(-1)+3(\omega-1)+4\omega=7\omega-5$

따라서 $a=7$, $b=-5$이므로

$a+b=7+(-5)=2$ 답 ④

04 $x+1<k-x$에서 $2x<k-1$

$\therefore x<\frac{k-1}{2}$

$x-1>3x-7$에서 $-2x>-6$ $\quad\therefore x<3$

이때 주어진 연립부등식의 해가 $x<1$이므로

$\frac{k-1}{2}=1$ $\quad\therefore k=3$ 답 ④

05 이차방정식 $ax^2+bx+4=0$의 두 근이 -1, 2이므로 이차방정식의 근과 계수의 관계에 의하여

$-1+2=-\frac{b}{a}$, $-1\times2=\frac{4}{a}$

따라서 $a=-2$, $b=2$이므로

$ab=-2\times2=-4$ 답 ②

(다른 풀이) 해가 $-1\le x\le2$이고, x^2의 계수가 1인 이차부등식은

$(x+1)(x-2)\le0$

$\therefore x^2-x-2\le0$ $\quad\cdots\cdots$ ㉠

부등식 ㉠과 이차부등식 $ax^2+bx+4\ge0$의 부등호의 방향이 다르므로 $a<0$

㉠의 양변에 a를 곱하면 $ax^2-ax-2a\ge0$

이 부등식이 $ax^2+bx+4\ge0$과 일치하므로

$-a=b$, $-2a=4$

따라서 $a=-2$, $b=2$이므로

$ab=-2\times2=-4$

Core 특강

해가 주어진 이차부등식

(1) 해가 $\alpha<x<\beta$이고 x^2의 계수가 1인 이차부등식은
$(x-\alpha)(x-\beta)<0$

(2) 해가 $x<\alpha$ 또는 $x>\beta$이고 x^2의 계수가 1인 이차부등식은
$(x-\alpha)(x-\beta)>0$

06 부등식 $-x^2+ax-a+\frac{3}{4}\ge0$의 양변에 -1을 곱하면

$x^2-ax+a-\frac{3}{4}\le0$

이 부등식의 해가 존재하지 않아야 하므로 이차함수

$y=x^2-ax+a-\frac{3}{4}$의 그래프가 x축과 만나지 않아야 한다.

이차방정식 $x^2-ax+a-\frac{3}{4}=0$의 판별식을 D라 하면

$D=(-a)^2-4\left(a-\frac{3}{4}\right)<0$, $a^2-4a+3<0$

$(a-1)(a-3)<0$ $\quad\therefore 1<a<3$

따라서 조건을 만족시키는 자연수 a는 2의 1개뿐이다. 답 ①

07 선분 AB를 $2:3$으로 내분하는 점 P의 좌표는

$\left(\frac{2\times(-5)+3\times5}{2+3}, \frac{2\times4+3\times(-1)}{2+3}\right)$, 즉 $(1, 1)$

선분 AB를 $2:3$으로 외분하는 점 Q의 좌표는

$\left(\frac{2\times(-5)-3\times5}{2-3}, \frac{2\times4-3\times(-1)}{2-3}\right)$, 즉 $(25, -11)$

따라서 선분 PQ의 중점의 좌표는

$\left(\frac{1+25}{2}, \frac{1-11}{2}\right)$, 즉 $(13, -5)$ 답 ①

08 $\overline{AB}^2=(-2-2)^2+(-2-2)^2=32$

$\overline{AC}^2=(a-2)^2+(b-2)^2$

$\overline{BC}^2=(a+2)^2+(b+2)^2$

삼각형 ABC가 정삼각형이므로 $\overline{AB}^2=\overline{AC}^2=\overline{BC}^2$

$\overline{AB}^2=\overline{AC}^2$에서 $(a-2)^2+(b-2)^2=32$

$\therefore a^2-4a+b^2-4b=24$ ⋯⋯ ㉠

$\overline{AB}^2=\overline{BC}^2$에서 $(a+2)^2+(b+2)^2=32$

$\therefore a^2+4a+b^2+4b=24$ ⋯⋯ ㉡

㉠+㉡을 하면 $2(a^2+b^2)=48$

$\therefore a^2+b^2=24$ 답 ⑤

09 점 $P(k, 4)$는 직선 $y=4$ 위의 점이므로

$(x+1)^2+(y-2)^2=20$에서

$(x+1)^2+(4-2)^2=20$

$(x+1)^2=16$

$x+1=-4$ 또는 $x+1=4$

$\therefore x=-5$ 또는 $x=3$

즉, 직선 $y=4$와 원 $(x+1)^2+(y-2)^2=20$이 만나는 두 점을 $A(-5, 4)$, $B(3, 4)$라 하자.

점 P를 지나는 임의의 직선이 원 $(x+1)^2+(y-2)^2=20$과 항상 만나려면 점 P가 선분 AB 위의 점이어야 하므로

$-5\le k\le3$

따라서 $M=3$, $m=-5$이므로

$M-m=3-(-5)=8$ 답 ③

10 제1사분면 위의 점 A가 직선 $y=mx$ 위에 있으므로

$A(a, ma)$ $(a>0, m>0)$라 하면

$B(ma, a)$, $C(ma, -a)$

$\overline{AB}=\overline{BC}$에서 $\overline{AB}^2=\overline{BC}^2$이고

$\overline{AB}^2=(ma-a)^2+(a-ma)^2=2a^2(m-1)^2$

$\overline{BC}^2=(-a-a)^2=4a^2$

이므로 $2a^2(m-1)^2=4a^2$, $(m-1)^2=2$ $(\because a>0)$

$m-1=\pm\sqrt{2}$

$\therefore m=1+\sqrt{2}$ $(\because m>0)$ 답 ④

11 $x^2-9x+20\le0$에서 $(x-4)(x-5)\le0$ $\quad\therefore 4\le x\le5$

$x^2-5x+4\ge0$에서 $(x-1)(x-4)\ge0$

$\therefore x\le1$ 또는 $x\ge4$ ⋯⋯ ㉠

$(x-a)(x-5)\le0$ ⋯⋯ ㉡

㉠, ㉡의 공통부분이 $4\le x\le5$가 되려면 오른쪽 그림과 같아야 하므로 $1<a\le4$

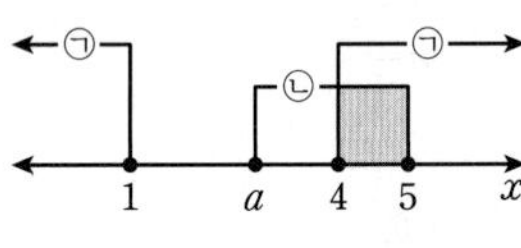

따라서 정수 a의 값은 2, 3, 4이므로 구하는 합은

$2+3+4=9$ 답 ④

12 네 점 A, B, P, Q를 그림으로 나타내면 오른쪽과 같다.

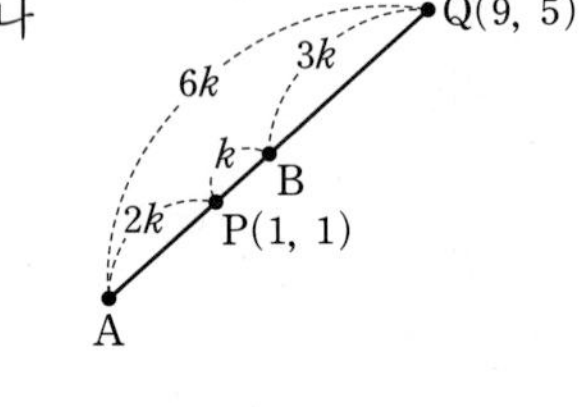

ㄱ. 점 A는 선분 PQ를 $2k:6k=1:3$으로 외분한다. (참)

ㄴ. 점 B는 선분 PQ를 $1:3$으로 내분하므로

$B\left(\frac{1\times9+3\times1}{1+3}, \frac{1\times5+3\times1}{1+3}\right)$, 즉 $B(3, 2)$ (참)

ㄷ. $\overline{AB}:\overline{PQ}=3k:4k=3:4$ (참)

따라서 ㄱ, ㄴ, ㄷ 모두 옳다. 답 ⑤

다른 풀이 ㄷ. 점 A는 선분 PQ를 $1:3$으로 외분하므로

$A\left(\frac{1\times9-3\times1}{1-3}, \frac{1\times5-3\times1}{1-3}\right)$, 즉 $A(-3, -1)$

$\therefore \overline{AB}:\overline{PQ}=3\sqrt{5}:4\sqrt{5}=3:4$

13 ㄱ. $k=-1$이면 직선 m의 방정식은 $x=-1$이므로 점 $(1, -1)$을 지나지 않는다. (거짓)

ㄴ. $(1-k)x+(1+k)y+2=0$에서

$x+y+2+(-x+y)k=0$

즉, 직선 m은 k의 값에 관계없이 두 직선 $x+y+2=0$, $-x+y=0$의 교점인 점 $(-1, -1)$을 항상 지난다. (참)

ㄷ. $k=-1$이면 직선 m의 방정식은 $x=-1$이므로 두 직선 l, m은 점 $(-1, 1)$에서 만난다.

$k\neq-1$이면 직선 m의 방정식은 $y=\frac{k-1}{k+1}x-\frac{2}{k+1}$

이때 모든 실수 k에 대하여 $\frac{k-1}{k+1}\neq1$이므로 두 직선 l, m은 한 점에서 만난다.

즉, 두 직선 l, m은 k의 값에 관계없이 한 점에서 만난다. (참)

따라서 옳은 것은 ㄴ, ㄷ이다. 답 ⑤

14 $x^2+y^2-8x-8y+14=0$에서 $(x-4)^2+(y-4)^2=18$

즉, $x^2+y^2-8x-8y+14=0$은 중심이 점 $(4, 4)$이고 반지름의 길이가 $3\sqrt{2}$인 원이므로 직선 $y=x+n$, 즉 $x-y+n=0$과 서로 다른 두 점에서 만나려면

$\frac{|4-4+n|}{\sqrt{1^2+(-1)^2}}<3\sqrt{2}$, $|n|<6$

$\therefore -6<n<6$ …… ㉠

또, $(x-1)^2+(y-4)^2=8$은 중심이 점 $(1, 4)$이고 반지름의 길이가 $2\sqrt{2}$인 원이므로 직선 $x-y+n=0$과 만나지 않으려면

$\frac{|1-4+n|}{\sqrt{1^2+(-1)^2}}>2\sqrt{2}$, $|n-3|>4$

$n-3<-4$ 또는 $n-3>4$

$\therefore n<-1$ 또는 $n>7$ …… ㉡

㉠, ㉡에서 $-6<n<-1$

따라서 정수 n의 최댓값은 -2이다. 답 ①

15 $x^2+y^2-2x-4y=0$에서 $(x-1)^2+(y-2)^2=5$

점 $(-3, -1)$에서 원 $(x-1)^2+(y-2)^2=5$에 그은 접선의 기울기를 m이라 하면 접선의 방정식은

$y-(-1)=m\{x-(-3)\}$, 즉 $mx-y+3m-1=0$

원의 중심 $(1, 2)$와 직선 $mx-y+3m-1=0$ 사이의 거리가 원의 반지름의 길이인 $\sqrt{5}$와 같으므로

$\frac{|m-2+3m-1|}{\sqrt{m^2+(-1)^2}}=\sqrt{5}$, $|4m-3|=\sqrt{5(m^2+1)}$

양변을 제곱하여 정리하면

$11m^2-24m+4=0$, $(11m-2)(m-2)=0$

$\therefore m=\frac{2}{11}$ 또는 $m=2$

따라서 구하는 기울기의 합은 $\frac{2}{11}+2=\frac{24}{11}$ 답 ①

16 $x^2=t$로 놓으면 주어진 사차방정식은

$t^2-8t+a^2-2a-8=0$ …… ㉠

주어진 사차방정식이 서로 다른 네 실근을 가지려면 t에 대한 이차방정식 ㉠이 서로 다른 두 양의 실근을 가져야 한다.

방정식 ㉠의 판별식을 D라 하면

$\frac{D}{4}=(-4)^2-(a^2-2a-8)>0$, $a^2-2a-24<0$

$(a+4)(a-6)<0$ $\therefore -4<a<6$ …… ㉡

㉠의 두 근이 곱이 0보다 커야 하므로 이차방정식의 근과 계수의 관계에 의하여

$a^2-2a-8>0$, $(a+2)(a-4)>0$

$\therefore a<-2$ 또는 $a>4$ …… ㉢

㉡, ㉢에서 $-4<a<-2$ 또는 $4<a<6$이므로 정수 a는 -3, 5의 2개이다. 답 ②

17 삼각형의 두 변의 중점을 연결한 선분의 성질에 의하여 직선 MN과 직선 AB는 서로 평행하고 직선 CL과 직선 MN이 서로 수직이므로 직선 CL과 직선 AB도 서로 수직이다.

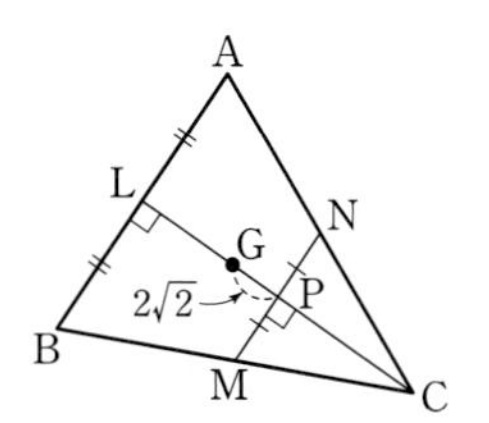

직선 CL과 직선 MN의 교점을 P라 하면 직선 CL이 선분 AB의 수직이등분선이므로 점 P는 선분 MN의 중점이다.

따라서 점 P의 좌표는

$\left(\frac{-1+3}{2}, \frac{-2+2}{2}\right)$, 즉 $(1, 0)$

삼각형 ABC의 무게중심 G에 대하여 $\overline{CG}=2\overline{GL}$이고 $\overline{LP}=\overline{CP}$이므로

$\overline{CG}:\overline{GL}=(\overline{LP}+2\sqrt{2}):(\overline{LP}-2\sqrt{2})=2:1$

$\overline{LP}+2\sqrt{2}=2\overline{LP}-4\sqrt{2}$ $\therefore \overline{LP}=6\sqrt{2}$

이때 두 점 $L(a, b)$, $P(1, 0)$에 대하여

$\overline{LP}^2=(a-1)^2+b^2=(6\sqrt{2})^2$ …… ㉠

한편, 직선 MN과 직선 LP는 서로 수직이고, 직선 MN의 기울기는 $\frac{2-(-2)}{3-(-1)}=1$이므로 직선 LP의 기울기는 -1이다.

$\frac{b}{a-1}=-1$ $\therefore b=1-a$ …… ㉡

무게중심 G의 좌표는 $\left(\frac{a+2}{3}, \frac{b}{3}\right)$이고 점 G가 제2사분면에 있으므로 $a<-2$, $b>0$

㉡을 ㉠에 대입하면 $b^2+b^2=72$, $2b^2=72$

$b^2=36$ $\therefore b=6$ ($\because b>0$)

$a=1-b=1-6=-5$이므로

$ab=-5\times6=-30$ 답 ③

18 $x\neq0$이므로 주어진 방정식의 양변을 x^2으로 나누면

$x^2-3x+2-\frac{3}{x}+\frac{1}{x^2}=0$

$\left(x+\frac{1}{x}\right)^2-3\left(x+\frac{1}{x}\right)=0$

이때 $x+\frac{1}{x}=t$로 놓으면

$t^2-3t=0$, $t(t-3)=0$ $\therefore t=0$ 또는 $t=3$

(i) $t=0$일 때, $x+\frac{1}{x}=0$에서

$x^2=-1$ $\therefore x=\pm i$

(ii) $t=3$일 때, $x+\frac{1}{x}=3$에서

$x^2-3x+1=0$ $\therefore x=\frac{3\pm\sqrt{5}}{2}$

(i), (ii)에 의하여 주어진 방정식의 모든 실근의 합은

$\frac{3+\sqrt{5}}{2}+\frac{3-\sqrt{5}}{2}=3$ 답 3

19 밑면의 한 변의 길이를 x, 높이를 y라 하면

모든 모서리의 길이의 합이 28이므로

$4(x+x+y)=28 \quad \therefore 2x+y=7 \quad \cdots\cdots ㉠$

겉넓이가 32이므로

$2(x^2+xy+xy)=32 \quad \therefore x^2+2xy=16 \quad \cdots\cdots ㉡$

㉠에서 $y=7-2x$이므로 ㉡에 대입하면

$x^2+2x(7-2x)=16$, $3x^2-14x+16=0$

$(x-2)(3x-8)=0 \quad \therefore x=2$ ($\because$ x는 자연수)

$x=2$를 ㉠에 대입하면 $y=3$

따라서 직육면체의 부피는 $x^2y=2^2\times3=12$ 답 12

20 이차부등식 $f(x)<0$의 해가 $-4<x<2$이므로

$f(x)=a(x+4)(x-2)$ $(a>0)$로 놓으면

$f(2x-1)=a(2x+3)(2x-3)$

부등식 $f(2x-1)>0$에서

$a(2x+3)(2x-3)>0 \quad \therefore x<-\frac{3}{2}$ 또는 $x>\frac{3}{2}$ ($\because a>0$)

따라서 부등식 $f(2x-1)>0$을 만족시키는 자연수 x의 최솟값은 2이다. 답 2

다른 풀이 이차부등식 $f(t)<0$의 해가 $-4<t<2$

$t=2x-1$이라 하면 부등식 $f(2x-1)<0$의 해는

$-4<2x-1<2 \quad \therefore -\frac{3}{2}<x<\frac{3}{2}$

따라서 부등식 $f(2x-1)>0$의 해는

$x<-\frac{3}{2}$ 또는 $x>\frac{3}{2}$

이므로 자연수 x의 최솟값은 2이다.

21 $x^2+y^2-2x+5y+1=0$에서 $(x-1)^2+\left(y+\frac{5}{2}\right)^2=\frac{25}{4}$

따라서 직선 $y=mx+n$이 주어진 원을 이등분하려면 원의 중심 $\left(1, -\frac{5}{2}\right)$를 지나야 한다.

또, 직선 $2x-y=7$, 즉 $y=2x-7$과 수직인 직선의 기울기는 $-\frac{1}{2}$이므로 점 $\left(1, -\frac{5}{2}\right)$를 지나고 기울기가 $-\frac{1}{2}$인 직선의 방정식은

$y-\left(-\frac{5}{2}\right)=-\frac{1}{2}(x-1) \quad \therefore y=-\frac{1}{2}x-2$

따라서 $m=-\frac{1}{2}$, $n=-2$이므로

$4(m^2+n^2)=4\times\left\{\left(-\frac{1}{2}\right)^2+(-2)^2\right\}=17$ 답 17

22 원 $x^2+y^2=5$를 x축의 방향으로 -1만큼, y축의 방향으로 n만큼 평행이동한 원의 방정식은

$(x+1)^2+(y-n)^2=5$

이 원이 직선 $2x+y-13=0$에 접하므로 원의 중심 $(-1, n)$과 직선 $2x+y-13=0$ 사이의 거리는 반지름의 길이인 $\sqrt{5}$와 같다.

즉, $\frac{|2\times(-1)+n-13|}{\sqrt{2^2+1^2}}=\sqrt{5}$이므로

$|n-15|=5$, $n-15=\pm5 \quad \therefore n=10$ 또는 $n=20$

따라서 모든 자연수 n의 값의 합은 $10+20=30$ 답 30

23 $3x^2+ax\le0$에서 $x(3x+a)\le0$

(i) $a>0$일 때, 해는 $-\frac{a}{3}\le x\le0$

이 부등식을 만족시키는 정수 x가 3개이려면 오른쪽 그림에서

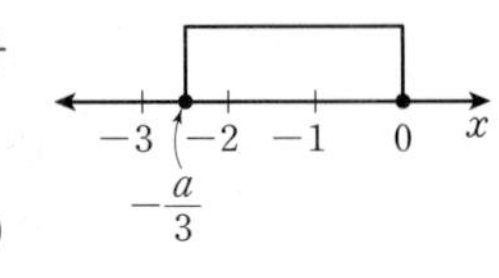

$-3<-\frac{a}{3}\le-2 \quad \therefore 6\le a<9$

즉, 정수 a는 6, 7, 8이다.

(ii) $a=0$일 때, 해는 $x^2\le0$

이 부등식을 만족시키는 정수 x는 0뿐이므로 주어진 조건을 만족시키지 않는다.

(iii) $a<0$일 때, 해는 $0\le x\le-\frac{a}{3}$

이 부등식을 만족시키는 정수 x가 3개이려면 오른쪽 그림에서

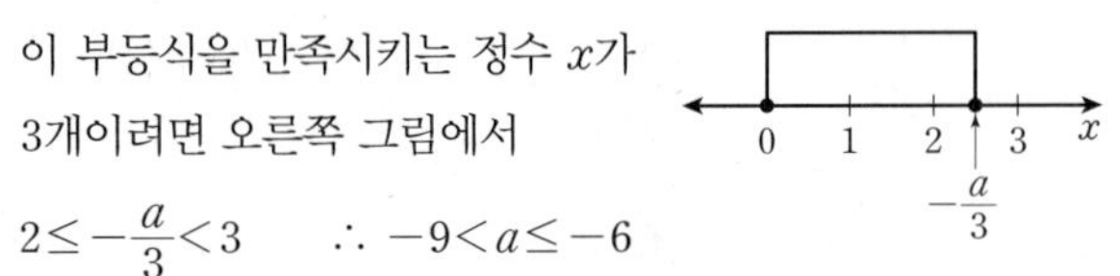

$2\le-\frac{a}{3}<3 \quad \therefore -9<a\le-6$

즉, 정수 a는 -8, -7, -6이다.

(i), (ii), (iii)에 의하여 $M=8$, $m=-8$이므로

$M-m=8-(-8)=16$ 답 16

24 오른쪽 그림과 같이 두 점 A, B를 지나는 직선을 l이라 하면 직선 l과 직선 $4x+3y+12=0$은 평행하다. 또, 두 점 C, A에서 직선 $4x+3y+12=0$에 내린 수선의 발을 각각 H, H′, 선분 AB의 중점을 M이라 하면 점 M은 $\overline{AB}$와 $\overline{CH}$의 교점이다.

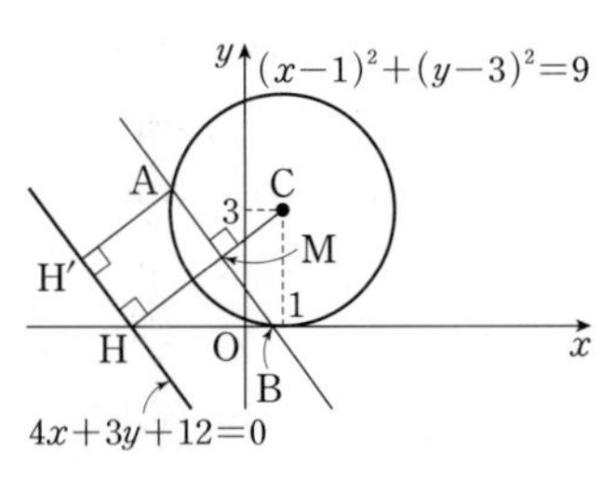

점 C(1, 3)과 직선 $4x+3y+12=0$ 사이의 거리는

$\overline{CH}=\frac{|4\times1+3\times3+12|}{\sqrt{4^2+3^2}}=5$

이때 $\overline{AH'}=3$이므로

$\overline{CM}=\overline{CH}-\overline{MH}=\overline{CH}-\overline{AH'}=5-3=2$

직각삼각형 CAM에서 $\overline{AM}^2=\overline{CA}^2-\overline{CM}^2=3^2-2^2=5$

즉, $\overline{AM}=\sqrt{5}$이므로 $\overline{AB}=2\overline{AM}=2\sqrt{5}$

따라서 삼각형 CAB의 넓이 S는

$S=\frac{1}{2}\times\overline{AB}\times\overline{CM}=\frac{1}{2}\times2\sqrt{5}\times2=2\sqrt{5}$

$\therefore S^2=(2\sqrt{5})^2=20$ 답 20

SPURT 스퍼트

고등 수학(상)